物联网＋组织变革的计算研究丛书

物联网＋群体行为的特征、建模与控制

胡　斌　胡　森　著

武汉理工大学出版社

·武汉·

内容简介

物联网环境具有与传统环境(含互联网)相比而不一样的特征,身处该环境下工作和生活的人的行为,也具有不一样的特征,为此,本书分5个部分来研究物联网环境下人的行为规律及其管理方法。第1部分为行为特征与计算模型篇,首先分析物联网环境下个体和群体行为可能表现出的特征,然后通过对智能环境下人的文本数据(言论)的情感计算、观点计算,分析智能环境下人的行为特征。并分别介绍了对行为进行建模的理论基础,包括认知、情感、观点等相关理论及突变理论和模型、弹性理论模型。第2部分为行为建模篇,首先介绍基于突变论的方法来建立人的认知弹性模型的方法,然后介绍基于静态文本数据来建立人的行为突变模型的方法,最后介绍利用动态文本数据来建立人的行为突变模型的方法。第3部分为行为演化篇,首先分析智能环境下众包物流员工与企业组织之间的相互选择的行为,仿真其演化的规律,然后分析员工在该环境下从观点到离职行为发生的演化规律。第4部分为行为突变篇,分析人的选择行为到群体行为反转的规律,员工的心理契约建立与破坏的突变机制、员工对组织的对抗行为突发的机制。第5部分为行为控制篇,首先研究人从认知弹性到行为选择的突变论控制方法,然后研究员工反生产行为的博弈论和模拟实验的控制方法,最后研究员工反生产行为的半定性模拟和模拟实验的控制方法。

图书在版编目(CIP)数据

物联网＋群体行为的特征、建模与控制/胡斌,胡森 著. —武汉:武汉理工大学出版社,2020.12
(物联网＋组织变革的计算研究丛书)
ISBN 978-7-5629-6368-4

Ⅰ.①物… Ⅱ.①胡… ②胡… Ⅲ.①物联网-研究
Ⅳ.①TP393.4 ②TP18

中国版本图书馆 CIP 数据核字(2020)第 257487 号

项目负责人:尹 杰　　　　　　　　　责 任 编 辑:尹 杰
责 任 校 对:夏冬琴　　　　　　　　版 面 设 计:兴和图文
出 版 发 行:武汉理工大学出版社
地　　　址:武汉市洪山区珞狮路 122 号
邮　　　编:430070
网　　　址:http://www.wutp.com.cn
经 销 者:各地新华书店
印 刷 者:武汉市籍缘印刷厂
开　　　本:710×1000　　1/16
印　　　张:20.75
字　　　数:277 千字
版　　　次:2020 年 12 月第 1 版
印　　　次:2020 年 12 月第 1 次印刷
定　　　价:88.00

(本书如有印装质量问题,请向承印厂调换)

作者简介

胡斌博士,男,1966 年 12 月生,二级教授、华中学者,华中科技大学管理学院博士生导师、现代化管理研究所所长,兼任中国自动化学会系统仿真专业委员会副主任委员、中国系统仿真学会离散系统仿真专业委员会副主任暨复杂系统仿真专业委员会副主任委员。研究方向为管理系统模拟、基于计算与实验的管理理论与方法、社会计算、计算组织理论,主持完成了国家自科基金重点项目 1 项和面上项目 5 项。在国内外重要期刊上发表学术论文近 100 篇,出版学术专著和专业教材 8 本。

胡森博士,男,1986 年 7 月生,南京信息工程大学管理工程学院讲师,兼任中国系统仿真学会离散系统仿真专业委员会委员、中国优选法统筹法与经济数学研究会计算机模拟分会会员。研究方向为管理系统模拟、创新扩散、智能环境下管理理论与方法、行为运作管理。主持国家自科基金项目 1 项、教育部人文社科项目等省部级项目 2 项,在国内外重要期刊上发表学术论文 10 余篇。

总　　序

随着万物互联智能时代的来临,物联网系统及其环境的鲜明特征,将给各类社会组织的结构与运作带来显著影响,20世纪大规模生产和互联网背景下产生的传统组织管理理论与方法,无法适应万物互联的智能时代特征,而将出现重大的变革。因此,我们要探索和开发物联网环境下组织管理新的学科理论与研究方法。

物联网环境有其鲜明的特征。从纵向来看,物联网系统的感知层、网络层和应用层三层中,实现了信息的实时采集、人和物的实时定位和跟踪。从横向来看,物联网实现了人与物、物与物的互联,组织的边界开始模糊化,从而可以实现大规模集中运作;人和物相互操作,人利用物的"智慧",便利了自己的工作和生活,但是物对人也有要求,物能倒逼组织对人进行实时管控,给人以压力。因此,物联网环境的特征,造成了组织管理的复杂性。

本"物联网+组织变革的计算研究丛书"从组织结构、组织行为与人的行为、组织运作、计算与深度分析方法入手,提出物联网环境下组织管理的新理论与方法。

本丛书是国家自然科学基金重点项目"物联网环境下的组织体系架构建模、行为分析与优化设计:以电商物流为例"(No. 71531009)的研究成果之一。我们希望该丛书的出版,能对万物互联时代的组织管理理论与方法的变革有所推动,能对各类社会组织管理的实践者迎接智能时代的来临提供理论支持。

胡斌教授
于华中科技大学
2020 年 6 月

前　言

在传统社会环境和互联网环境下,人是处于主导地位的,人推动事物的发展、推进工作的进展。在物联网环境下,处于主导地位的人也受"物"的推动。"物"是"智慧的",因为"物"能够靠传感器向人实时提供其状态信息,考虑到物联网全面推广以后,物联网系统平台难以承担大规模"物"的实时运算,边缘计算成为物联网系统中不能缺少的技术。依靠边缘计算技术的支持,"物"就具有了智慧性,此时,看似人从日常生活和工作中的重复性事务解脱了出来,但是,因为"物"的智慧性,人会感受到"物"的巨大压力,这种压力主要是通过"物"对人发出的信息量和发送频率体现出来的。智慧物受硬件和智能算法的支持,其工作起来是不知疲倦、长时间的,它向人提出工作请求或提供信息并等待人的响应,那么在人的这一端,存在如下几种场景:

第一,有些场景,人往往是处于移动状态的,比如众包物流业中的送货人员、使用手机智能软件的出租车司机、在回家路上的智能家居用户等,在这些场景中,人是没有硬件和软件系统的支持的,而是要靠自己的判断,在短时间内就要回应或反馈"物"的请求和信息,他们都要根据智能终端提供的信息快速做出决策,否则就会失去机会,或错过指令发出的最佳时间。

第二,在智能楼宇中工作的员工,在日常工作中需要使用各种性质不同的软件系统,在不同软件系统之间频繁切换。比如职能部门的大多数工作人员,至少要同时使用办公自动化系统、ERP 系统甚至 QQ 和微信,研发部门的多数技术人员,除了完成手头上的研发任务以外,至少还要同时挂在项目管理系统、办公自动化系统以及 QQ 和微信之上。有时,这些系统会频繁地向员工发送消息、提出任务要求、等待员工响应。

第三,在制造业和现代物流业,机器人的应用越来越普及,在汽车组装流水线上和大型仓储中心,机器人随处可见,机器人按照自己的节奏长时间不知疲倦地工作;有的生产环节,需要人与机器人配合,人要长时间跟上机器人的节奏,心理上会产生巨大的压力。

为了研究在上述环境中人的行为规律,我们近五年来对新兴信息技术支持下(含机器人)的两家制造企业进行了大量调研,观察工人工作环境的特征、工人的工作强度、精神状态;对智慧办公环境下的通信企业的研发部门和供应链管理(采购－生产一体化管理)部门进行了深入调研,观察员工使用的工作软件,与不同层级的员工、管理人员代表座谈,了解他们对工作环境的看法;对一家大型电商企业的华中地区物流中心进行了调研,观察物流人员与大型智能配送系统的合作方式;对西北地区的两家农业物联网示范园区进行了调研,了解中控室工作人员的工作内容和工作方式;参加国内与物联网和智慧城市建设为主题的博览会、论坛等固定的年会,了解政府和企业管理者的观点、决策特点;参加了东部某城市的农业物联网推广应用的科研项目,了解政府、银行、物联网技术提供企业以及农户等各方的观点、合作模式;承担了南方某城市智慧城市建设下物联网技术支持的环卫组织管理的科研项目,在街头观察了清扫、清运环节的环卫工人的工作方式、垃圾转运站和焚烧厂工人的工作方式;对历年国内外学术文献中以"物联网"为主题的论著进行了系统梳理。

基于上述工作,我们分析了智能环境下人的观点演化特征,对智能环境下人的行为中的弹性特征和突变特征进行建模,对群体行为的演化规律进行仿真分析,对行为突变的机制,运用突变论进行分析,对人的行为的控制,研究了基于模拟实验的控制方法。

这些工作,对于物联网环境下人的行为理论与方法体系的研究,对各类社会组织迎接物联网时代的到来、搞好物联网环境下的人的行为控制与管理,具有广泛的理论意义和现实意义。

本书系国家自然科学基金重点项目"物联网环境下的组织体系架构建模、行为分析与优化设计:以电商物流为例"(No. 71573009)和国家自然科学基金面上项目"智能系统冲击下观点演化中的弹性与突变机制及其控制的仿真研究"(No. 7197093)的研究成果,具体撰写分工为：

第 1～5 章由胡斌撰写，并分别由周唯佳、宋奕、薛鹤强、蒋刚、黄传超整理或翻译，第 6、7 章由宋奕撰写，第 8、11 章由黄传超撰写，第 9 章由徐岩撰写，第 10 章由姜凤珍撰写，第 12、13 章由赵旭超撰写。由胡斌负责全书内容的策划和主创，胡森负责全书内容统稿。

由于我们的水平有限，不妥甚至有争议之处在所难免，恳请广大读者不吝赐教。

作者
于华中科技大学
2020 年 6 月

目 录

第 1 部分　行为特征与计算模型篇

第 1 章　人的行为特征及其文本数据处理 ……………………… 1

　1.1　物联网环境下人的行为特征 ………………………… 1

　1.2　基于文本数据的人的行为分析 ……………………… 6

　　1.2.1　数据获取 ………………………………………… 7

　　1.2.2　数据合并和清洗 ………………………………… 12

　　1.2.3　情感计算与分析 ………………………………… 13

　1.3　物联网环境下群体行为特征分析 …………………… 16

　1.4　本章小结 ……………………………………………… 20

第 2 章　计算模型 ……………………………………………… 23

　2.1　观点演化动力学模型 ………………………………… 23

　　2.1.1　离散观点动力学模型 …………………………… 24

　　2.1.2　连续观点动力学模型 …………………………… 25

　2.2　突变理论与模型 ……………………………………… 28

　　2.2.1　突变理论基本概念 ……………………………… 28

　　2.2.2　突变理论现存的研究方向 ……………………… 31

　　2.2.3　突变理论前沿研究点评 ………………………… 37

　2.3　弹性理论模型及应用 ………………………………… 38

　　2.3.1　弹性理论模型 …………………………………… 38

　　2.3.2　弹性理论的应用 ………………………………… 45

　2.4　本章小结 ……………………………………………… 48

第 2 部分　行为建模篇

第 3 章　人的认知弹性模型建模:基于突变论的方法 ………… 65

　3.1　问题的引入 …………………………………………… 65

3.2 智能环境下个体认知弹性模型 …………………… 67

　3.2.1 认知弹性与突变理论 ……………………… 67

　3.2.2 认知弹性模型的构建 ……………………… 70

3.3 认知弹性模型的验证 ………………………… 73

　3.3.1 模型的内外部控制变量分析 ………………… 73

　3.3.2 模型变量分析与修正 ……………………… 74

　3.3.3 模型的稳定性分析 ……………………… 77

3.4 模型应用与真实案例分析 …………………… 78

　3.4.1 智能环境下网民认知心理案例描述 …………… 78

　3.4.2 弹性模型应用于虚拟社区中个体类型的确认 …… 80

3.5 本章小结 ……………………………… 82

第4章 员工行为的突变模型建模：基于静态文本数据 ……… 86

4.1 问题的引入 …………………………… 86

4.2 个体行为的尖点突变模型 …………………… 87

4.3 个体行为的定性-定量混合尖点突变模型 ………… 89

　4.3.1 变量和参数 ………………………… 89

　4.3.2 模型 …………………………… 91

4.4 参数 α 和 β 的拟合方法 ………………… 92

　4.4.1 拟合方法的结构 ……………………… 92

　4.4.2 建模过程 ………………………… 93

4.5 建模示例 …………………………… 97

　4.5.1 智能制造员工辞职案例 …………………… 97

　4.5.2 拟合 α 和 β 的过程 ………………… 98

　4.5.3 验证 …………………………… 101

4.6 讨论及应用 …………………………… 103

　4.6.1 拟合方法存在的矛盾 ……………………… 103

　4.6.2 产生矛盾的原因分析 ……………………… 103

　4.6.3 应用示范 ………………………… 106

4.7 本章小结 …………………………… 108

第5章 群体行为的突变模型建模：基于动态文本数据 ……… 116

5.1　观点的尖点突变模型 ·················· 116
　5.1.1　定性建模框架 ·················· 117
　5.1.2　定性建模与模拟 ·················· 118
　5.1.3　计量 ·················· 122
5.2　应用 ·················· 124
　5.2.1　群体观点突变的示例 ·················· 124
　5.2.2　建模 ·················· 126
　5.2.3　模型的稳定性 ·················· 133
5.3　具有不同结构群体的观点突变建模 ·················· 136
　5.3.1　使用梯形隶属函数建模 ·················· 136
　5.3.2　通过调整 x 和 y 进行建模检验 ·················· 137
5.4　本章小结 ·················· 139

第 3 部分　行为演化篇

第 6 章　众包物流员工选择行为演化的仿真分析:基于博弈和仿真
　　　　的方法 ·················· 153
6.1　问题的引入 ·················· 153
6.2　面向选择行为的收益模型 ·················· 156
　6.2.1　众包物流平台的收益模型 ·················· 157
　6.2.2　员工收益模型 ·················· 158
6.3　企业与员工选择行为的博弈模型 ·················· 158
　6.3.1　员工之间的博弈模型 ·················· 158
　6.3.2　众包平台之间的博弈模型 ·················· 160
6.4　企业与员工选择行为的仿真结果分析 ·················· 162
6.5　本章小结 ·················· 166
第 7 章　众包物流员工离职行为演化的仿真分析:基于 RA 模型和
　　　　突变理论的方法 ·················· 168
7.1　物联网环境下的众包物流员工行为 ·················· 168
7.2　实际数据与案例 ·················· 170
7.3　嵌入突变理论的 RA 模型 ·················· 173

7.3.1　离职决策 ……………………………………… 173

7.3.2　交互过程 ……………………………………… 174

7.4　嵌入突变理论的 RA 模型验证 ……………………… 176

7.4.1　通过实际数据验证 ……………………………… 176

7.4.2　模型的灵敏度分析 ……………………………… 178

7.5　离职行为演化的仿真分析 …………………………… 182

7.6　本章小结 ……………………………………………… 185

第 4 部分　行为突变篇

第 8 章　个体选择行为与群体观点反转机制：基于观点动力学的

方法 …………………………………………………… 191

8.1　问题的引入 …………………………………………… 191

8.2　线上个体选择行为与舆情动态模型 ………………… 193

8.2.1　问题描述与假设 ………………………………… 193

8.2.2　个体认知-观点行为决策 ……………………… 195

8.3　模型设置与虚拟实验 ………………………………… 198

8.3.1　模型设置 ………………………………………… 198

8.3.2　虚拟实验与仿真结果 …………………………… 199

8.4　智能系统信息无界性及社团分析 …………………… 205

8.5　本章小结 ……………………………………………… 208

第 9 章　员工心理契约建立-破坏的研究：基于突变论的方法 ……

…………………………………………………………… 212

9.1　问题的引入 …………………………………………… 212

9.2　员工心理契约动力学演化的尖点突变模型 ………… 213

9.2.1　心理契约动力学的经典尖点突变模型 ……… 214

9.2.2　心理契约动力学的随机尖点突变模型 ……… 214

9.3　尖点突变模型的拟合 ………………………………… 215

9.3.1　搜集数据 ………………………………………… 215

9.3.2　尖点突变模型拟合方法和 Cuspfit 软件 ……… 216

9.3.3　拟合结果 ………………………………………… 217

9.4　突变分析 ……………………………………… 219

9.4.1　理论分析 …………………………………… 219

9.4.2　数值仿真 …………………………………… 222

9.5　本章小结 ……………………………………… 229

第10章　员工对组织的对抗行为的研究:基于博弈和仿真实验的

方法 ……………………………………………… 232

10.1　问题的引入 …………………………………… 232

10.2　博弈模型的理论分析和基本假设 ……………… 233

10.3　员工群体与组织冲突博弈模型的构建 ………… 235

10.3.1　收益争夺的博弈模型 ……………………… 235

10.3.2　社会关系网络环境下冲突事件的演化 ……… 238

10.4　计算实验的设计与分析 ……………………… 241

10.4.1　模型设计 …………………………………… 241

10.4.2　不同员工群体规模对冲突事件的影响 ……… 243

10.4.3　不同参数设计对冲突事件的影响 ………… 246

10.4.4　员工群体、组织策略以及外在惩罚之间的协同

演化 …………………………………………… 247

10.4.5　社会关系网络下冲突事件演化的鲁棒性分析 …

……………………………………………………… 248

10.5　本章小结 …………………………………… 250

第5部分　行为控制篇

第11章　员工认知弹性-选择行为的转移与控制:基于突变论的控

制方法 ………………………………………… 255

11.1　问题的引入 ………………………………… 255

11.2　个体认知弹性-选择行为模型 ……………… 257

11.2.1　问题描述与说明 ………………………… 257

11.2.2　个体认知弹性-选择行为模型描述与构建 … 258

11.3　模型的分析与应用 ………………………… 262

11.3.1　压力对个体认知弹性的影响 …………… 262

11.3.2 认知弹性-选择行为模型应用 …………………… 263

11.4 突变理论与控制策略分析 …………………………… 266

11.4.1 个体行为的突变理论视角分析 ………………… 266

11.4.2 个体自主性行为的控制策略分析 ……………… 268

11.5 本章小结 …………………………………………… 270

第12章 员工反生产行为的博弈与控制:基于模拟实验的控制
方法 ………………………………………………… 273

12.1 员工反生产行为决策过程 …………………………… 273

12.2 员工 CWB 控制机制分析 …………………………… 275

12.2.1 基于双系统模型的员工 CWB 决策机制 ……… 275

12.2.2 员工理性分析系统 ……………………………… 276

12.2.3 员工 CWB 控制路径分析 ……………………… 279

12.3 员工群体 CWB 计算实验模型 ……………………… 279

12.3.1 基本模型 ………………………………………… 280

12.3.2 规则设定 ………………………………………… 281

12.4 仿真平台及模型验证 ………………………………… 282

12.4.1 实验系统设计 …………………………………… 282

12.4.2 模型的合理性与鲁棒性验证 …………………… 284

12.5 员工群体 CWB 控制策略实验分析 ………………… 287

12.5.1 人员性格甄选对员工群体 CWB 的影响 ……… 287

12.5.2 监管制度对员工群体 CWB 的影响 …………… 288

12.5.3 组织非正式约束(情境管理)对员工 CWB
的影响 …………………………………………… 290

12.6 本章小结 …………………………………………… 294

第13章 员工反生产行为突变的半定性分析与控制:基于模拟实验
的控制方法 ………………………………………… 298

13.1 员工反生产行为随机突变模型 ……………………… 298

13.2 员工反生产行为突变的半定性模拟模型 …………… 302

13.2.1 员工 CWB 演化过程的定性分析 ……………… 302

13.2.2 变量名及取值 …………………………………… 303

13.2.3　模拟模型及模拟规则 ………………………… 305

13.2.4　模拟步骤 ………………………………………… 307

13.3　模拟实验及案例应用 ……………………………… 308

13.3.1　泰勒主义的误区 ………………………………… 308

13.3.2　入职的状态对员工 CWB 的影响分析 ……… 310

13.3.3　员工 CWB 危害控制分析 ……………………… 311

13.3.4　员工 CWB 补救措施分析 ……………………… 312

13.4　本章小结 …………………………………………… 313

第1部分　行为特征与计算模型篇

物联网环境下人与物之间相互操作,人的行为将表现出不一样的特征。本部分首先分析物联网环境下个体和群体行为可能表现出的特征,然后通过对智能环境下人的文本数据(言论)的情感计算、观点计算,分析智能环境下人的行为特征,最后,为捕捉智能环境下人的行为特征,分析介绍了观点动力学、突变理论、弹性理论等模型。

人的行为特征及其文本数据处理

物联网是通过传感技术和通信手段将物体与互联网相连,实现"管理、控制、营运"一体化的网络,其本意是要实现万物互联。通过物联网设施,人们能够获得实时、透明的"物"信息,企业运作起来更便捷,其决策行为更具实时性。但从反向来看,"物"实时地给人提供信息,实时地对人提出要求,人在这种环境下是受压迫的,其行为特征势必有所不同。

为了揭示人在物联网环境下行为的一般性特征,本章从人—物互动的角度分析人的行为特征,选取现代物流、智能楼宇办公、智能家居使用的过程或环境中人发表言论的文本数据,通过计算人的情感波动过程,展示人在物联网环境下的观点演化特征。

1.1 物联网环境下人的行为特征

在传统环境下,比如在互联网环境下,企业的生产经营活动是需要人去推动的,人是主动的,"物"(原材料、产品、生产装备、运输装备)是被动的,是被操作的对象,在"物"的加工、存储、销售等的移动过程中,人要参与该过程,如图 1.1 所示。

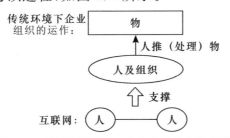

图 1.1 基于互联网的企业中人操作物的特征

在物联网环境下的企业生产经营活动之中，不仅人是主动的，"物"也是主动的，如图 1.2 所示。

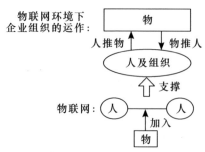

图 1.2　基于物联网的企业中人—物互操作的特征

在企业的生产、存储、物流、销售甚至售后等各环节中，"物"主动地提供时间、位置、状态（如属性、质量）等信息给企业的信息系统，产品在消费者使用过程中的信息也能提供给企业的信息系统，由信息系统来实时地辅助管理企业，包括实时地配置企业的各项资源，实时地调度生产与销售经营活动。那么，在这种环境下，人在主动工作的同时，也受"物"的支配，"物"实时地提供信息，实时地对人有要求，人的行为会表现出与传统环境下不同的特征。

人的行为可以从个体、群体两个层面来进行分析。对于个体行为，我们从顾客、员工两个方面进行分析。顾客行为是企业组织运作的原始推动力，包括顾客的习惯、倾向和偏好，以及顾客周围邻居的行为等[1]。与传统环境相比，物联网环境下顾客信息来源更精准、更及时，顾客决策行为就更及时，顾客需求也更精准（即更具有个性）；由于"物"信息的透明，购物后顾客也能跟踪定位商品，对服务的体验就更优于传统环境[2]，这些都提高了顾客的满意度。

但另一方面，购物过程的任何信息或细节，对顾客而言过于透明化，也便于顾客比较不同企业产品或服务的差异，可以提出更加个性化的需求，实时改变自己的购物行为，可以随时随地选择满意的企业，改变对企业的忠诚度。同时，物联网带来信息的透明，而涉及市场销售时，顾客是避讳的，比如顾客的身体健康状态、行为习惯、宗教信仰甚至性格特质等，这都是顾客不愿意对外公开的[3]。从这个方面来看，顾客是抵制物联网技术的，从而形成顾客对物联网技术的双面性。

物流行业员工在物联网环境下工作,其行为也会表现出双面性。受物联网技术及设备的支持,信息的来源广、传播快,其智能设备以及计算服务功能也能辅助甚至代替员工完成日常工作和各类决策,因此,员工的工作技能无疑是提高了,工作效率显然也将提高[4]。但另一方面,由于商品"物"信息能实时提供,顾客的需求信息不断涌现,装备"物"不断提出新的任务指令。在这样的智能环境下,"物"不断地支配物流员工的工作,使员工要应付"物"的实时行为,其心理压力显然是巨大的[5]。

因此,物联网环境下,不管是顾客还是企业员工,其个体行为都具有双面性特征。

传统环境下员工群体行为由人—人之间的互动而涌现形成,人—人之间的互动,是单一领域中的要素的互动,且有大量心理学和社会学理论支持互动模型的构建、互动演化结果的分析,因此,对传统环境下员工群体行为的研究是比较成熟的。

物联网环境下,由于介入了智能"物"成员,员工群体中就形成了人与"物"之间的多元互动[6],在内(员工个体的双面性)、外(来自外部信息和"物"信息的实时性)两方面因素的作用下,群体行为的涌现过程具有非线性现象[7],具体表现为:(1)群体行为的某种演化,不是外部环境(如顾客、竞争者)造成的,而是其内部的某个因素造成的,因为内部"物"的行为变化可以实时捕捉到;(2)外部环境发生一个轻微变化,可能会引起整个群体行为的失控;(3)外部环境发生一个较大变化,也可能对群体行为没有任何影响。

还会存在其他非线性特征,比如分叉特性[8]。例如,顺应敏捷性和适应性的组织结构,员工群集智能将达到一定的水平,但某些内外因素的实时变化会促使它快速反转为其对立面[9]。在这样的环境下,员工由于没有充分的时间进行深度分析,而是依赖"物"的即时信息和周围同事即时行为的影响,因此员工行为具有显著的分叉性。虽然在传统互联网环境下人的行为也具有分叉性,但是,物联网环境下这种分叉性发生的频率更快,即具有分叉频率快的特性。

已有研究表明:在智能环境下,不管是个体还是群体,其观点、情绪等各种心理和行为都有相类似的不稳定特性[10]。尤其是在电商物流行业,由于员工所获信息具有移动的、局部的等特点,并面对"物"的要求和压迫,员工的决策处于卡尼曼两阶段决策过程中的第一阶段,即及时决策[11]。因为员工在移动中获得的信息和商业机会是及时的,信息和机会稍纵即逝,员工主要靠自己的本能和对局部的感知而快速决策,否则就会失去商业机会。

而就人与组织之间的关系而言,以众包物流企业为例,社会化物流从业人员依靠手机终端实时获取订单信息,在信息不断变化的环境中及时决策是否接受送货任务,不可能有时间进行深度计算和思考,而企业有计算系统的支持,可以对实时信息进行深度分析,这就是个体与组织之间在计算能力上的不对称。这种场景在物联网环境下普遍存在,单个顾客与企业之间也存在这种现象。从这一点来看,物联网环境虽然消除了传统的信息不对称,但是又带来了人—组织之间的技术不对称。

上述分析,可以归纳为表1.1。

表 1.1　物联网环境下人的行为所表现的特征

分类	形态		功能
群体行为	不稳定性		分叉频率快、随时间推移表现出非线性
个体行为	员工	行为及时(工作决策常常及时性)、工作高效、心理负荷高	双面性、技术不对称性
	顾客	行为及时(购买决策更易及时性)、服务体验更优、个性化、抵制	

那么,如何在物联网环境中捕捉和把握人的行为? 下面介绍从物联网环境提供的大数据(文本数据)中分析人的行为的方法。

1.2　基于文本数据的人的行为分析

物联网环境下设备在任何时间、任何地点实时地提供和处理数据。根据 Cisco 统计,2020 年有超过 500 亿的物联网设备连入网络。物联网所产生的数据具有很多特性,其中最重要的就是海量性和动态性。传感器能够每时每刻地生成数据,因此物联网数据的规模将非常庞大,并且随着时间、地点与外部环境的变化,感知的结果会实时更新。

在这样的环境下,作为互联对象中的一员,人也会接收到海量的信息。比起传统环境与互联网环境,人们接收的信息呈现爆炸式增长,人与人之间的信息交换增多,人们对事物的看法也变化更快。

1.2.1　数据获取

有人的地方就是社会,社会群体是众多学科不能忽视的研究重点。群体行为特征分析是社会群体研究的重要内容。在社会群体中,人与人之间会不停地交互,行为的交互和观点的交互都会发生,行为的交互深受观点的交互的影响。因而,在这种互动的情况下,研究人们观点形成的动力学特征,具有重要意义和理论价值,也成了学者研究的重点内容。

(1)领域选择

下面选择众包行业员工、公务员以及智能家居消费者等不同领域的员工作为进行数据分析的对象。这三个领域也是物联网环境下普通员工或消费者的代表。

"众包"这一概念最早由美国《连线》杂志记者豪威(2006)提出,他认为众包就是将原本在公司内部由工作人员完成的工作和任务,转而交由非特定的大众网络参与者来完成的一种形式,如图 1.3 所示。借助众包这一理念,公司的组织结构随之发生改变,公司的运营模式发生变化。例如,将这一理念同物流行业结合兴起的众包物流就是一个很典型的例子:众包物流是解决目前配送"最后一公里"问题的一种新兴方式,即除了全职配送员,越来越多的普通网络参与者进入该模式,成为一名兼职配送员参与货物配送。物联网为众包提供了更多的可能:配送员利用一台智能手机就能实时接单配送,滴滴司机接入平台后就可以实现实时信息对称,商家与顾客可以更好地享受最后一公里的服务。研究智能环境下众包行业员工的观点变化,有助于分析物联网环境下群体行为特征。

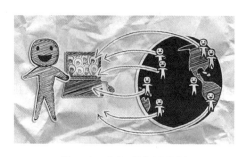

图 1.3　众包理念示意图

来源：http://k.sina.com.cn/article_5328858693_13d9fee450200080dr.html

在我国,公务员是指依法履行公职、纳入国家行政编制、由国家财政负担工资福利的工作人员。广泛地来说,中央到地方政府机关的公职人员、国有企业和事业单位的工作人员都可以称为公务员。随着信息时代的来临,各种各样终端设备的出现,以及逐渐在全国范围打通的政务系统,使公务员们的工作早已由原来的纯手工操作、层层上报的形式,向电子化、扁平化转变。公务员是城市建设者的一部分,从图 1.4 可以看到智慧城市与智慧社区的建设与发展也离不开公务员们勤恳的工作。尤其是在基层工作的公务员,他们的业务已经在物联网的帮助下越来越智能化,所以,获取公务员群体的行为特征也是本节的重点。

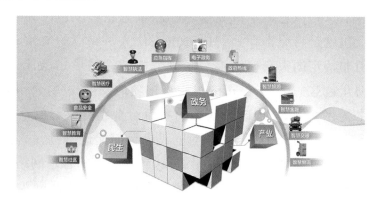

图 1.4　基层公务员参与智慧城市建设示意图

来源：http://news.focus.cn/jn/2016－04－01/10795353.html

智能家居是以住宅为平台,利用综合布线技术、网络通信技术、安全防范技术、自动控制技术、音视频技术,将家居生活有关的设施集成,从而构成住宅设施与家庭日程事务的高效管理系统,它能提升家居安全性、便利性、舒适性、艺术性,并实现环保节能的居住环境[12]。智能家居是物联网发展进程中消费者直接接触到的终端产品,也是万物相连的重要体现。如今,智能家居硬件产品已经越来越多,例如小米生态链中的众多产品、西门子全智能家居系统等。除了智能手环、智能音箱等门槛产品,现在智能扫地机器人、互联网插座、电灯、空调和智能门锁等都已经开始走入千家万户,而智能家居系统的功能就是将万物互联做到极致。在这样的环境中生活的消费者,无疑是物联网发展中体会最深的一个群体。分析智能家居消费者的群体行为特征,是必不可少的一个环节。

（2）平台选择

虚拟社区就是由互联网发展带来的新型社区,各种各样的交流平台层出不穷:从聊天室到 QQ 与微信,从 BBS 论坛到贴吧与知乎。在虚拟社区中,人们可以与认识或者陌生的人交互,他们或许来自天涯海角。在群体变得复杂的同时,观点交互也会变得越来越复杂。针对上述情况,本书选择了不同的虚拟社区来获取观点与数据。

目前,百度贴吧是全球最大的虚拟社区,在这里你可以找到任何感兴趣的话题并且加入社区进行讨论,或大或小的贴吧都可以作为一个或大或小的虚拟社区。在这些虚拟社区中,人们可以和不同的个体进行观点的交互,从而更新自己的观点或者影响其他个体的观点。在众包物流行业,本书选择达达配送与滴滴出行作为代表公司,他们的员工在各自贴吧中发表自己的观点并且进行交流。达达配送吧是由全国的达友们共同创立的,目前拥有粉丝4.5万多人,主题帖44万多篇,活跃在其中的基本都为达达全职或者兼职配送员。而滴滴吧活跃程度更甚,目前拥有粉丝近50万,主题帖1300多万篇,且仅允许吧内四级以上头衔拥有者发帖,由此可见该吧主题帖均由活跃用户发起,质量较高。采集达达配送吧和滴滴吧的数据作为本书情感分析与计算的原始数据是可行的。

天涯社区创办于1999年,是一个在全球具有影响力的网络社区,自创立以来,以其开放、包容、充满人文关怀的特色受到了全球华人网民的推崇；经过十年的发展，已经成为以论坛、博客、微博为基础交流方式，综合提供个人空间、相册、音乐盒子、分类信息、站内消息、虚拟商店、来吧、问答、企业品牌家园等功能服务，并且是一个以人文情感交流为核心的综合性虚拟社区和大型网络社交平台[13]。天涯论坛板块众多，公务员板块作为职业交流论坛中的一个活跃板块，包含主帖 15 万，回帖 94 万，充分反映了在职公务员们的内心活动与观点交互。采集天涯社区中公务员板块的数据作为本书情感分析与计算的原始数据也是可行的。

小米社区是小米科技有限责任公司的官方论坛（网页版目前已关闭），它包括了咨询、论坛、酷玩帮（新品公测平台）、摄影馆（小米摄影赛事）、爆米花（米粉活动）和同城会等多个不同的虚拟社区。小米社区聚集了众多米粉以及小米产品的爱好者与使用者，他们在这里了解小米的最新资讯、与其他米粉一起交流、第一时间试水新产品以及参加小米举办的各项活动。在小米生态链中，米粉们是最直接的参与者与使用者。在小米论坛，每个智能家居都有自己单独的板块，以小米手环为例，该板块每日签到人数曾超过 8000，大部分主题帖的浏览量都在 500 以上，部分火爆帖的浏览量能达到一万甚至十万以上。这些主题帖的观点正是我们研究物联网环境下消费者观点的重要材料。

（3）网络爬虫

随着网络的迅速发展，互联网成为大量信息的载体，如何有效地获取并利用这些信息成为一个巨大的挑战。在此情况下，网络爬虫技术应运而生。网络爬虫是一种按照一定的规则自动抓取万维网信息的程序或者脚本。大家可以用 Python、JAVA 等编程语言实现网络爬虫，本书使用火车头采集器来获取论坛中发帖人的观点。

火车头采集器是一款专业的互联网数据抓取、处理、分析与挖掘的软件，它拥有强大的内容采集和数据导入功能，可以灵活迅速地抓取网页上散乱分布的数据信息，并通过一系列的分析处理，准确挖掘出所需数据。目前火车头采集器在国内使用广泛，应用于各个行业。

火车头采集器适合采集论坛形式的网页。如何采集数据取决于采集者设定的规则,其工作重点是采集数据与发布内容。采集数据包括采集网址和采集内容,在采集过程中设计好规则,即可获得想要的数据,例如帖子名称、内容、作者与时间等。发布内容是指将数据发布到自己的论坛,可以采用 WEB 在线发布,也可以存入数据库或存为本地文件,在本书中,我们只需将发布内容存入本地文件。以小米论坛智能家居电子门锁板块为例,我们选择板块网址为采集网址,从而获得所有帖子的网址,随后对其中一个帖子的内容进行采集,进而获得文本数据。

基于本书对智能环境的定义和数据的可得性,下面以网约车和外卖配送作为本书的数据获取行业,原因在于:一是我们认为各大网约车平台和外卖配送平台目前都是通过手机 APP 在抢单,对于网约车司机、外卖配送人员与抢单 APP 的交互,我们认为是其与智能环境的交互。二是目前网约车司机和外卖小哥已是一个庞大的群体,他们会通过各类社交软件交流他们的想法心得,我们很容易获得这些交流的文本数据。

在数据选择上,我们从百度贴吧上爬取数据,因为百度贴吧是由中国搜索引擎公司百度提供的网络社区。在这里,"贴吧"就像一个论坛,为用户提供互动的社交网站活动场所。用户来到这里,是因为他们想与其他人分享对某个特定主题的想法。我们一共选择了 13 个贴吧,共爬取了其中 1084104 条评论数据(如图 1.5 所示)。

Uber吧.csv	2019/10/13 21:33	Microsoft Excel ...	1,666 KB
优步吧.csv	2019/10/3 22:31	Microsoft Excel ...	7,470 KB
优步司机吧.csv	2019/10/3 23:25	Microsoft Excel ...	2,145 KB
滴滴吧.csv	2019/10/3 23:15	Microsoft Excel ...	6,963 KB
滴滴司机吧.csv	2019/10/3 23:23	Microsoft Excel ...	5,901 KB
滴滴车主吧.csv	2019/10/3 23:15	Microsoft Excel ...	7,393 KB
滴滴打车吧.csv	2019/10/3 23:23	Microsoft Excel ...	27,431 KB
美团外卖吧.csv	2019/10/3 22:18	Microsoft Excel ...	25,424 KB
美团众包吧.csv	2019/10/3 22:31	Microsoft Excel ...	35,764 KB
美团骑手吧.csv	2019/10/3 22:16	Microsoft Excel ...	12,479 KB
饿了么骑手吧.csv	2019/10/3 23:23	Microsoft Excel ...	4,032 KB
达达配送吧.csv	2019/10/3 23:14	Microsoft Excel ...	31,299 KB
蜂鸟众包吧.csv	2019/10/3 23:25	Microsoft Excel ...	13,383 KB

图 1.5　收集的贴吧数据一览

其中,前12个贴吧可以分为网约车司机贴吧和众包公司配送人员贴吧两类,他们的共同点是在其工作环境中都要与智能手机不断进行交互。如果将智能手机视为一个物联网终端的话,那么每一名员工与其智能手机就构成了一个智能工作环境,这非常符合本书。出于对照的考虑,我们搜集了处于传统工作环境下的"司机吧"的评论作为对照组。

1.2.2 数据合并和清洗

在利用网络爬虫技术得到如上13个贴吧所有评论的文本后,为了便于进一步的研究,我们对上述数据进行了处理,主要包括整并、制表、清洗、情感打分、筛选等步骤:

第一步,整合所有数据。为了方便后续分析单个贴吧、单个主题内用户观点的演变过程,我们经过处理得到了13张以贴吧名称标记的表(如滴滴司机吧.csv、美团骑手吧.csv等),每个表均包含用户id、评论时间、评论内容、帖子id、吧id、评论内容的情感打分(暂留空白)。

第二步,由于我们需要对贴吧中的每一条评论进行单独的情感打分,在不考虑上下文的情况下,无用的英文、数字和广告等干扰信息对评分结果影响极大;除此以外,考虑到编码的问题,表情符号和emoji等对评分与处理也有很大影响;最后,由于爬取数据时仅抓取文本信息,单独的图片内容无法抓取,所以形成了一些空白值。综上,我们利用正则表达式去除了英文、数字、广告等干扰信息,利用Python的emoji处理库去除emoji,同时利用Pandas去重、去空白。

第三步,由于后续研究都将在定量的基础上展开,市面上开源/收费的情感计算工具很多,出于可靠性的考虑,我们采用的情感打分工具为Google sentiment API,这是目前相对主流并可靠的情感打分工具。相比于Boson等具有词库大、结果稳定的优点。

第四步,为了研究这些行业的员工受智能环境的影响,我们用正则表达式从各个贴吧的评论中筛选出了"指派""接单""抢单""预约""派单""拼车""订单""星""服务分""奖励""好评""降分""低分"等与在线业务相关的主题词,来研究智能化工作场景对员工情绪的影响。

接下来我们对这些数据进行计算处理,进行情感计算与分析,从中分析上述数据中蕴含的个体行为特征,总结出物联网环境下群体行为的特征。

1.2.3　情感计算与分析

(1)情感计算

自然语言处理(Natural Language Processing,NLP)是人工智能的一个子领域。随着人工智能的飞速发展,自然语言处理也受到了越来越多的关注,它在本质上属于人与机器的一种交互。自然语言是人类智慧的结晶,由于语言的千变万化,对自然语言的处理也是人工智能发展的一大难点。尤其是中文作为一种符号化语言,相较于英文,其语法结构、语句结构都更复杂,所以在词性和结构判断上难度更大。文本句子中的每一个形容词、动词或者仅仅一个字都可以表达情感,早已有学者[14]通过对微博文本进行情感分析,发现群体对于突发事件的情感表达与政府对突发事件的处理方式和手段具有密切关系。

除了用 Python 实现自然语言处理外,我国市面上已有不少公司提供 NLP 接口,为广大开发者和企业提供技术支持。目前我国在此方面较为出色的公司或部门有百度自然语言处理部、玻森数据公司、腾讯 AI 自然语言处理板块等。作为一家专注于中文语义分析的公司,玻森数据公司拥有丰富的经验,并且自主研发了千万级的语义资料库,可以提供深度的中文语义分析。百度自然语言处理部在中文字典的搭建方面非常完善,同时提供包括 JAVA、C♯、Python 等多种语言的 SDK,能为来自不同程序语言和不同功能的开发者提供服务。腾讯 AI 自然语言处理板块也包括了许多内容,但目前只提供 HTML 的接口。本书我们选择玻森数据为主要接口。

NLP 作为一个新兴的领域,也包括了许多不同的内容和技术,并且还在不断的补充和完善中,如图 1.6 所示。上述公司可以提供的主要服务基本相同,主要功能包括分词、词性分析、关键词提取、情感倾向分析、词义比较等。

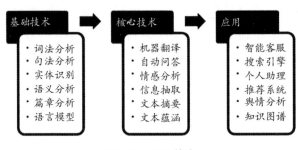

图 1.6　NLP 技术

来源：http://tech.ifeng.com/c/7j6hRICsX8a

本书主要采用的自然语言处理功能是情感倾向分析。情感倾向分析是针对带有主观描述的中文文本，由系统自动判断该文本的情感极性类别（即积极、消极、中性），并给出相应的置信度。目前，情感倾向分析应用十分广泛，如：通过对产品多维度评论观点进行倾向性分析，可以给用户提供该产品全方位的评价，方便用户进行决策；通过对评论进行分类展示，可以帮助企业理解用户的消费习惯并且提供决策支持；通过对需要舆情监控的实时文字数据流进行情感倾向分析，可以让企业实时掌握消费者对商品的舆情看法。

在本书中，我们采集到的每一条文本数据，都要用文本情感倾向分析来进行打分。以"滴滴司机吧"中一个关于"服务分对司机接单的影响"的讨论帖进行情感计算为例，其步骤可以归纳为：

①以每个用户观点值与用户发言次数两个维度作为分析基础，得到用户观点值—发言次数的表，并将用户观点按照发言次数进行对齐。

②根据观察情感打分的结果，将观点值分成三组：0～0.5、0.5～0.75、0.75～1，分别代表消极、中立、积极。

③参照已有文献中的做法，我们将所有用户观点变化分成三簇。簇的定义为：在一个簇里面用户数量大于 100，方差小于一个阈值，同时观点值相差 0.2 的用户对的数目不超过 50。

我们编写程序，将每一条文本数据传给玻森数据，获取返回的数据。返回的数据是两个 0～1 之间的数值，我们用这两个数值来表示文本的情感倾向：其中一个数值表示正面倾向，一个数值表示负面倾向。如果负面指数在 0~0.5 之间,判断该文本为正面倾向;如果负面指数在 0.5~1 之间,判断该文本为负面倾向。

(2)观点演化

将文本数值转化为数值数据的时候,就完成了将语句量化的工作。当文本被赋予了数值之后,就获知了不同时刻人们对事物的正面或负面倾向。将这些不同时刻不同个体的观点值进行处理后汇聚到一起,用时间作为横轴、观点值作为纵轴,可以绘制出群体观点演化图。

图 1.7 为滴滴司机吧中观点值随发言次数变化的司机观点演化图,每个点代表该簇中观点的均值。

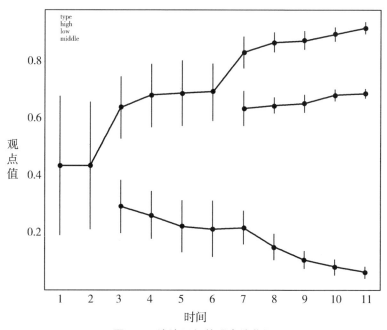

图 1.7　滴滴司机的观点演化图

该图显示,在"在线业务"这一相关话题被触发后,对此话题的讨论在持续 3 次后会出现一次分岔现象,在第 7 次又会出现一次分岔,最后收敛为三簇。

除了发现群体观点演化的以上规律之外,还发现:在智能环境下,个体的观点也会出现突变或反转较为频繁的现象(如图 1.8 所示)。

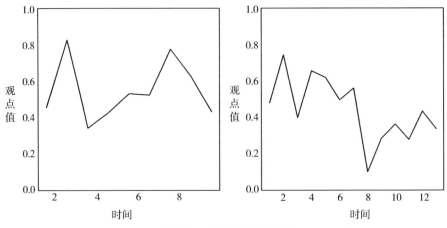

图 1.8　个体观点演化图

图 1.8 展示了两位滴滴司机在贴吧的"在线业务"相关主题帖之下发表评论的观点值变化曲线，从中可以发现：在智能工作环境下，有些用户的观点会从极端的积极变成极端的消极，这与传统的观点动力学模型中渐进性的变化是矛盾的。更进一步地，我们认为这是一种有震荡的、非连续的变化。

除以上绘制出的观点演化图以外，在与"在线业务"相关的许多其他主题帖之中，我们也发现了与上述类似的群体与个人观点变化规律，可见这是普遍的规律。由此我们可以认为智能环境对于员工的情绪的确存在与传统环境不同的影响。下面以此为基础，对智能环境下群体观点演化进行建模与仿真分析。

1.3　物联网环境下群体行为特征分析

在物联网的万物互联时代，互联网将进一步发展与延伸。现在已经有很多学者研究了互联网环境下的群体行为特征，那么在物联网环境下，群体行为又具有哪些新的特征呢？

（1）物联网环境下行业群体行为特征分析

关注行业的群体特征分析，有助于进一步分析物联网环境下群体行为特征。

①众包物流员工观点演化图

众包物流中达达配送员与滴滴司机均是我们重点关注的对象，图 1.9 和 1.10 展示的是经过处理后达达配送员与滴滴司机的群体观点演化图。

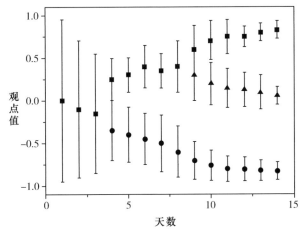

图 1.9　达达配送员的群体观点演化图

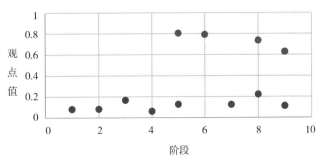

图 1.10　滴滴司机的群体观点演化图

图 1.9 显示：在一个关于工作的话题被触发后，该话题的讨论热度将持续 12 天，之后参与讨论的个体观点趋于稳定。群体观点的演变将在稳态时形成三个子簇。通过观察我们发现：有些人的观点可能突然从积极的状态转变为消极的状态，另一些人的观点难以被影响，还有些人的观点可能只会受到某些特定观点的影响。图 1.10 是我们收集的 2018 年 8 月 1 日至 2018 年 8 月 16 日滴滴司机以工资为话题的群体观点演化图。该图显示：话题被触发后，人们将持续10 个阶段的讨论，人们的观点具有向中心靠拢的趋势。

②公务员对工资话题观点演化图

图 1.11 是我们采集的 2018 年 5 月 16 日至 5 月 30 日天涯社区论坛公务员板块中关于工资话题的观点演化图。

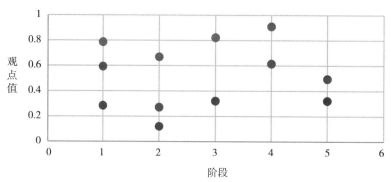

图 1.11　公务员关于工资话题的观点演化图

该图显示,公务员对工资话题开始讨论后,该话题热度变化分为 5 个阶段。对其演化过程进行分析可以得到,在个体观点的影响下,群体的观点可能会在收敛之后再次分岔,也有可能会在分岔之后再次收敛。

③智能家居消费者的观点演化图

图 1.12 是我们采集的 2019 年 6 月 10 至 6 月 20 日米粉们在小米论坛智能门锁板块中关于智能门锁话题交流讨论的观点演化图。

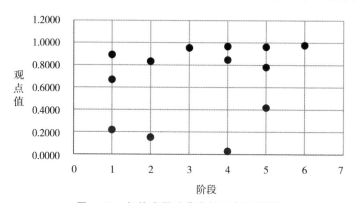

图 1.12　智能家居消费者的观点演化图

该图显示了消费者对门锁态度的演化过程,从中我们分析得出,在个体观点的影响下,群体的观点可能会收敛之后再次分岔。同时,个体观点的变化会十分明显,有的个体从完全消极向中立转变。

(2)物联网和互联网环境下群体行为特征

相比互联网而言,物联网具有更广泛的对象和使用者。互联网所面向的对象和使用者只有人,而物联网所面向的对象和使用者是人和物。计算机和网络的出现带来了互联网,而物联网则源于传感器技术的创新和云计算的出现。互联网改变了人类的生活,而物联网将给人类带来更加智能的生活。因此,在不同的环境下,人们的群体行为特征也有所不同。

所以,我们采集了互联网环境下中通快递员的观点变化与 Air-bib(爱彼迎)房东们讨论话题的变化,并且应用同样的数据处理方法,获得了他们的观点演化图,如图 1.13、图 1.14 所示。

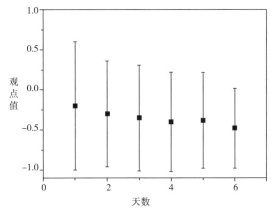

图 1.13　中通快递员的观点演化图

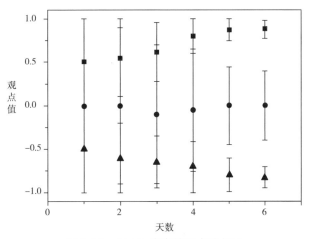

图 1.14　Airbib 房东的观点演化图

图 1.13 和图 1.14 显示:在互联网和传统物流环境下,员工或房东的观点变化较为平稳,波动较小,收敛形成观点簇后趋势更为明显,不轻易发生较大改变,这比较符合传统观点动力学分析得出的结论。但与物联网环境下的观点演化进行对比,我们可以发现很多不同的特征。

物联网环境下,个体观点的变化更大。通过比较个人的观点演化图可以发现,达达众包员工对某个话题态度倾向的变化是十分明显的,甚至会出现反转现象:从原来的负面倾向转变为正面倾向。而传统物流环境下中通员工的观点变化较小,几乎没有发生突变情况。

物联网环境下,群体观点的变化更复杂。通过对比爱彼迎房东的观点演化图,我们可以发现:在互联网环境下,观点发生分岔的可能性较小,大多收敛为稳定的观点簇;而在物联网环境下,可能发生的情况众多,例如,观点簇数量发生变化、观点值先收敛后发生分岔现象、群体观点大幅度变化等。

1.4   本章小结

物联网技术及其形成的环境,与在日常工作和生活中的人之间,是一个频繁交互关系及过程,物联网对人的各种决策行为提供了便利,但同时对人的行为也不停地产生要求,这就形成了对人的压迫,那么,人在物联网环境下的行为具有什么样的特征?

本章从形态和功能两个视角,通过数据爬取、数据合并和清洗、情感计算,分别分析了个体行为和群体行为的特征。进而分析了物联网环境下群体行为的分叉特征,包括众包物流员工、滴滴司机、智能办公环境下的公务员、智能家居消费者等群体。

参考文献

[1] Weinberg B D,Milne G R,Andonova Y G,et al. Internet of Things:Convenience vs. Privacy and Secrecy[J]. Business Horizons,2015,58(6):615-624.

［2］ Wu L，Wang S，Zhu D，et al. Chinese Consumers'Prefer-ences and Willingness to Pay for Traceable Food Quality and Safety Attributes：The Case of Pork［J］. China Economic Review，2015，35：121-136.

［3］ Brill J. The Internet of Things：Building Trust and Maxi-mizing Benefits through Consumer Control［J］. Fordham Law Re-view，2014，83：205-217.

［4］ Whitmore A，Agarwal A，Da Xu L. The Internet of Things—A Survey of Topics and Trends［J］. Information Systems Frontiers，2015，17(2)：261-274.

［5］ Rasche P，Mertens A，Schlick C，et al. The effect of Tactile Feedback on Mental Workload during the Interaction with a Smart-phone. International Conference on Cross-cultural Design［M］. Cham：Springer，2015.

［6］ Guo B，Zhang D，Wang Z，et al. Opportunistic IoT：Explo-ring the Harmonious Interaction between Human and the Internet of Things［J］. Journal of Network and Computer Applications，2013，36(6)：1531-1539.

［7］ Lee I，Lee K. The Internet of Things (IoT)：Applications，Investments，and Challenges for Enterprises［J］. Business Hori-zons，2015，58(4)：431-440.

［8］ Dandekar P，Goel A，Lee D T. Biased Assimilation，Ho-mophily，and the Dynamics of Polarization［J］. Proceedings of the National Academy of Sciences，2013，110(15)：5791-5796.

［9］ Atzori L，Iera A，Morabito G. The Internet of Things：A Survey［J］. Computer Networks，2010，54(15)：2787-2805.

［10］ Chen C W，Aztiria A，Aghajan H. Learning Human Be-haviour Patterns in Work Environments［OB］. CVPR 2011 WORK-SHOPS. IEEE，2011：47-52.

［11］ Kahneman D，Tversky A. Prospect theory：An Analysis of

Decision under Risk[OB]. Handbook of the Fundamentals of Financial Decision Making：Part I. 2013：99-127. http：//energy. people. com. cn/n/2014/0403/c71890-24814621. html.

　[12] 阮星,蔡闯华.一个基于 ZigBee 协议的智能照明应用实例的实现[J].赤峰学院学报(自然科学版),2011,8:38-40.

　[13] 天涯社区.天涯简介[EB/OL]. http：//help. tianya. cn/about/history/2011/06/02/166666. shtml.

　[14] 史伟,王洪伟,何绍义.基于微博平台的公众情感分析[J].情报学报,2012,31(11):1171-1178.

计算模型

物联网环境下智慧"物"既给人带来便利又给人带来压迫,使得人的行为表现出不稳定的特征,传统的研究方法(比如实证研究方法)难以跟上物联网环境下智慧物的工作行为及其变化节奏,也就难以捕捉人的行为随时间变化的动态轨迹,难以揭示智慧物冲击下人的行为不稳定的复杂机制。为此,本书尝试采用建立计算模型的方法来揭示人的行为规律,即采用仿真实验的方法来揭示人的行为随时间变化的机制。

为了开发新的研究方法(即行为的计算方法和实验分析方法),下面先介绍观点演化动力学模型,因为观点是行为选择的前提,观点本身也可视为一类行为表现。对于智慧物造成的人的行为的不稳定性,将应用突变论模型来描述和分析。对于受智慧物冲击后人的行为演化规律,将采用弹性理论与模型来揭示。

2.1 观点演化动力学模型

观点动力学主要研究的是群体中个体的观点交互行为,探究群体观点的演化规律。对观点动力学的研究一直是交叉学科的研究热点。近些年来随着计算机科学的快速发展,吸引了来自经济、数学、计算机科学以及自动化等领域的学者,他们通过数学模型和实验,分析个体观点演化的动力学特征,预测群体观点的演化趋势。

观点动力学最早可以追溯到1956年French在心理学评论期刊发表的文章[1],研究在群体中个体的相互作用和关系,文中,作者假定个体行为变化遵循特定的规律,提出的简单的数学模型成了观点动力学的雏形。接下来，DeGroot 于 1974 提出 DeGroot 模型[2]用来研究观点一致性问题，这是研究观点一致性问题最经典的模型，也是后来许多观点动力学模型的原型。

观点演化模型一般采用多 agent 建模方法，假定每个个体为一个 agent，每个个体每一步的更新取决于三个要素：个体的观点值、交互的个体和更新的规则。个体的观点值用来描述个体对相应事件的态度，知道个体的观点值之后需要选择每个时间段内与其交互的个体。有的模型会假设个体随机与另一个个体来进行观点交流，有的模型会假设个体会选择与自己观点相差不大于某个值的相邻个体来进行交互。更新的规则则是个体与个体之间观点进行交互的规则，不同的模型有着不同的交互规则。

按照观点值的类型来划分，观点动力学模型可以分为离散观点动力学模型和连续观点动力学模型。

2.1.1 离散观点动力学模型

离散观点动力学模型假定每个个体的观点值的可能范围为离散的数值或符号的集合，比如二进制 $\{0,1\}$ 和符号集合 $\{A,B,AB\}$ 等。这类观点值一般表达的是支持或者反对，最终的观点值就代表了观点最终的选择，这类模型主要探究的就是群体中最终选择的人数变化规律。目前有很多模型都考虑个体观点为离散的情况，如 Ising模型[3]、Sznajd 模型[4]、Voter 模型[5]等。

（1）Ising 模型

Ising 模型是 1982 年 Galam 等人提出的，它是观点动力学中使用广泛的模型之一。Ising 模型就是假定每个个体的观点值为 +1 或者 -1，并且只受到最相邻个体的影响，只与他们产生交互。Ising 模型改进后[6]，用于描述群体决策，给出了关于群体共识的社会心理学新见解。后来人们研究了在一维、非线性和无标度网络[7]中观点的演化。近年来，还有学者提出了 Ising-Voter 混合模型，检验了 Ising模型对 Voter 模型的影响[8]，即使很小一部分的 Ising 因子也会对 Voter 模型产生很大的影响。

（2）Sznajd 模型

Sznajd 模型[9]则是 2000 年提出的，它是对 Ising 模型的扩展。与 Ising 模型不同的是，Sznajd 模型的重点是两个相邻个体对其他个体观点的影响。在一维模型中，假设两个相邻个体的观点值分别为 S_i 与 S_{i+1}，如果他们的观点相同，则他们的前后邻居观点会变成与他们一致；如果他们的观点不同，则 $S_{i-1} = S_{i+1}$，同时 $S_{i+2} = S_i$。

近年来，有学者研究了具有顺应性和独立性的社会特征下的观点动力学模型[10]，引入了社会温度（Social Temperature）概念，在这个群体中存在着一个最优的社会温度，此时群体观点达到高度一致。参考文献[11]研究了持固定观点的个体或狂热分子对 Voter 模型的影响，并且参考文献[12]研究了狂热分子对 Voter 模型、Ising 模型、Naming Game 模型等离散模型的影响，狂热分子会使 Voter 模型系统混乱，而对 Ising 模型和 Naming Game 模型作用有限。

2.1.2　连续观点动力学模型

连续观点动力学模型则假定每个个体的观点值为一个范围内的连续数值，如[0,1]，[−1,1]。离散的观点主要表达的是个体最终的选择结果，而连续的观点则表示个体的态度。经典的 DeGroot 模型就是连续观点动力学模型的代表，还有在此基础上提出的 BC 模型、RA 模型[13]等。

（1）DeGroot 模型

DeGroot 的形式非常简单，在这个模型中，每个个体通过与周围个体进行交流从而更新自己的观点值，更新的算法直接取交流过的观点的平均值，自此反复演化，最终群体的观点值会达成一致。参考文献[14]研究得到了 DeGroot 模型最终观点值收敛一致的充要条件。后来，Friedkin 在此基础上提出了 DeGroot-Friedkin 模型[15]，并有学者提出了其改进模型，允许个体仅通过与邻居的交互来更新他们的自信水平[16]。近年来，有学者在 DeGroot 模型的基础上构建了 Discuss-then-Vote 模型[17]，并且利用美国参议院的数据进行了测试。此外，当 DeGroot 模型中的观点收敛到非预期值的时候，还有些研究引入软控制机制[18]，添加一个或者多个特殊个体，但在一定条件下，不一定会改变最终的观点收敛值。

（2）BC 模型

在现实生活中，人们更愿意与自己观点和喜好相近的朋友进行交流，因为此时人们更容易接受对方的观点、看法；反之，如果与观点值相差较大的个体交互，则很难接受对方的观点。因此学者们提出了有界信任模型（BC 模型），其中，Hegselmann 和 Krause 提出的HK 模型[19]和 Deffuant 等提出的 DW 模型[20]（Deffuant-Weisbuch）是两个经典的有界信任模型。

在 HK 模型中，假设群体中有 N 个个体，每个个体的观点值为X_i，他们只与观点值相差不大的邻居进行交互。这个具体相差的界限被称为有界信任，用变量 ε 表示，则每个个体的交互范围为观点值在 $[X_i-\varepsilon,X_i+\varepsilon]$ 这个区间的邻居个体。通常在这个模型中，群体观点会达成一致，最终收敛到稳定值。

DW 模型则是在 Axelrod 模型[21]的基础上考虑了有界信任半径发展而来的。DW 模型中，群体最终观点也会收敛到稳定值。但它与 BC 模型的区别在于：BC 模型中假定每个个体会与所有邻居个体进行交流然后更新观点，DW 模型中每个个体只随机选取一个信任半径内的个体进行交流来更新自己的观点。

当然，在现实生活中，人们也会有一些朋友，即使朋友的观点值与自己不在一个信任半径里，也会选择与朋友交互。参考文献[22]提出了一个有界信任加随机选择模型，在此模型中人们还会与一些意见相左的个体进行交互。同时，群体中也可能会产生说客[23]和顽固个体，这些个体希望群体观点的期望值达到他的观点值，从而与其他个体进行交互以引导对方观点；而后者则是不愿意改变自己的观点值，以至于群体观点向顽固个体收敛。

近年来，有学者利用有界信任准则建立了一个 Leader-Follower模型[24]，考虑由意见领袖和追随者组成的群体观点演化，同时考查演化过程中的环境噪声及无意见领袖、单一意见领袖和多意见领袖这三种情况下的观点演化结果；参考文献[25]则从声誉、顽强、吸引力和极端性四个方面分析领导者对追随者的吸引。也有学者在有界信任和语言模型的框架下提出了语言观点动力学模型（LOD）[26]，随着语言集的一致性和有界信任的增加，语言观点动力学中观点达成一致的机会增加。还有学者提出了带符号的有界信任模型[27]，认为在交互的过程中，观点符号的变化不会发生。

（3）RA 模型

BC 模型假设人们只和自己观点相近的个体进行交互，但在现实生活中与观点相差很大的个体交互并且观点发生变化的情况比比皆是。Deffuant 对 BC 模型进行拓展，提出了 RA 模型（即 Relative Agreement 模型）[13]。

在 RA 模型中，个体不仅被赋予了观点值 i，同时也被赋予了不确定性 u，通过这两个变量来刻画观点的变化情况。每个步骤中个体交互后不仅会更新自己的观点，也会更新自己的不确定性。现实生活中，由于每个个体的坚持和自信的程度不一样，当两个个体在进行交互的时候，个体 A 对个体 B 产生的影响与个体 B 对个体 A 产生的影响是不同的，所以这个交互是非对称的，所产生的影响和改变也是非对称的。我们用 h_{ij} 代表个体观点的重合域：$h_{ij} = \min(x_i + u_i, x_j + u_j) - \max(x_i - u_i, x_j - u_j)$。参数 u 是一个常量，它控制着观点收敛的速度。当 $h_{ij} \leqslant u_i$ 的时候，A 个体对 B 个体无法产生影响。

此后，人们分析了小世界[28]和无标度[29]两种不同的网络结构对 RA 模型下观点演化的影响。通过分析存在外部周期性扰动时的观点如何演化，从而给出相应的宣传策略[30]。利用 JAVA 对 RA 模型的再次检验[31]也再次证明了 RA 模型的可靠性。参考文献[32]在分析了有界置信模型（DW 模型）、相对一致性模型（RA 模型）局限性的基础上，提出了考虑两种心理类型个体的混合模型，把个体分成友好个体（C-agent）和部分对抗（PA）个体，并在不同比例的 PA 个体和 C 个体的混合模型中，观察到了意见分裂、两极分化和共识，发现这些不同情况的产生取决于个体的初始观点容忍度。

近年来,观点动力学研究越来越多的同时,人们也结合进行社会心理学[33]研究,例如:在说服干预中,不仅考虑直接改变人们观点的干预,还可以考虑干预人们对说服的敏感性;以观点动力学的背景,来检验心理学的观点和主张是否有效[34]。

2.2　突变理论与模型

突变理论是用于研究系统中自变量的连续微小变化如何导致宏观因变量产生非连续性突然变化的系统科学方法论。在 20 世纪 70 年代初由法国数学家 Thom[35]提出,由 Zeeman 等大力推广后突变理论在国际上风靡一时[36]。

2.2.1　突变理论基本概念

突变理论的主要研究对象为突变现象,那么什么是突变现象? Zeeman 举了一条狗的例子。一条发怒的狗将会咬人,一条受惊的狗将会逃跑。那么一条既惊又怒的狗会怎样行动? 发怒和惊怕并不会彼此抵消而使狗变得温顺起来,恰恰相反,这条狗的行为变化将十分激烈,狗处于一种十分不稳定的状态。它可能恶狠狠咬人,也可能飞快跑掉,两种极端行为出现的概率都很高。有时候一条既惊又怒的狗似乎要咬人,但只要再稍加恐吓就会掉头逃跑,而有时候一条似乎要逃跑的恶狗却冷不防回头咬你一口,对于这种狗在两种状态之间的突然变化,就称之为突变现象。这种行为上的突变,是可以用突变模型加以研究的。

对于突变现象,我们通常用突变模型进行研究。在经典突变模型中,系统动力学方程如式(2.1)所示。

$$\frac{\mathrm{d}x}{\mathrm{d}t} = \frac{-\partial V(x,u)}{\partial x} \tag{2.1}$$

其中,x 是状态变量;$V(x,u)$ 是系统的势函数;u 是控制变量。经典突变理论的研究主题是势函数的均衡点随着参数的连续变化而发生离散突变的内在机制。我们可以通过分析突变现象的拓扑结构,找到其势函数 $V(x,u)$。系统势函数 $V(x,u)$ 通过系统状态变量 $X=\{x_1,x_2,\cdots,x_m\}$ 和外部控制参量 $U=\{u_1,u_2,\cdots,u_n\}$ 来描述系统的行为。这样,在各种可能变化的外部控制参量和内部行为变量的集合条件下,就能构造状态空间和控制空间。平衡曲面是所有满足势函数的一阶导数 $V'(x)$ 为 0 的点的集合,系统的各个状态对应于曲面上的点,尖点突变的平衡曲面如图 2.1 所示。

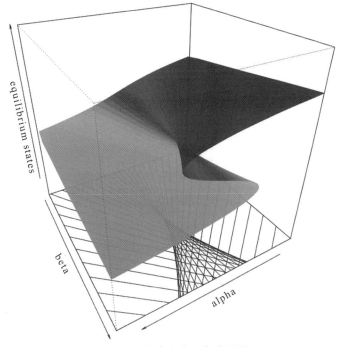

图 2.1　尖点突变平衡曲面图

通过联立求解一阶导数 $V'(x)$ 和二阶导数 $V''(x)$ 同时为 0,可以得到系统平衡状态的临界点,突变理论正是通过研究临界点之间的相互转换来研究系统的突变特征的。Thom 证明,在不超过四个控制因素时,只有七种初等突变形态。这个数学证明是比较难的,但掌握证明的结论却比较容易。这七种初等突变形态包括折转突变、尖点突变、燕尾突变、椭圆脐点突变、双曲突变、蝴蝶突变及抛物突变,七种初等突变形态及其势函数如表 2.1 所示。事实上,大部分问题中最常使用的也就是七种初等突变形态中的两三种。

表 2.1　七种初等突变形态及其势函数

突变类型		状态变量数目	控制变量数目	势函数形式
尖角型突变	折转	1	1	$V(x)=x^3+ux$
	尖点	1	2	$V(x)=x^4+ux^2+vx$
	燕尾	1	3	$V(x)=x^5+ux^3+vx^2+wx$
	蝴蝶	1	4	$V(x)=x^6+tx^4+ux^3+vx^2+wx$
脐点型突变	双曲	2	3	$V(x,y)=(1/3)x^3-xy^2+w(x^2+y^2)-ux+vy$
	椭圆	2	3	$V(x,y)=x^3+y^3+wxy-ux-vy$
	抛物	2	4	$V(x,y)=y^4+x^2y+wx^2+ty^2-ux-vy$

　　火山爆发、房屋倒塌、大批员工辞职和股市崩盘等这类突变的现象无处不在,但我们认为适合突变理论刻画的系统须具有如下的几个特征:

　　(1)系统具有跳跃性,即宏观观测变量会以非连续跳跃的形式突然从一个状态转为另一个状态;

　　(2)系统变化具有奇性,表现为在某种状态下,系统对控制变量变化的敏感程度发散;

　　(3)系统拥有多模态性。系统至少存在两个以上的稳定状态,当参数发生连续变化时,各稳态之间的变化是突然完成的;

　　(4)系统表现出一定的滞后性。当系统从一个稳态过渡到另一个稳态时,其恢复过程并非严格可逆,具有滞后的特点。

　　在 20 世纪 80 年代初,Cobb[37,38]等借用确定性微分方程推广为随机微分方程的思路,尝试通过在传统突变模型中增加 Itô 扩散项来描述随机性系统的突变,我们称之为随机突变理论,其核心是如式(2.2)的随机微分方程。

$$\mathrm{d}x=\frac{-\partial V(x,u)}{\partial x}\mathrm{d}t+\alpha(x)\mathrm{d}w(t) \qquad (2.2)$$

　　这里,$x(t)$ 被作为随机过程来处理,$w(t)$ 为一个标准 Brown 运动,表示 $x(t)$ 所受到的随机干扰。

　　其中,突变的特征用具有双峰的概率密度函数来刻画,而双峰的密度函数则通过极大似然估计(MLE)来完成。然而,这个 MLE 的结果非常不稳定。同时,由于 Cobb 的模型不满足突变理论要求的微分同胚变换的不变性,极大地限制了它的应用,长期未引起重视。近年来,随着技术的进步,随机突变理论在理论和统计方法上取得了一系列的研究突破,产生了可以对突变模型进行统计推断的一致性方法。因此,应用随机突变理论进行经济建模在最近几年又重新焕发出生机。Rosse[39] 对突变理论兴衰进行总结后指出,突变理论在社会经济领域具有相当重要的作用。

金融市场作为一类特殊的经济系统,存在一系列的宏观规律,通常被称之为"典型特征"(stylized facts)[40],其中的一些典型特征与突变理论所描述的现象具有很高的相似性,如归因于收益率跳跃性的厚尾分布具有区制转换特征和泡沫现象,盈利与损失的非对称性以及内生性崩盘现象等。用突变理论来建模对这些现象进行分析,不仅在揭示"典型特征"成因的内在机制方面具有很大的理论价值,对于投资者进行风险管理、交易策略设计,以及对监管者正确制定市场调控和引导措施等方面也具有重大应用意义。

在研究人实施管理和行为控制时,往往出现实际效果达不到预期效果甚至相悖的尴尬局面,这些研究多从静态、实证、线性连续的角度分析人的行为的影响因素和形成机理,忽略了在现实管理中行为的形成是多变量、多维度的复杂动态过程且经历由正稳态到负稳态的渐变-突变。Lewin[41] 在拓扑心理学中首次指出,行为的实施是个体心理和准环境因素交互作用的结果。Graham 等[42] 研究指出,项目管理实施过程中一些人积极合作的态度会突然改变,甚至出人意料地站在对立面,这种变化显然是非线性连续的。可见,行为产生的内在机理较为隐蔽和复杂,往往是个体与准环境交互作用下突然发生的非连续性变化。而突变理论正是研究系统临界状态时个体在非线性、多因素作用下突然发生变化的学说[43]。

2.2.2　突变理论现存的研究方向

经过几十年特别是最近十年来的发展,突变理论及其应用研究得到了蓬勃发展,并迅速成为研究领域的重要热点。

在自然科学领域的研究中，由于变量间往往存在客观而精确的动力学等式，所以往往可以直接套用相应的势函数，按上述过程进行突变分析。如：在工程力学中，尖点突变势函数用于研究土方边坡坡度的不稳定性[44]问题以及煤矿采掘中的灾害管理问题[45]。在交通运输中，突变模型明显优于其他模型，其中，燕尾突变理论用于交通流预测，将时间因素考虑进去，而给出的一个算例表明，此方法预测的效果更符合现实，为交通运输的运行管理提供了科学依据[46]。

学者对初等突变论在社会科学中的应用进行了探讨，使许多原来难以或无法进行数学处理的问题研究得到了一个有效的数学手段，下面举例说明。

（1）突变理论用于移民心理适应的研究

突变理论用于异质性移民心态恢复和适应问题的研究[47]，构建了城市新移民心理行为的双系统决策模型，通过设计特定的人工社会环境，结合随机突变理论对新移民的心理适应机制进行模拟研究。结果表明，持续承压时间和政策制度会导致新移民心理适应过程的波动，但前者的影响更为显著。从适应心理到适应行为的转化中，新移民自身的态度倾向和心理认知水平是至关重要的，外界环境则影响该过程的持续时间及程度。政府要根据移民社会心理排斥的预警区和控制路径来制定帮扶措施，新移民选择抗拒逃离，则要付出更高的政策成本才能让该群体重新融入。

（2）突变理论用于建筑工人安全施工领域的研究

突变理论用于建筑工人不安全行为问题的研究[48]，在分析不安全行为各影响因素的基础上，结合不安全行为形成机理图，从突变理论的全新视角构建建筑工人不安全行为尖点突变模型，验证了该模型诠释建筑工人不安全行为形成规律的合理性，并利用该模型对建筑工人不安全行为形成过程进行分析，解释建筑工人在个体心理和准环境因素交互作用下行为的突变过程，并提出了建筑工人不安全行为的防御措施、靶向干预点和补救策略。

（3）突变理论用于群体性事件问题的研究

突变理论用于群体性事件问题的研究认为，突变观点的计算模型可以为研究和理解群体观点动力学提供有用的信息,并提出了一种将尖点突变模型与定性模拟相结合的定性建模框架,对群体意见中的突变现象进行建模,建立多步骤的拟合方法,利用模糊、不完整的文本数据对模型参数进行拟合,并设计出一种图形化的计量方法,对观点突变的三个阶段进行探索。用开发的框架对网民进行试验的结果表明,该框架对群体观点突变的建模是有效的[49]。突变理论可用于建立群体性事件的突变模型,并对群体性事件的突变现象作出相应的解释,以此为基础,对群体性事件进行预防和控制。

突变理论用于"中国式过马路"问题产生机理[51]的研究,首先以动态演化博弈视角解析行人过街行为,并引入白噪声效用作为随机干扰,运用随机尖点突变理论探讨"中国式过马路"博弈过程中随机扰动对过街行为的影响,从理论层面阐释行人过街行为中"突变"现象的产生和发展机理;在此基础上计算过街行为"突变"发生的临界集,探讨惩治措施、红灯等待时间及提前闯灯效用等参数的连续变化对博弈演化轨迹的影响;最后,通过数值分析刻画过街群体行为对监管政策的敏感性,为"中国式过马路"行为的预测和治理提供新的理论视角。

(4)突变理论用于金融领域的研究

突变理论用于股票市场稳定性问题的研究[52],通过对自变量的筛选,分别对表征沪深两市行为的上证指数和深综指数建立了不同的随机尖点突变模型,对中国股市进行分析预测。对多年历史数据的滚动窗口估计与检验显示,随机尖点突变模型在对数据的解释力方面均要优于普通的线性模型和具有模仿突变效果但不具备突变结构的 Logistic 模型。沪市的突变模型表现很好,尤其在一些市场剧烈波动的时间段和市场泡沫严重积累的破裂的时期;深市的模型不如沪市好,但总体上仍然要好于线性模型,特别是在市场产生震荡下挫的时期。这些结果表明,中国股市自身具有内在的随机突变机制,在一些特定的时间段内,市场不仅存在预期的不对称,而且还具有一定交易行为和情绪的分化。沪市的随机尖点突变特征较深市更为明显,不过这些特征在近年已趋于减弱,表明市场正逐渐成熟。在深市中,随机尖点突变机制只能解释大约 50％的市场波动,市场更丰富的复杂行为还有待进一步研究。

突变理论用于股票市场崩溃问题的研究[53],提出了一种两步估计方法,能够将突变理论应用于具有时变波动性和模型化股市崩溃的股票市场。先利用高频数据从第一步的收益估计每日实现的波动率,并利用第二步估计波动率归一化的随机尖点突变数据,研究市场可能的不连续性,并讨论了随机噪声和波动性在确定性尖点突变模型中的重要性。该方法经过了近 27 年的美国股市演变的经验检验,涵盖了几个重要的衰退和危机时期。基于样本周期很长的特点开发出一种滚动估计方法发现,在前半期股票市场表现出分岔的迹象,而在后半期,突变理论无法证实这种行为。结果表明,突变理论在证券市场的应用具有重要的地位。

(5)突变理论用于艾滋病传播方面的研究

突变理论用于艾滋病传播行为中安全套使用技能与青少年使用意图的机理研究[54],认为艾滋病知识、安全套使用技能、自我效能感、同伴影响力和使用安全套的意图之间存在复杂的关系。然而,用线性模型研究这些复杂关系的效果并不是很好,需通过突变模型来加深对这些复杂关系的理解。如借助学生行为干预计划的数据($n=1970$,男性占 40.61％,平均年龄 16.94±0.74),采用突变模型进行分析后得出的结论认为:自我效能和同伴影响起核心作用,成为弥补艾滋病知识/安全套使用技能与青少年安全套使用意图之间复杂关系的两条链。非线性尖点突变模型为推进 HIV 行为研究提供了一种新方法。

(6)突变理论在团队组织方面的研究

突变理论用于研发团队成员知识共享行为演化及突变机制[55]的研究认为,知识共享是研发团队成员获取知识的重要途径,通过构建研发团队成员知识共享模型和数学解析,找到了研发团队成员知识共享的边界条件是很重要的。实验结果表明:相对于期望收益方法,采用纳什均衡作为决策依据能产生更好的知识共享表现;在纳什均衡决策方法下,对知识共享行为给予奖励或者对知识不共享行为给予惩罚都能够改善知识共享表现;当对知识共享行为给予较低奖励或不奖励时,知识共享成本对知识共享表现有负面作用;知识共享代价和知识共享收益接近时,团队成员知识共享行为可能发生突变,而且知识共享成本在一定范围内增加会加剧知识共享的不确定性。

突变理论用于电商物流企业资金链断裂机制[56]的研究,就资金链断裂风险与企业内部因素(如现金流)以及外部因素(包括用户忠诚度、投资者信任度)之间的关系,建立了基于个人的尖点突变模型,为了使用网络上的文本数据来拟合参数,设计了一个基于已有研究的建模框架,通过定性模拟 QSIM 方法将模糊性、不完整性和时变性的文本数据转换为定性变量,并在 QSIM 方法中嵌入认知学习曲线作为过滤机制得到符合逻辑和心理学常识的定性变量,最后使用计量方法来描述突变机制,可以非常直观地观察模型结果。

突变理论用于动态联盟稳定性问题的研究[57]认为,在企业组织演化的随机突变分析中,只要习得联盟演化的动力学机制,就可以从突变理论视角来研究企业组织演化问题,通过数理分析来最终解释联盟演化中的突变现象,并得出一系列结论:①组织氛围作为正则变量、人格作为分歧变量,共同影响了心理契约的突变;②心理契约存在两类不同的离散变化,即扰动性突跳和结构性突变;③当参数在分歧集合内时,心理契约因外界随机干扰而发生扰动性突跳,当参数穿过分歧集合边界时,心理契约由于自组织的作用会发生结构性突变;④滞后现象说明了心理契约一旦破坏,就很难重新建立。

突变理论用于认知工作负荷、疲劳对个体表现以及团队绩效的影响的研究[58],将 360 名本科生组织成 44 个团队进行应急反应的模拟实验,使用两个尖点突变模型分别描述工作负荷和疲劳对团队绩效的影响。实验中的工作量会随着团队规模、对手人数和时间压力的不同而不同,实验结果表明,工作负荷和疲劳的尖点模型能更准确地刻画其对团队绩效的影响。

(7)突变理论用于人群阻塞问题的研究

突变理论用于人群阻塞问题[59]的研究认为,人群阻塞的一些现象或特征(如现实中的不连续跳跃现象)很难通过控制行人的方程来解释,而突变理论可以解释这些现象。通过绘制人群尖点突变模型中的分岔集和突变模型投影的图形,来分析人群阻塞的机制,进而导出人群阻塞的临界密度和临界速度。该研究得出的结论是:尖点突变模型比线性模型或控制行人的方程更有效,并且对于密集的人群流场景来说更合理。

(8)突变理论关于工作效率影响因素的研究

突变理论用于工作负荷和疲劳在七种任务类型下的影响[60]的研究,用两个尖点突变模型分别描述工作负荷和疲劳对团队绩效的影响,探讨任务切换和多任务处理的作用。在实验中,在四种实验条件之一种条件下,105名本科生在计算机上完成了七次任务。该实验结果证明了采用两种突变模型进行研究的有效性。

(9)突变理论关于个人行为突变的研究

突变理论用于个人行为突变问题[62]的研究,将定性模拟(QSIM)与模糊集理论相结合,提出了一种定性-定量的混合尖点突变模型,采用突变理论和定性模拟研究员工突然辞职的问题。利用真实的案例数据,对该方法的稳定性进行了验证;关于人的行为突然变化的描述性语言或新闻,该方法可以将其转换为预测人的行为突变的三个区域,即预警区、临界区和突变区。

突变理论用于员工反生产行为问题[63]的研究,将突变论和计算实验方法相结合,认为个体情绪和情境压力使得员工可能在两个稳态即积极(OCB)与消极(CWB)行为之间突然变化。且行为状态间的转化存在非线性突变现象,并建立了描述该现象的突变模型。

突变理论用于大数据背景下个人行为突变问题[64]的研究,根据耶克斯-多德森定律和前景理论构建了一个模型,来分析认知弹性对个体自主行为选择的影响。该模型从突变理论的角度研究了个体选择行为的变化,并据此提出了几种网络控制策略。研究结果表明,对信息和知识高度敏感的个体表现出相对较强的认知弹性,控制网络中的社会认知水平是个体行为管理的一个有效方式。

突变理论用于人的选择性行为问题[65]的研究,具体在网络环境下个体认知弹性与选择行为突变的计算研究中,认为一个人的内心活动、行为变化及跳跃可以用尖点突变模型来表达,于是构建了个体行为的定性-定量混合尖点模型,其中的势函数为 $V(f,u,v)$,f 表示人的行为,如:人对某件事情的看法、观点,u 和 v 是连续的控制变量。在尖点突变论用于员工的退缩行为研究中,u 是组织承诺,v 是工作压力,由此可以将 u 定义为个体网民的认知心理特性(具体分三种类型:敏感型、中立型和冷漠型),将 v 定义为其他网民们的观点。

2.2.3　突变理论前沿研究点评

就目前状态来说,突变理论在各领域的成功应用已被公认。可以预料,随着突变理论方法的完善和普及,其应用领域将不断扩大和深入,其应用前景是十分广阔的。

突变理论应用在经济系统、企业组织、个体行为等不同层面上,其表达能力、解释能力都优于其他线性、非线性(如 Logistics 模型)研究方法。在由大量投资者、消费者等群体行为支撑和驱动的金融系统领域,经过长期历史数据的检验发现,突变模型能够很好地描述系统行为剧烈的、突然的变化,以及分岔等现象,并能解释造成这些现象的原因。在团队、供应链等具有集合性、互动性的管理系统领域中,突变理论能够根据系统的输入/输出数据,建立起关于业绩、业务等突然变化的数学模型,并解释其发生的原因。这些研究结果说明,突变理论普遍适用于各类涌现现象深层机制的揭示。而在计算心理学领域,对于个体的行为选择,其行为选择的表象及个体内部心理因素和外部环境(如周边个体的行为选择等),也形成涌现系统,该领域学者们已通过实证研究和统计方法,首先能证明在内外因素达到某个条件时个体的行为选择会发生突变,并且能找到促使突变发生的具体原因,因此,行为与内外因素之间的突变数学模型建模也逐渐成熟。

这些成果是物联网环境下人及人群行为建模、演化与控制研究的理论基础,我们可以利用采集到的现实数据来建立突变模型,依据大量数据来分析造成所观察行为发生突变的内外因素,进而来解释人及人群行为突变的机制。

2.3 弹性理论模型及应用

2.3.1 弹性理论模型

弹性(Resilience)一词的常用含义是在发生破坏性事件后，实体或系统具有恢复正常状态的能力。正因为弹性定义的宽泛性，且由于弹性在降低风险和减轻破坏程度方面有着显著的作用，近年来针对弹性的研究越来越多，其领域也从生态学、工程科学，逐渐扩散到了组织、社会、经济、管理等领域，不同学科的学者对于弹性提出了多种研究方法。

以往的文献提出了弹性的很多定义，大多都相似，且与现在提出的诸多概念类似，比如灵活性(Flexibility)、生存能力(Survivability)、敏捷性(Agility)、鲁棒性(Robustness)等。但是弹性的概念还是讲求系统受攻击后的恢复能力及其表达和评估。

一些跨学科的研究给出了弹性的一些通用定义。例如，弹性被定义为"衡量系统吸收持续和不可预测的变化，并保持其重要功能的能力"[66]，以及"系统在可接受的范围内承受重大破坏的能力，以及以适当的时间和合理的成本和风险进行恢复的能力"[67]"系统在面对内部和外部变化时能够维持其功能和结构，并在必要时适当地退化的能力"[68]，弹性还被定义为"给定特定破坏性事件(或一组破坏事件)的发生，系统对该事件(或多个事件)的弹性是系统有效减少偏离的程度和持续时间的能力"，该定义内涵两个要素即：系统影响和负面影响。其中，负面影响包括：中断对系统造成的负面影响，通过系统目标性能水平与中断性能水平之间的差异来衡量的负面影响，以及恢复所做出的工作量，修复被破坏系统花费的资源量[69]。

通常，弹性评估可分为两大类：定性评估和定量评估。定性评估倾向于在没有数学描述的情况下评估系统弹性的方法，它包含两个子类别：概念框架；提供对不同定性方面的专家评估的半定量指标弹性。定量方法包括两个子类别：提供针对领域的度量方法来对该领域的弹性进行度量的一般方法;基于结构的建模方法,用于对弹性组成部分的特定领域进行建模[70]。如图 2.2 所示。

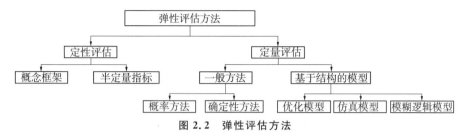

图 2.2　弹性评估方法

(1)定性评估

①概念框架

概念框架是评估系统弹性的定性方法,在研究中,学者们会针对具体的问题提出相关的弹性要素来评估弹性能力。例如,对人们生活的弹性评估有一个概念框架,即"人们拥有的资源和他们为谋生所采取的策略"[71],该框架提出了弹性三个维度的属性,即缓冲能力(系统可以承受的变化量)、自我组织能力(群体通过社会结构形成组织的能力)和学习能力(适应能力)。

在社会生态系统弹性评估中,有一个通用框架[72],由七个步骤组成:(a)定义和了解正在研究的系统;(b)确定适当的规模来评估弹性;(c)确定驱使系统运行的动力以及外部和内部可能出现的干扰;(d)识别系统中的关键成员,包括管理者和普通人;(e)为识别必要的恢复活动来开发概念模型;(f)实施步骤 e 的结果以告知决策者;(g)综合上述步骤得到的结果,进行分析总结。此外还有通信网络的弹性力和生存能力的框架[73]。上述框架的研究结果表明,如果将弹性网络扩展到其他领域,那么对系统受到外部攻击时的防御、检测、诊断、修复、完善和恢复等活动可以提供有效帮助。该框架仅给出了针对弹性框架概念上的认识,并未量化系统的弹性。一项关于国土安全的研究提出了一个广泛的系统弹性概念框架:(a)威胁和危害评估;(b)稳健性;(c)减轻产生后果;(d)适应性;(e)与风险相关的计划;(f)以风险为依据的投资;(g)目的的统一;(h)涉及范围宽广[74]。还有需要一般管理层密切合作的企业整体弹性框架,包括两种弹性类型:内部弹性和具有弹性策略的外部弹性[75]。从安全文化角度对企业弹性的一项评估研究,使用了七个弹性指标,即进度延迟、安全委员会、会议有效性、安全教育、工人的参与、权限、安全训练[76],该研究发现,弹性的大小受四个管理因素的影响,即集中或分散控制系统、变更管理、风险管理和事故分析,以及对安全性的管理承诺。

②半定量指标

半定量指标方法是定性和定量相结合的方法。在具体的研究中,学者会构建多个与问题相关的弹性变量进行评估。例如,从自然灾害角度而言社区弹性具有 36 个变量,包括冗余、敏捷和稳健性等[77],根据政府来源的数据观察,每个变量的得分介于 0 和 100 之间,这 36 个变量可分成 5 个组,包括经济、基础设施、社会、社区资本和机构,每个组的分数由其包含变量的平均值计算,总分则是通过计算所有变量分数的平均值得到的。而工业供应链的弹性含有两个关键驱动因素:(a)供应链的脆弱性水平;(b)供应链承受的中断程度和从中断中恢复的能力[78]。该文献通过给出 152 个问题来衡量供应链的脆弱性和能力,这些问题被分为关于脆弱性的 6 个部分和关于能力的 15 个部分。每个因素的重要性由决策者加权,最后使用加权总和的方法得到最终的结果。

(2)定量评估

①一般方法

a.概率方法

评估弹性可以运用概率方法,其衡量标准有两个:(a)性能损失;(b)恢复时间[79]。弹性能力的内涵是:中断后初始系统性能损失的概率小于可接受的最大性能损失,而完全恢复的时间小于可接受的最大中断时间,可用公式(2.3)体现出来。式中,r^* 为系统性能可以接受的最大损失,A 表示对于 r^* 的性能标准,t^* 为最大可接受的恢复时间,i 表示中断的程度。

$$R = P(A|i) = P \quad (r_0 < r^*, t_1 < t^*) \tag{2.3}$$

上述方法可以用来测量地震后基础设施和居民社区的弹性,也可以应用于任何其他系统受攻击后的弹性能力计算。该方法的显著特征是考虑了弹性量化中的不确定性。

从老化的角度来看待系统的弹性,可以设立一个随机弹性指标[80],此指标中弹性的两个维度是鲁棒性和机智性,可用公式(2.4)表示。其中,T_i 是事件发生的时间,T_f 是系统故障的时间,T_r 是恢复的时间,$\Delta T_f = T_f - T_i$ 是系统故障的持续时间,$\Delta T_r = T_r - T_f$ 是系统恢复的持续时间。

$$R_e = \frac{T_i + F\Delta T_f + R\Delta T_r}{T_i + \Delta T_f + \Delta T_r} \tag{2.4}$$

其中,故障系数 F 是鲁棒性和冗余性的性能指标,由式(2.5)计算得到;恢复系数 R 是恢复能力的性能指标,见式(2.6);故障时间 T_f 是根据概率密度函数来计算的;故障系数 F 和恢复系数 R 的引入,可以分别模拟鲁棒性、冗余比以及机智性与快速性的比率。

$$F = \frac{\int_{t_i}^{t_f} f\,\mathrm{d}t}{\int_{t_i}^{t_f} Q\,\mathrm{d}t} \tag{2.5}$$

$$R = \frac{\int_{t_f}^{t_r} f\,\mathrm{d}t}{\int_{t_f}^{t_r} Q\,\mathrm{d}t} \tag{2.6}$$

b. 确定性方法

应用于民用基础设施建设的弹性三角模型,可以用来定义弹性的四个维度:(i)健壮性,即系统的强度或其在发生破坏性事件的情况下防止损害通过系统传播的能力;(ii)速度,即在中断发生后系统恢复到其原始状态的速度、速率或至少可接受的功能水平;(iii)智能性,即应对破坏性事件合理调用资源的能力水平,资源包括物质资源(即信息、技术、物理等)和人力资源(即劳动力);(iv)冗余,即系统在多大程度上将破坏的可能性和影响降到最低[81]。

基于此,可以设计一个确定性的静态指标,用式(2.7)来测量某个地区在地震中的弹性损失。式中,发生中断的时间是 t_0,而该地区返回到正常中断前状态的时间是 t_1。可以用 $Q(t)$ 来表示在 t 时刻通过不同指标衡量的地区基础设施的综合质量。

$$\mathrm{RL} = \int_{t_0}^{t_1} [100 - Q(t)]\,\mathrm{d}t \tag{2.7}$$

该方法就是,在恢复期间将受到削弱后的基础设施质量与正常状态的基础设施质量(用 100 表示)进行比较,RL(Resilience Loss)可以用图 2.3 的阴影区域表示。较大的 RL 值表示弹性较低,而较小的 RL 表示弹性较高。此方法虽然在此用于地震背景下的地区弹性计算,但是该方法中的质量是一个普遍概念,可以扩展到其他各类系统。

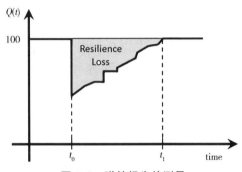

图 2.3　弹性损失的测量

经济弹性可以定义为"实体或系统在发生中断时以功能方式维护系统的能力"[82]。这个度量标准与两个因素有关,分别是系统输出能力下降的值和在最差情况下系统输出下降最大的值,如图 2.4 所示。式(2.8)中的指标被归类为确定性静态模型,其中 $\%\Delta DY$ 是正常情况和预期中断的系统输出性能的差异,$\%\Delta DY^{\max}$ 是正常情况和最差情况下中断的系统输出性能的差异。由于对系统遇到的中断情况较难准确评估,所以系统性能下降的水平一般很难预测。

$$R = \frac{\%\Delta DY^{\max} - \%\Delta DY}{\%\Delta DY^{\max}} \tag{2.8}$$

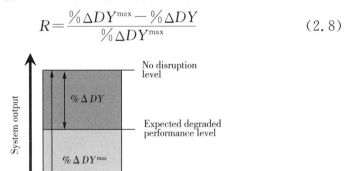

图 2.4　静态经济弹性量化

企业信息系统弹性的指标见式(2.9)[83],式中,m 是企业信息系统中的操作次数,d_i 是恢复操作的需求时间 $i(i=1,2,\cdots,m)$,c_i 是操作 i 的完成时间,z_i 表示操作 i 的重要性。

$$R = \max \sum_{i=1}^{m} z_i \frac{d_i}{c_i} \tag{2.9}$$

当所有功能都可以在需求时间内恢复时,此弹性度量值可以采用大于 1 的值,并且此指标的值越大,意味着系统更具弹性。模型中信息系统的操作次数和恢复操作次数是已知的,但是在实际系统中通常不会存储这样的数据,这是本模型在实际应用受到的主要限制。

②基于结构的模型

a.优化模型

以某个机场的弹性的计算与优化为例,其目的是最大限度地提高机场跑道和滑行道网络的弹性[84],其弹性模型见式(2.10)。式中,$\alpha_{B,T^{\max}}$ 表示在预算 B 与维修时间 $T^{\max}$ 的限制下的机场弹性,$D^{w,s}$ 表示在航班类型 s 和调动方式 w(包括离开或到达)限制下的初始需求,g、w、s 表示包含跑道 g、调动方式 w、航班类型 s 的限制条件,$p^{g,w,s}$ 表示在该限制条件下的活动路径 p 的集合,$f_p^{g,w,s}(\xi)$ 表示在情景 ξ 下,考虑该限制条件的活动路径 p 的流量,E_ξ 表示在情景 ξ 下需要设备类型的集合。

$$\alpha_{B,T^{\max}} = \frac{E_\xi\left[\sum_{w,g,s} \sum_{p \in p^{g,w,s}} f_p^{g,w,s}(\xi)\right]}{\sum_{w,s} D^{w,s}} \tag{2.10}$$

该模型考虑了时间、物理、业务、空间、资源和预算限制,其目的是提升将中断事件后起飞和着陆能力快速恢复到中断前的水平。

对于城市公共交通网络的弹性,可以设计一个两阶段的随机规划模型[85],将城市交通网络的弹性定义为在发生破坏性事件后的网络可以满足城市需求的比例。如式(2.11)所示,ξ 表示交通网络的弹性,W 是城市交通可能存在的起点-终点对的集合,d_w 表示中断事件之后的一段时间内在起点-终点对 w 下可以满足的需求,D_w 为正常情况下起点-终点对 w 下的总的需求。

$$\xi = \sum_{w \in W} d_w \Big/ \sum_{w \in W} D_w \tag{2.11}$$

b. 仿真模型

计算机仿真方法可以用于供应链弹性的动态仿真[86]，在控制工程领域中常用的时间绝对误差积分（Integral of Time Absolute Error，ITAE）被用作弹性的度量，研究发现准备水平、响应能力和恢复能力是弹性的关键要素。研究中使用仿真模型来捕获与最佳响应和恢复能力相对应的 ITAE 的最小值。如式（2.12）所示，$e(t)$ 表示时间 t 的误差，ITAE 表示时间的积分乘以绝对的误差即弹性的度量。如果系统没有达到稳态或存在严重的错误，那么 ITAE 就会趋于无限大，也就表示严重缺乏弹性。

$$\text{ITAE} = \int_0^\infty t \cdot |e(t)| \, dt \qquad (2.12)$$

计算机仿真方法也可以用于铁路运输系统弹性的测量[87]，通过模拟一组突发性事件来进行建模。如式（2.13）所示，$\alpha_s(t)$ 表示在时间 t 车站 s 的正常乘客流量，$L_s(t)$ 表示运营商可以应付的车站 s 在时间 t 的流量，$\alpha_{s,d}(t)$ 表示时间 t 车站 s 在干扰中的乘客流量，$P_s(t)$ 表示车站 s 的绩效指标，用来表示对弹性的度量。

$$P_s(t) = 1 - \frac{\alpha_{s,d}(t) - \alpha_s(t)}{L_s(t) - \alpha_s(t)} \qquad (2.13)$$

c. 模糊逻辑模型

模糊认知图可以用来描述系统弹性能力的九个因素之间的因果推断关系，包括团队合作、意识、准备、学习文化、报告、灵活性、冗余、管理承诺和容错能力[88]。模糊认知图可以由模糊图形结构表示，并通过神经网络和模糊逻辑方法获得，如式（2.14）所示。式中，A_i^{t+1} 表示因素 i 在时间 $t+1$ 对系统弹性的影响，$f()$ 是一个阈值函数确保得到的结果在 $[0,1]$ 之间，A_i^t 表示因素 i 在时间 t 对系统弹性的影响，W_{ji} 表示因素 j，i 的关系权重。

$$A_i^{t+1} = f\left(A_i^t + \sum_{j=1, j \neq i}^n W_{ji} A_j^t\right) \qquad (2.14)$$

模糊数学也被用于建立组织弹性的模糊模型，使用模糊语言变量表达组织弹性因素的相对重要性[89]，如式（2.15）和式（2.16）所示。式中，$\tilde{d}_{ip}$ 表示流程 p 内潜在因素的弹性，$\tilde{R}_p$ 表示组织内业务流程

p 的弹性，$\widetilde{R}$ 表示组织的整体弹性。

$$\widetilde{R}_p = \frac{1}{I} \cdot \sum_{i=1}^{I} \widetilde{d}_{ip} \qquad (2.15)$$

$$\widetilde{R} = \frac{1}{P} \cdot \sum_{p=1}^{P} \widetilde{R}_p \qquad (2.16)$$

2.3.2 弹性理论的应用

（1）心理学领域

心理学对弹性的研究起源是 20 世纪 50 年代夏威夷岛一个社区的高危儿童不断成长的纵向研究[90]，这里的纵向是指个体遭遇挫折或者不利处境之后，并未一蹶不振，而是逐渐回归到正常水平的一种现象。

20 世纪 70 年代，心理弹性就出现在了心理学和精神病学的文献中[91]，当时对心理学的研究主要集中在精神病理学和功能障碍上。随着对心理弹性研究的深入，越来越多的文献将注意力集中到了如下特征的个体，即：虽然在童年和青年时期遭受多重困难和长期逆境，但还是达到了青少年的标准，并且最终在社会关系、工作绩效等领域表现出正常人水平[92-94]。

自 20 世纪 90 年代初以来，心理弹性研究的重点已经从识别个体成长中的保护因素转变为个体克服其逆境的研究[95]。心理弹性的内涵就是灵活性，即应对不断变化的情境需求和从负面情绪体验中恢复的能力[96]。心理弹性大的人在逆境或者压力中也会有积极的情绪[97]。

基于幸福感的心理弹性模型的分析发现，帮助医学学生培养在整个职业生涯中维持心理健康的能力，可以促进提高学生的适应能力、个人成就感和专业水平[98]。而对恐怖主义心理弹性模型的分析发现，电视互联网曝光恐怖主义，使得人们更加担忧，政府的积极沟通可以很有效地帮助人们减少担忧[99]。

一项对 200 名留守女孩和 214 名留守男孩的心理弹性、社会支持和孤独感的调查研究发现，心理弹性缓和了社会支持与孤独感之间的关联，当留守儿童报告的心理弹性水平较低时，那些社会支持较低的人比社会支持较高的人感受到的孤独更深。

心理弹性的概念不局限于单个个体,也扩展到了群体行为领域,在考虑较大群体的适应力时,心理弹性也会从社会结构角度考虑人的心理弹性。该领域中具有代表性的模型是"个人-环境-过程"心理弹性模型[101],该模型将个体在与环境交互的过程中遭遇的风险与挫折抽象为危险因子,认为个体内在的适应性对心理起到保护作用。针对群体弹性的研究使得弹性的概念进一步扩展到了更加宽广的领域,如社会资本[102]、集体效能[103]、商业组织[104]、军队[105]等。

(2)组织领域

为满足企业对快速变化的商业环境做出响应的需要,组织弹性应运而生。对于个体弹性与组织弹性的关系,可以理解为个体组织成员的行为和互动,继而可以形成企业组织弹性[106]。学术界对于组织弹性的定义提出了两种不同的观点。第一种观点是,组织弹性只是一种从意外、不利的情况中反弹的能力,并且从它们中断的地方回归到原始的地点[107]。例如将组织的弹性定义为保持或恢复稳定状态的固有能力,从而使组织在发生破坏性事件或存在持续压力后能够继续正常运行[108]。当组织弹性被视为反弹时,重点研究的是应对策略和快速恢复预期绩效水平的能力。组织的应对策略旨在重建公司与新状况之间的联系,同时避免功能失调或倒退行为。这种关于组织弹性的观点是以反弹为导向的,即通过适应性解释和行动来应对压力事件的能力[109]。第二种观点是,组织弹性不仅仅是恢复,还包括新能力的发展、创造新机会的能力[110,111]。例如将组织的弹性定义为"尽管存在逆境,但组织能够吸收压力并改善功能的能力"[112]。不仅要研究组织受攻击后如何恢复到以往水平,更将组织弹性视为一个重要因素,使公司能够利用其资源和能力;不仅解决当前的困境,而且可以利用机遇,构建成功的未来。因此,组织的弹性与动态竞争相关联,企业吸收复杂性并具备更强的能力。

与组织弹性相关的属性主要有灵活性[113]、敏捷性[114]和适应性[115]。灵活性是指能够在相对较短的时间内以较低的成本进行调整;敏捷性是指开发和快速应用敏捷和动态竞争行动的能力。适应性是指在新环境下快速适应的能力。

就企业受攻击时的组织弹性能力而言,企业重新配置资源的能力越强,企业的弹性越大;而随着企业规模的减小,企业的弹性会相应地增加[116]。组织弹性与业务流程具有关联,只是坚持结构良好的安全流程对于组织弹性来说是不够的,危机时的非正常操作也发挥着重要的作用[117]。

（3）社会领域

应用于社会领域的研究主要关注的是社区和环境的应变能力。社会弹性被定义为"群体或社区应对因社会、政治和环境变化而导致的外部压力和干扰的能力"[118],社会适应力可分为三个维度:应对能力、适应能力和变革能力[119]。社区弹性可以作为社区在破坏或危机期间正常运作的能力[120],社区适应能力被定义为"社区成员采取有意义的、有意识的集体行动来补救问题影响的能力"[121]。

（4）经济领域

应用于经济领域,经济弹性被描述为"使公司和地区避免最大潜在损失的内在能力和适应能力"[122],也被定义为"重新配置的能力,即适应其结构（企业、行业、技术、机构）的能力,以便随着时间的推移,维持产出、就业和财富增长路径。"[123]。经济领域的弹性可分为静态经济弹性和动态经济弹性,前者指为使经济体保持活力而具备的能力,而后者则定义为经济体从严重冲击中恢复以达到稳定状态的速度[82]。

（5）供应链领域

应用于供应链领域,供应链弹性的衡量标准包括:第一,对突发需求和供应变化迅速做出反应;第二,随市场结构和战略演化而具备的适应能力;第三,成员内部组成联盟,以便考虑自身利益的同时考虑整个供应链的利益[124]。供应链在变革期中易受外部环境的攻击,强化供应链在变化期的管理是增强供应链弹性的关键[125]。增强供应链各个成员之间的合作关系及强度,可以在运营环境的不确定条件下增强供应链的弹性[126]。细胞弹性的思想也被引入供应链风险管理体系中,以建立供应链细胞弹性模型[127],提出"供应链弹性＝

〔自适应能力＋自修复能力〕",其中,自适应能力又包括适应能力和学习能力。

对供应链风险进行弹性分析,可以构建供应链弹性系统形变的数学模型[128],并通过计算机仿真方法对结果进行验证后认为,供应链需要各个成员共同合作塑造供应链弹性,控制系统形变,才能获得供应链优势的持续增长。构建一个弹性供应链的框架,需在分析供应链风险源以及相应的管理决策的基础上进行,知识管理资源、企业响应管理以及企业可见度和计划编制是获得弹性的关键[129]。供应链弹性可以从漏洞和能力两个方面进行评估,弹性值所处的区域,被定义为漏洞和能力之间的理想平衡[78]。供应链弹性对供应链绩效以及公司绩效有重要影响[130]。

(6)网络弹性

网络弹性的首个定义就是网络中的潜在失效连接的概率 p,即网络以概率 $1-p$ 保持连接时失效的最大节点数[131],网络弹性和相对网络弹性的度量可以作为网络容错的概率度量。网络弹性也被定义为失效发生时丢失通信量的百分比[132]。根据网络的特点,网络弹性也被定义为在面临故障和挑战的时候,网络可以提供并保持一定服务水平的能力[133]。网络的抗毁性被定义为在一定约束下网络可以承受的最大节点或边的移除比例,而网络抗毁性的两个测度包括容错度和抗攻击度[134]。可以利用网络弹性的参数来增加网络的鲁棒性,通过在网络的拓扑中提供可替换的元件可增加网络的弹性[135]。网络节点的移除造成了复杂网络的破坏,为此,可以通过设计算法,在尽可能短的周期内恢复网络的功能,及时停止损害[136]。

2.4　本章小结

物联网环境下,人及各类社会组织都处在计算世界中,人的行为研究,也离不开计算方法,传统组织行为研究方法(如实证研究)将无法适应物联网环境下大数据、实时、变化节奏快等特征,尤其是物联网环境下人的行为的非线性变化及其底层的弹性机制,都是传统组织行为学研究方法无法揭示的。

为此,本章介绍了观点动力学理论与方法,包括离散观点动力学模型和连续观点动力学模型,介绍了突变理论的基本概念、突变的应用领域与应用现状、突变论应用的特点,介绍了弹性概念与弹性模型、弹性的应用现状。为后面各章节的研究提供了基础理论与方法。

参考文献

[1] French Jr JRP. A Formal Theory of Social Power[J]. Psychological Review,1956,63(3):181-194.

[2] Degroot M H. Reaching a Consensus[J]. Journal of the American Statistical Association,1974,69(345):118-121.

[3] Xia H,Wang H,Xuan Z. Opinion Dynamics:A Multidisciplinary Review and Perspective on Future Research[J]. International Journal of Knowledge and Systems Science,2011,2(4):72-91.

[4] Sznajdweron K. Sznajd Model and Its Applications[J]. Acta Physica Polonica,2005,36(8):2537-2547.

[5] Baronchelli A,Castellano C,Pastor-Satorras R. Voter Models on Weighted Networks[J]. Physical Review E:Statistical Nonlinear & Soft Matter Physics,2011,83(6 Pt 2):066117.

[6] Galam S. Rational Group Decision Making:A Random Field Ising Model at T= 0[J]. Physica A:Statistical Mechanics and Its Applications,1997,238(1-4):66-80.

[7] Hajra K B,Chandra A K. A Brief Study on Coevolution of Ising Dynamics[J]. The European Physical Journal B,2012,85(1):27.

[8] Lipowski A,Lipowska D,Ferreira A L. Ising-doped Voter Model. Physica A:Statistical Mechanics and Its Applications[OB]. https://www. researchgate. net/publication/2017/2/317557955 _Ising-doped_Voter_model.

[9] Sznajd-Weron K,Sznajd J. Opinion Evolution in Closed

Community[J]. International Journal of Modern Physics C,2000,11 (6):1157-1165.

[10] JDrzejewski A,Sznajd-Weron K. Impact of Memory on Opinion Dynamics[J]. Physica A:Statistical Mechanics and Its Applications,2018,505:306-315.

[11]Khalil N,San Miguel M,Toral R. Zealots in the Mean-field Noisy Voter Model[J]. Physical Review E, 2018, 97 (1): 012310.

[12] Lipowski A,Lipowska D,Ferreira,António Luis. Agreement Dynamics on Directed Random Graphs[J]. Journal of Statistical Mechanics:Theory and Experiment,2017(6):063408.

[13] Amblard F,Deffuant G,Weisbuch G. How Can Extremism Prevail? A Study Based on the Relative Agreement Interaction Model[J]. Journal of Artificial Societies & Social Simulation,2002, 5(4):1.

[14] Berger R. A Necessary and Sufficient Condition for Reaching a Consensus Using DeGroot's Method[M]. Publications of the American Statistical Association,1981,76(374):415-418.

[15] Jia P,MirTabatabaei A,Friedkin N E,et al. Opinion Dynamics and the Evolution of Social Power in Influence Networks [J]. SIAM Review,2015,57(3):367-397.

[16] Xu Z,Liu J,Başar T. On a Modified DeGroot-Friedkin Model of Opinion Dynamics [J]. American Control Conference (ACC),2015. IEEE,2015:1047-1052.

[17]Wu S X,Wai H T,Scaglione A. Estimating Social Opinion Dynamics Models from Voting Records[J]. IEEE Transactions on Signal Processing,2018,66(16):4193-4206.

[18] Han H,Qiang C,Cai Yun W. Soft-control for Collective Opinion of Weighted DeGroot model[J]. Journal of Systems Science and Complexity,2017,30(3):550-567.

［19］ Hegselmann R,Krause U. Opinion Dynamics and Bounded Confidence Models,Analysis and Simulation[J]. Journal of Artificial Societies & Social Simulation,2002,5(3):2.

［20］ Guillaume D,David N,Frederic A,et al. Mixing Beliefs among Interacting Agents[J]. Advances in Complex Systems,2000, 3:87-98.

［21］ Axelrod R. The Dissemination of Culture:A Model with Local Convergence and Global Polarization[J]. Journal of Conflict Resolution,1997,41(2):203-226.

［22］ Liu Q,Wang X. Opinion Dynamics with Similarity-based Random Neighbors[J]. Scientific Reports,2013,3(10):1-5.

［23］ Afshar M,Asadpour M. Opinion Formation by Informed Agents[J]. Journal of Artificial Societies & Social Simulation, 2010,13(13):5.

［24］ Zhao Y,Zhang L,Tang M,et al. Bounded Confidence Opinion Dynamics with Opinion Leaders and Environmental Noises [J]. Computers & Operations Research,2016,74(C):205-213.

［25］ Chen S,Glass D H,McCartney M. Characteristics of Successful Opinion Leaders in a Bounded Confidence Model[J]. Physica A:Statistical Mechanics and its Applications,2016,449:426-436.

［26］Dong Y,Chen X,Liang H,et al. Dynamics of Linguistic Opinion Formation in Bounded Confidence Model[J]. Information Fusion,2016,32:52-61.

［27］ Altafini C,Ceragioli F. Signed Bounded Confidence Models for Opinion Dynamics[J]. Automatica,2018,93:114-125.

［28］ Amblard F,Deffuant G. The Role of Network Topology on Extremism Propagation with the Relative Agreement Opinion Dynamics[J]. Physica A Statistical Mechanics & Its Applications, 2004,343:725-738.

［29］ Stauffer D,Meyer-Ortmanns H. et al. Simulation of Consensus Model of Deffuant on a Barabasi-Albert Network[J]. International Journal of Modern Physics C,2004,15(2):241-246.

[30] Carletti T,Fanelli D,Grolli S,et al. How to Make an Efficient Propaganda[J]. Europhysics Letters,2006,74(2):222.

[31] Meadows M,Cliff D. Reexamining the Relative Agreement Model of Opinion Dynamics[J]. Journal of Artificial Societies & Social Simulation,2012,15(4):4.

[32] Kurmyshev E,Juárez H A,González-Silva R A. Dynamics of Bounded Confidence Opinion in Heterogeneous Social Networks: Concord against Partial Antagonism[J]. Physica A Statistical Mechanics & Its Applications,2011,390(16):2945-2955.

[33] Abebe R, Kleinberg J, Parkes D, et al. Opinion Dynamics with Varying Susceptibility to Persuasion[C]//In Proceedings of the 24th ACM SIGKDD International Conference on Knowledge Discovery & Data Mining,London, 2018:1089-1098.

[34] Baumgaertner B. Models of Opinion Dynamics and Mill-Style Arguments for Opinion Diversity[J]. Historical Social Research/Historische Sozialforschung,2018,43(163):210-233.

[35] Thom R. Structural Stability and Morphogenesis: An Outline of a General Theory of Models[M]. Reading:Addison-Wesley,1989.

[36] Zeeman E C. Catastrophe Theory[M]. Munchen/Amsterdam:Addison-Wesley,1977.

[37] Cobb L,Watson B. Statistical Catastrophe Theory:An Overview[J]. Mathematical Modelling,1980,1:311-317.

[38] Cobb L,Zacks S. Applications of Catastrophe Theory for Statistical Modeling in the Biosciences[J]. Journal of the American Statistical Association,1985,392:793-802.

[39] Rosser J. The Rise and Fall of Catastrophe Theory Applications in Economics:Was the Baby Thrown out with the Bathwa-

ter[J]. Journal of Economic Dynamics & Control, 2007, 31: 3255-3280.

[40] Cont R. Empirical Properties of Asset Returns: Stylized Facts and Statistical Issues[J]. Quantitative Finance, 2001, 1: 223-236.

[41] Kurt L. Principles of Topological Psychology[M]. New York: McGraw-Hill, 1936.

[42] Graham R J, Seltser J. An Application of Catastrophe Theory to Management Science Process[J]. Omega, 1979, 7(1): 61-66.

[43] Zhao X, Hu B. Research on Staff Counterproductive work Behavior Based on Catastrophe Theory[J]. Journal of Management Science, 2012, 25(4): 44-55.

[44] Qin S, Jiao J J, Wang S. A Cusp Catastrophe Model of Instability of Slip-buckling Slope[J]. Rock Mechanics & Rock Engineering, 2001, 34(2): 119-134.

[45] Helbing D, Christian Kühnert. Assessing Interaction Networks with Applications to Catastrophe Dynamics and Disaster Management[J]. Physica A: Statistical Mechanics and Its Applications, 2003, 328(3): 584-606.

[46] 唐铁桥, 黄海军. 用燕尾突变理论来讨论交通流预测[J]. 数学研究, 2005, 38(1): 112-116.

[47] 赵旭, 黄传超, 胡斌. 城市新移民社会心理适应的突变仿真研究[J]. 系统仿真学报, 2017, 29(7): 1435-1446.

[48] 陈伟珂, 武晓燕. 基于突变理论的建筑工人不安全行为研究[J]. 安全与环境学报, 2017, 17(5): 1838-1843.

[49] Hu B, Hu X. Qualitative Modeling of Catastrophe in Group Opinion[J]. Soft Computing, 2018, 22(14): 4661-4684.

[50] 戚志如, 陈莺. 群体性事件突变理论模型的建立和分析[J]. 江苏警官学院学报, 2012(2): 147-149.

[51] 林徐勋,袁鹏程,朱佳翔,等."中国式过马路"行为随机尖点突变模型[J].系统管理学报,2018,27(5):920-927.

[52] 林黎.中国股票市场的随机尖点突变模型[J].系统工程学报,2016,31(1):55-65.

[53] Jozef B,Jiri K. Realizing Stock Market Crashes:Stochastic Cusp Catastrophe Model of Returns under the Time-Varying Volatility[J]. Quantitative Finance,2015,15(6):959-973.

[54] Bin Y,Xinguang C,Bonita S,et al. Quantum Changes in Self-efficacy and Condom-use Intention among Youth:A Chained Cusp Catastrophe Model[J]. Journal of Adolescence,2018,68:187-197.

[55]夏泥.研发组织中知识共享、经验学习与知识演化的仿真研究[D].华中科技大学,2017.

[56] 宋奕.智能环境下众包物流企业员工组织行为与运作的仿真研究[D].华中科技大学,2018.

[57]徐岩.企业组织演化的随机突变分析[D].华中科技大学,2012.

[58] Guastello S J,Correro II A N,Marra D E. Cusp Catastrophe Models for Cognitive Workload and Fatigue in Teams[J]. Applied Ergonomics,2019,79:152-168.

[59] Guastello S J, Boeh H,Gorin H,et al. Cusp Catastrophe Models for Cognitive Workload and Fatigue:A Comparison of Seven Task Types[J]. Nonlinear Dynamics Psychology Life Science,2013,17(1):23-47.

[60] Zheng X,Sun J,Zhong T. Study on Mechanics of Crowd Jam Based on the Cusp-catastrophe Model[J]. Safety Science,2010,48(10):1236-1241.

[61]Guastello S J,Malon M,Timm P,et al. Catastrophe Models for Cognitive Workload and Fatigue in a Vigilance Dual Task. Human Factors[J]. The Journal of the Human Factors and Ergo-

nomics Society,2014,56(4):737-751.

[62]Hu B,Xia N. Cusp Catastrophe Model for Sudden Changes in a Person's Behavior[J]. Information Sciences,2015,294:489-512.

[63]赵旭.基于突变论和计算实验的企业员工反生产行为研究[D].华中科技大学,2014.

[64]Zhu G,Huang C,Hu B,et al. Autonomy in Individual Behavior under Multimedia Information[J]. Multimedia Tools and Applications,2016,75(22):14433-14449.

[65]黄传超.网络环境下个体认知弹性与选择行为突变的计算研究[D].华中科技大学,2017.

[66] Pregenzer A. Systems Resilience: A New Analytical Framework for Nuclear Nonproliferation. Albuquerque[M]. NM: Sandia National Laboratories,2011.

[67] Haimes Y Y. On the Definition of Resilience in Systems [J]. Risk Analysis:An International Journal,2009,29(4):498-501.

[68] Allenby B,Fink J. Social and Ecological Resilience: toward Inherently Secure and Resilient Societies[J]. Science 2000,24 (3):347-364.

[69] Vugrin E D,Warren D E,Ehlen M A,et al. A Framework for Assessing the Resilience of Infrastructure and Economic Systems. Sustainable and Resilient Critical Infrastructure Systems [M]. Berlin/Heidelberg:Springer,2010:77-116.

[70] Hosseini S,Barker K,Ramirez-Marquez J E. A Review of Definitions and Measures of System Resilience[J]. Reliability Engineering & System Safety,2016,145:47-61.

[71] Speranza C I,Wiesmann U,Rist S. An Indicator Framework for Assessing Livelihood Resilience in the Context of Social-ecological Dynamics[J]. Global Environmental Change,2014,28: 109-119.

[72] Alliance R. Assessing Resilience in Social-ecological Systems: A Workbook for Scientists[M]. Wolfville: Resilience Alliance, 2007.

[73] Sterbenz J P G, Cetinkaya E K, Hameed M A, et al. Modelling and Analysis of Network Resilience[M]. The Third International Conference on Communication Systems and Networks, IEEE, 2011: 1-10.

[74] Kahan J H, Allen A C, George J K. An Operational Framework for Resilience[J]. Journal of Homeland Security and Emergency Management, 2009, 6(1): 83.

[75] Labaka L, Hernantes J, Sarriegi J M. Resilience Framework for Critical Infrastructures: An Empirical Study in a Nuclear Plant[J]. Reliability Engineering & System Safety, 2015, 141: 92-105.

[76] Shirali G, Mohammadfam I, Motamedzade M, et al. Assessing Resilience Engineering Based on Safety Culture and Managerial Factors[J]. Process Safety Progress, 2012, 30(1): 17-18.

[77] Cutter SL, Berry M, Burton C, et al. Place Based Model for Understanding Community Resilience to Natural Disasters[J]. Global Environmental Change, 2008, 18(4): 598-606.

[78] Pettit T J, Fiksel J, Croxton K L. Ensuring Supply Chain Resilience: Development of a Conceptual Framework[J]. Journal of business logistics, 2010, 31(1): 1-21.

[79] Chang S E, Shinozuka M. Measuring Improvements in the Disaster Resilience of Communities[J]. Earthquake Spectra, 2004, 20(3): 739-755.

[80] Ayyub B M. Systems Resilience for Multihazard Environments: Definition, Metrics, and Valuation for Decision Making[J]. Risk Analysis, 2014, 34(2): 340-355.

[81] Bruneau M, Chang S E, Eguchi R T, et al. A Framework

to Quantitatively Assess and Enhance the Science the Seismic Resilience of Communities[J]. Earthquake Spectra,2003,19(4):733-52.

[82] Rose A. Economic Resilience to Natural and Man-made Disasters:Multidisciplinary Origins and Contextual Dimensions[J]. Environmental Hazards,2007,7(4):383-398.

[83] Wang J W,Gao F,Ip WH. Measurement of Resilience and Its Application to Enterprise Information Systems[J]. Enterprise Information Systems,2010,4(2):215-223.

[84] Faturechi R,Levenberg E,Miller-Hooks E. Evaluating and Optimizing Resilience of Airport Pavement Networks[J]. Computers & Operations Research,2014,43:335-348.

[85] Jin J G,Tang L C,Sun L,et al. Enhancing Metro Network Resilience Via Localized Integration with Bus Services[J]. Transportation Research Part E:Logistics and Transportation Review,2014,63:17-30.

[86] Spiegler V L M,Naim M M,Wikner J. A Control Engineering Approach to the Assessment of Supply Chain Resilience [J]. International Journal of Production Research,2012,50(21):6162-6187.

[87] Adjetey-Bahun K,Birregah B,Châtelet E,et al. A Simulation-based Approach to Quantifying Resilience Indicators in a Mass Transportation System [J]. Information Systems for Crisis Response and Management,2014.

[88] Azadeh A,Salehi V,Arvan M,et al. Assessment of Resilience Engineering Factors in High-risk Environments by Fuzzy Cognitive Maps:A Petrochemical Plant[J]. Safety Science,2014,68:99-107.

[89] Aleksić A,StefanovićM,Arsovski S,et al. An Assessment of Organizational Resilience Potential in SMEs of the Process In-

dustry：A Fuzzy Approach[J]. Journal of Loss Prevention in the Process Industries,2013,26(6):1238-1245.

[90]Werner E E,Smith R S. Overcoming the Odds：High Risk Children from Birth to Adulthood[M]. Ithaca：Cornell University Press,1992.

[91] Garmezy N, Nuechterlein K. Invulnerable Children-fact and Fiction of Competence and Disadvantage[J]. American Journal of Orthopsychiatry,1972,42(2):328.

[92] Gralinski-Bakker J H,Hauser S T,Stott C,et al. Markers of Resilience and Risk：Adult Lives in a Vulnerable Population[J]. Research in Human Development,2004,1(4):291-326.

[93] DiRago A C, Vaillant G E. Resilience in Inner City Youth：Childhood Predictors of Occupational Status Across the Lifespan[J]. Journal of Youth and Adolescence,2007,36(1):61.

[94] Sampson R J,Laub J H. Crime and Deviance in the Life Course[J]. Annual Review of Sociology,1992,18(1):63-84.

[95] Luthar S S,Cicchetti D,Becker B. The Construct of Resilience：A Critical Evaluation and Guidelines for Future Work[J]. Child Development,2000,71(3):543-562.

[96] Block J,Kremen A M. IQ and Ego-resiliency：Conceptual and Empirical Connections and Separateness[J]. Journal of Personality and Social Psychology,1996,70(2):349.

[97] Tugade M M,Fredrickson B L. Resilient Individuals Use Positive Emotions to Bounce back from Negative Emotional Experiences[J]. Journal of Personality and Social Psychology, 2004, 86(2):320.

[98] Dunn L B,Iglewicz A,Moutier C. A Conceptual Model of Medical Student Well-being：Promoting Resilience and Preventing Burnout[J]. Academic Psychiatry,2008,32(1):44-53.

[99] Maeseele P A, Verleye G, Stevens I, et al. Psychosocial

Resilience in the Face of a Mediated Terrorist Threat[J]. Media, War & Conflict,2008,1(1):50-69.

[100]Ai H,Hu J. Psychological Resilience Moderates the Impact of Social Support on Loneliness of "left-behind" Children[J]. Journal of Health Psychology,2016,21(6):1066-1073.

[101] Kumpfer K L. Factors and Processes Contributing to Resilience. In Glantz M D,Johnson J L,Resilience and Development [M]. Boston:Springer,2002,179-224.

[102]Kawachi I. Social Capital and Community Effects on Population and Individual Health[J]. Annals of the New York Academy of Sciences,1999,896(1):120-130.

[103]Sampson R J,Raudenbush S W,Earls F. Neighborhoods and Violent Crime:A Multilevel Study of Collective Efficacy[J]. Science,1997,277(5328):918-924.

[104]Riolli L,Savicki V. Information System Organizational Resilience[J]. Omega,2003,31(3):227-233.

[105] Palmer C. A Theory of Risk and Resilience Factors in Military Families[J]. Military Psychology,2008,20(3):205-217.

[106]Morgeson F P,Hofmann D A. The Structure and Function of Collective Constructs:Implications for Multilevel Research and Theory Development[J]. Academy of Management Review, 1999,24(2):249-265.

[107]Rudolph J W,Repenning N P. Disaster Dynamics:Understanding the Role of Quantity in Organizational Collapse[J]. Administrative Science Quarterly,2002,47(1):1-30.

[108] Sheffi Y. The Resilient Enterprise:Overcoming Vulnerability for Competitive Advantage[M]. New York:Zone Books, 2007.

[109]Kobasa S C,Maddi S R,Kahn S. Hardiness and Health: A Prospective Study[J]. Journal of Personality and Social Psychol-

ogy,1982,42(1):168.

[110] Freeman S F, Hirschhorn L, Maltz M. The Power of Moral Purpose: Sandler O'Neill ﹠Partners in the Aftermath of September 11th,2001[J]. Organization Development Journal,2004, 22(4):69-81.

[111]Lengnick-Hall C A,Beck T E. Adaptive Fit Versus Robust Transformation: How Organizations Respond to Environmental Change[J]. Journal of Management,2005,31(5):738-757.

[112] Vogus T J,Sutcliffe K M. Organizational Resilience: towards a Theory and Research Agenda[J]. IEEE International Conference on Systems,Man and Cybernetics,2007(3):3418-3422.

[113]Ghemawat P,Del Sol P. Commitment Versus Flexibility [J]. California Management Review,1998,40(4):26-42.

[114] McCann J. Organizational Effectiveness: Changing Concepts for Changing Environments[J]. People and Strategy,2004,27 (1):42.

[115]Chakravarthy B S. Adaptation: A Promising Metaphor for Strategic Management[J]. Academy of Management Review, 1982,7(1):35-44.

[116]Parker H,Ameen K. The Role of Resilience Capabilities in Shaping How Firms Respond to Disruptions[J]. Journal of Business Research,2018,88:535-541.

[117]Boin A,Van Eeten M J G. The Resilient Organization [J]. Public Management Review,2013,15(3):429-445.

[118] Adger W N. Social and Ecological Resilience: Are They Related? [J]. Progress in Human Geography, 2000, 24 (3): 347-364.

[119] Keck M,Sakdapolrak P. What is Social Resilience[J]. Lessons Learned and Ways forward Erdkunde,2013;67(1):5-19.

[120] Cohen O,Leykin D,Lahad M,et al. The Conjoint Com-

munity Resiliency Assessment Measure as a Baseline for Profiling and Predicting Community Resilience for Emergencies[J]. Technological Forecasting and Social Change,2013,80(9):1732-1741.

[121] Pfefferbaum B J,Reissman D B,Pfefferbaum R L,et al. Building Resilience to Mass Trauma Events. Handbook of Injury and Violence Prevention[M]. Boston:Springer,2008.

[122] Rose A,Liao S Y. Modeling Regional Economic Resilience to Disasters:A Computable General Equilibrium Analysis of Water Service Disruptions[J]. Journal of Regional Science,2005,45 (1):75-112.

[123] Martin R. Regional Economic Resilience,Hysteresis and Recessionary Shocks[J]. Journal of Economic Geography,2012,12 (1):1-32.

[124]Lee H L. The triple-A Supply Chain[J]. Harvard Business Review,2004,82(10):102-113.

[125] Haywood M,Peck H. Improving the Management of Supply Chain Vulnerability in UK Aerospace Manufacturing[M]. Proceedings of the 1st EUROMA/POMs Conference,2003,130.

[126]Muckstadt J A,Murray D H,Rappold J A,et al. Guidelines for Collaborative Supply Chain System Design and Operation [J]. Information Systems Frontiers,2001,3(4):427-453.

[127]赵林度. 基于细胞弹性模型的供应链弹性分析[J]. 物流技术,2009,28(1):101-104.

[128]李永红,赵林度. 基于弹性模型的供应链风险响应分析 [J]. 系统管理学报,2010 (5):563-570.

[129]Kong X Y,Xiang Y L. Creating the Resilient Supply Chain:The Role of Knowledge Management Resources[M]. The 4th International Conference on Wireless Communications,Networking and Mobile Computing. IEEE,2008.

[130] Macdonald J R,Zobel C W,Melnyk S A,et al. Supply

Chain Risk and Resilience:Theory Building through Structured Experiments and Simulation[J]. International Journal of Production Research,2018,56(12):4337-4355.

[131]Najjar W,Gaudiot J L. Network Resilience:A Measure of Network Fault Tolerance[J]. IEEE Transactions on Computers,1990,39(2):174-181.

[132]Liu G,Ji C. Scalability of Network-failure Resilience:Analysis Using Multi-layer Probabilistic Graphical Models [J]. IEEE/ACM Transactions on Networking,2008,17(1):319-331.

[133]Sterbenz J P G,Hutchison D,Çetinkaya E K,et al. Resilience and Survivability in Communication Networks:Strategies,Principles,and Survey of Disciplines[J]. Computer Networks,2010,54(8):1245-1265.

[134] 吴俊,谭跃进.复杂网络抗毁性测度研究[J]. 系统工程学报,2005,20(2):128-131.

[135]Salles R M,Marino D A. Strategies and Metric for Resilience in Computer Networks[J]. The Computer Journal,2012,55(6):728-739.

[136]Gallos L K,Fefferman N H. Simple and Efficient Self-healing Strategy for Damaged Complex Networks[J]. Physical Review,2015,92(5):052806.

第 2 部分　行为建模篇

　　物联网环境下人的行为具有与传统环境不一样的特征，人的行为的计算模型建构也应该与传统方法不同。本部分首先介绍基于突变理论与模型来建立人的认知弹性模型的方法，然后介绍利用静态文本数据来建立个体行为突变模型的方法，最后介绍利用动态文本数据来建立群体观点突变模型的方法。

人的认知弹性模型建模：
基于突变论的方法

　　信息和数据的爆炸式增长,快速地传播并且没有了空间的限制,互联网、传感器、人工智能等技术形成的智能环境,已经走进人们的生活,使得人们对突然涌入的信息和数据疲于应对,人依靠有限的认知能力,很难对面临的问题做出理性判断,从而心理决策压力逐渐增大,其观点、态度也会产生突然的变化,致使社会突发事件频频发生。

　　为了揭示智能环境下人从认知压力、认知能力到行为表现(比如观点)转化机制,本章根据弹性的一般理论与模型,运用突变理论模型来建立认知弹性模型,从人的认知弹性角度来研究网上人群观点突变的机制。

3.1　问题的引入

　　个体的决策行为与认知水平密切相关[1],压力会影响人的情绪与认知水平,即个体心理压力过大,会使认知水平降低,从而导致非理性决策倾向[2]。处于智能环境下的个体在认知水平较低时更难理性地分析问题,其观点易造成负面性的舆情极化现象和恶劣影响[3]。因此探究在智能环境下个体的认知规律,对个体选择行为与群体行为极化现象的控制具有十分重要的现实意义。

　　人的行为都是个体的内部心理因素与外部情境交互产生的,因此个体的观点变化也是个体的认知与外界环境压力共同作用的结果。认知实验表明:人的心理压力与其认知能力密切相关[4],即当个体遭受危机与挫折后，心理压力过大导致认知水平降低[5]，容易降低其自主性选择的能力。然而在心理压力的作用下，个体的认知变化在内部因素与外部情境的交互影响下具有弹性的特征[6]。

"弹性"一词最初是物理学中的概念，用于表示材料受力后发生形变，继而恢复原有位置或状态的能力。如前所述，心理学对弹性的研究源于 20 世纪 50 年代夏威夷岛一个社区的高危儿童不断成长的纵向研究[7]，随后弹性在心理学和神经学中开始大量应用。认知是个体心理的重要组成部分，因此，对弹性领域的研究也为认知弹性的建模研究提供了思路与理论基础。

人虽然是有弹性的个体[8]，但是其弹性也存在着一定的适应边界。个体认知在其弹性范围内的变化是连续的，外界压力过大会导致认知的变化超出其弹性所能承受的极限后发生突然性的变化，从而使认知的变化表现出非线性、非连续性的特征，而突变理论正是研究客观世界非连续突然变化的学说。

在个体的观点与认知研究中，突变论早已有所应用。Weidlich[9]将人的观点变化视为一个非线性系统，建立群体的观点演化动力学模型后，随时间推移对演化过程进行分析后发现，在不同环境下持离散观点（如投票选举）人数的变化都具有尖点突变特征。Stewart 和 Peregoy[10]展示了如何利用折转模型和尖点模型来解释人的认知过程，面对一组多态的图像卡片，他们发现人的认知过程具有明显的突变性，并根据被试人员一系列的认知数据，绘制出一个具有尖点突变特征的认知曲面。

基于突变理论研究的现有成果，本章以突变理论为基础，将个体的认知与突变理论相结合，在定性研究的基础上构建个体观点的认知弹性计算模型，同时，对模型进行分析与验证，以增强认知弹性模型的适用性、稳定性及模型对个体类型多样性的确认效果，以使其能够更好地应用于个体认知弹性以及个体观点的突变研究。

3.2 智能环境下个体认知弹性模型

3.2.1 认知弹性与突变理论

Chaju 等指出压力的变化会对个体的认知水平产生影响[11], Lupien 等实验表明,不同类型的压力所产生的生理刺激对于个体认知的影响效果也不相同[12],进一步研究发现压力对认知影响呈现非线性的现象[13]。个体在遭受程度不一的心理压力时,其认知水平受到的压力幅度如图 3.1 所示。

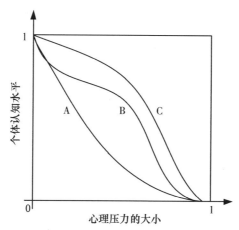

图 3.1 环境与群体压力规模变化对个体认知的影响

图 3.1 描述了个体在遭受不同规模与类型的心理压力时引起认知水平的降低,并随着时间以 Yerkes-Dodson 曲线降低。从图中可以看出,在 A 类型的压力下个体认知的下降幅度最大,可以认为 A 类型的压力对个体认知的危害性最大,即个体对 A 类型压力的抵抗性最差,这对研究个体认知变化的影响因素具有重要意义。当然,该图也可以描述不同个体对同一规模压力下的认知的变化。

认知弹性理论认为对认知的研究应包括确认问题、掌握事件、恢复自信三个方面。实验研究也发现压力会影响个体的情绪、记忆等功能,进而导致认知水平降低,然而通过适当的方式可以提高个体的认知,如心理疏导、减压等[14]。同时,压力对个体认知的影响符合

Yerkes-Dodson 定律,即个体遭受的压力与其认知存在"倒 U 型"关系[15]。

个体的观点态度源于对事件的认知水平并伴随极端化的趋势,而智能环境中的快速决策更加剧了这一趋势。突变理论认为,一个人的态度、认知特性与行为的变化及跳跃,能够用尖点突变模型来表达[16]。尖点突变模型所表达的系统的势函数如式(3.1)。

$$V(f,u,v)=\frac{1}{4}f^4+\frac{1}{2}\alpha\cdot u\cdot f^2+\beta\cdot v\cdot f \quad (\alpha>0,\beta<0)(3.1)$$

$$\frac{\partial V(f,u,v)}{\partial f}=f^3+\alpha\cdot u\cdot f+\beta\cdot v=0 \qquad (3.2)$$

上式求导得到观点决策行为-认知变化曲面为式(3.2),其曲面如图 3.2 所示。其中 f 表示个体的认知水平(比如人对事件的看法、观点等),u 和 v 是连续的控制变量。而以往的尖点突变与个体行为的研究均将 u 定义为人的心理因素,将 v 定义为外部环境因素[17,18]。因此,本章结合参考文献将 u 定义为个体的内部心理因素[19],主要包括个体的倾向性、个体的顽固程度以及个体对信息的敏感度;将 v 定义为外部情境因素,主要包括信息的强度、信息的信誉值(即信息的可信程度)与群体压力;α 与 β 是外生控制变量,与个体的人格特质以及所处的环境相关。

图 3.2 有上下两部分:上面部分为认知变化曲面,由于认知水平与个体的决策行为息息相关,所以有两个稳定的行为状态,分别是理智性行为和非理智性行为,而现实世界中有许多这样的实例。$A\rightarrow A'$、$B\rightarrow B'$ 两条线显示认知变化的可能路径;下面部分为控制平面,显示变量 u 和 v 的变化过程,两条尖形线是奇点集合。当 u 和 v 的取值到达这两条线时,突变就会发生,如 $A\rightarrow A'$、$B\rightarrow B'$,表明人的认知变化会发生突变。因此结合认知弹性理论与图 3.2 对个体的认知弹性进行建模,即根据图 3.2 中 B' 至 A 的过程,确定认知所降低的幅度与突变路径,计算个体发生弹性破裂前后的认知变化路径与认知变化的速率。

突变路径是指个体由于心理与外部压力的变化导致的认知幅度下降方向,由 u 和 v 共同决定。由图 3.2 突变域中 u 和 v 的取值

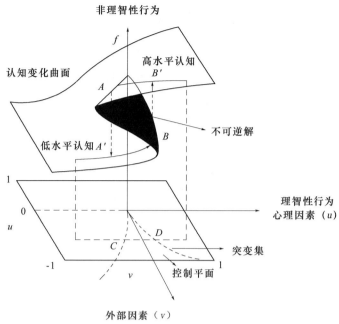

图 3.2　个体认知变化和突跳的尖点模型

范围可知,在突变域中 u 的变化范围相比于 v 而言更直观且固定,即 u 在突变域中的变化范围不随 α 与 β 的变化而改变(取值范围为 $[-1,0]$)。同时,在突变理论中,u 是分裂因子(Splitting Factor),决定是否会发生突变,v 是正则因子(Normal Factor),决定突变会何时产生,所以 u 是突变路径的主导。本章将 u 作为个体突变路径的演化指标。

因此,根据上述分析将个体的认知弹性定义为:个体在其所处的心理状态下其认知受外界压力的影响变化、恢复过程中的速率。在图 3.2 中即为从突变域的右侧奇点集合至左侧奇点集合的变化幅度与 u、v 值变化的比值,即得认知弹性 r 为:

$$r = \frac{f(B') - f(A)}{d(B', A)} \tag{3.3}$$

式中,$d(B', A)$ 表示 B' 与 A 在平面上所对应的距离,与 u、v 值相关。

3.2.2 认知弹性模型的构建

由对个体认知的影响因素与变化机制分析可知，个体的认知由内部因素与外部因素耦合决定。而大数据环境下个体认知的变化取决于信息的传递，因此可根据 RSA 模型建立信息接收-采纳模式下个体观点的形成与演化模型，而个体的观点态度主要取决于其对事件的认知水平[19]。而信息接收-采纳模式下个体观点的形成只是个体对信息的反馈与吸收，并没有考虑到个体在反馈、接收信息的过程中个体对事件的认知会由于信息的负面性以及内外部因素的交互而会产生突变。因此，依据个体观点的形成与演化模型与上一节的分析可知，个体认知的内部心理因素为：

$$u = \frac{x \cdot y}{1 + l + e^{-z}} \tag{3.4}$$

式中，x 表示个体对事件信息的倾向性，y 表示个体的顽固程度，z 表示个体对信息的敏感度，而 l 表示个体的最低接受水平，在多数情况下为 0[20]。

在参数设置中，倾向性 x 的数值范围为 $[-1,1]$，表示个体对事件的喜好强弱，极端值 -1 代表极度厌恶，1 代表十分喜爱；顽固程度 y 的数值范围为 $[-1,1]$，表示个体对信息的抵抗程度，极端值 -1 表示个体非常乐意接受，1 表示个体坚决抵抗，y 值的大小与个体的人格特质相关；信息敏感度 z 的数值范围为 $(0,1)$，0 至 1 表示个体对信息的敏感性程度由弱至强。

例如，在某一时刻个体的属性 (x,y,z) 为 $(0.8,-0.5,0.1)$，表明其具有强烈的正向倾向性、对信息较低的抵抗性以及对信息较低的敏感性。

智能环境中个体的外部情境因素 v 主要包括信息的强度 a_0、信息的信誉值 a_1（即信息的可信程度）与群体压力 p，由于 a_0、a_1 表示信息的正负效应，其作用与群体压力具有相通性，因此可将两者进行线性组合，即有式(3.5)。

$$v = k_1 \cdot a_0 \cdot a_1 + k_2 \cdot p \tag{3.5}$$

为使研究更简单有效进行我们认为这样是合理的，因为同时受到群体压力与信息效应,可以通过较大的 v 值来表示,并令 v 的取值为 $[-1,1]$。同时由式(3.2)求导可得奇点集合为:

$$3f^2+\alpha \cdot u=0 \tag{3.6}$$

在突变理论中,突变域 δ 是指系统发生突变时候的参数集合,即控制平面的分歧点集合,是式(3.2)与式(3.6)联立所得的解,则有:

$$4\alpha^3 \cdot u^3+27\beta^2 \cdot v^2 \leqslant 0 \tag{3.7}$$

为探索个体认知弹性破裂后突变的程度与突变的条件,需要计算认知突变前的变化,由式(3.7)可知只有 $u<0$ 时才会产生突变,即:

$$\forall u<0, \exists v\in\left[\frac{2}{\beta} \cdot \sqrt[\frac{1}{2}]{\frac{\alpha}{3}}, \frac{-2}{\beta} \cdot \sqrt[\frac{1}{2}]{\frac{\alpha}{3}}\right]$$

若给定一个 $u=u_i$,即选取图 3.2 的一个切面如图 3.3 所示。

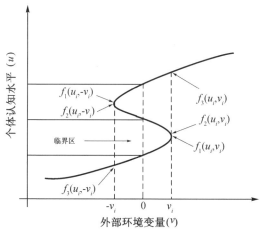

图 3.3　认知突变的切面图 $(u=u_i)$

图 3.3 中表示个体在给定的内部因素下 $(u=u_i)$,认知随外部情境变量的变化情况。当外部压力为 v_i,即个体进入预警区直至抵达 $-v_i$ 时,此时个体认知弹性达到极限,到达突变的临界区,由式(3.2)进行求解得 (u_i,v_i) 处 f 的拐点值,则有:

$$f_1(u_i,v_i)=\omega \cdot (-\frac{\beta \cdot v_i}{2})^{\frac{1}{3}}+\omega^2 \cdot (-\frac{\alpha \cdot u_i}{3})^{\frac{1}{2}}$$

$$f_2(u_i,v_i)=\omega^2 \cdot (-\frac{\beta \cdot v_i}{2})^{\frac{1}{3}}+\omega \cdot (-\frac{\alpha \cdot u_i}{3})^{\frac{1}{2}}$$

$$f_3(u_i, v_i) = (-\frac{\beta \cdot v_i}{2})^{\frac{1}{3}} + (-\frac{\alpha \cdot u_i}{3})^{\frac{1}{3}}$$

其中，$\omega = \dfrac{-1 + \sqrt{3}i}{2}$。

又将式(3.7)代入 f_1 与 f_2 可得

$$f_1(u_i, v_i) = f_2(u_i, v_i) \tag{3.8}$$

同理 $(u_i, -v_i)$ 处对应的值为：

$$f_1(u_i, -v_i) = \omega \cdot (-\frac{\beta \cdot (-v_i)}{2})^{\frac{1}{3}} - \omega^2 \cdot \left|\frac{\alpha \cdot u_i}{3}\right|^{\frac{1}{3}}$$

$$f_2(u_i, -v_i) = \omega^2 \cdot (-\frac{\beta \cdot (-v_i)}{2})^{\frac{1}{3}} - \omega \cdot \left|\frac{\alpha \cdot u_i}{3}\right|^{\frac{1}{3}}$$

$$f_3(u_i, -v_i) = (-\frac{\beta \cdot (-v_i)}{2})^{\frac{1}{3}} - \left|\frac{\alpha \cdot u_i}{3}\right|^{\frac{1}{3}}$$

$$f_1(u_i, -v_i) = f_2(u_i, -v_i)$$

依据上一节对认知弹性 r 的定义，我们以 u_i 为例计算个体自预警区至临界区的平均变化速率，在图3.3表现为 $f_3(u_i, v_i)$ 至 $f_2(u_i, -v_i)$ 的形变大小。可知认知弹性越大，个体越易发生突变，则有

$$r_{u_i} = \frac{\Delta f}{\Delta v} = \frac{f_3(u_i, v_i) - f_1(u_i, v_i)}{v_i - (-v_i)} = \frac{(-\frac{\beta \cdot v_i}{2})^{\frac{1}{3}} + (-\frac{\alpha \cdot u_i}{3})^{\frac{1}{3}}}{4v_i}$$

$$(v_i > 0, u_i < 0) \tag{3.9}$$

通过式(3.9)可知认知弹性 r_{u_i} 是关于 u_i、v_i 的函数，为使研究更具合理性与现实情况中突变路径的多样性，此时认知突变路径应取遍所有突变的可能性，故 u_i 处的广义的认知弹性 R_{u_i} 为式(3.10)。

$$R_{ui} = \frac{\Delta f}{\Delta v}$$

$$= \frac{f_3(u_i, v_i) - f_1(u, -v)}{\sqrt{(u_i - u)^2 + [v_i - (-v)]^2}}$$

$$= \frac{2 \cdot \left[(-\frac{\beta \cdot v_i}{2})^{\frac{1}{3}} + (-\frac{\alpha \cdot u_i}{3})^{\frac{1}{3}}\right] + (\frac{\beta \cdot v}{2})^{\frac{1}{3}} - (-\frac{\alpha \cdot u}{3})^{\frac{1}{3}}}{2 \cdot \sqrt{(u_i - u)^2 + (v_i + v)^2}} \tag{3.10}$$

由式(3.10)可知，广义认知弹性的大小与个体所处的外部环境控制变量 α、β 密不可分，同时也与进入预警区的切点 u_i 以及临界区

的突变路径(u,v)相关,而式中的分子则是突变路径的物理距离。由式(3.4)和式(3.7)可知 u 与 v 的取值与虚拟社区中个体的属性值相关,因此认知弹性主要通过环境控制变量与个体变量的值进行计算,具体步骤如下:

　　首先,依据个体所处的外部智能环境(由 α、β 决定)与自身状态(u_i,v_i)确定个体进入突变域的起始点;其次,由外界的压力大小 v 确定个体认知的突变路径(u,v);最后,依据式(3.10)可得出个体认知的弹性大小。

3.3　认知弹性模型的验证

3.3.1　模型的内外部控制变量分析

　　认知弹性模型与心理学理论表明,个体对于内外部环境的变化越敏感,其弹性越大,突变的速率与幅度也越大。例如给定 $u_i = -0.5$,则 r_u 随 α 与 β 的变化(选取 $\alpha \in [0,5,2.5]$、$\beta \in [-2.5,-0.5]$)如图 3.4 所示(注:由于 $\beta < 0$,为保持数值的对称性故图中的外部控制变量值为 $-\beta$)。

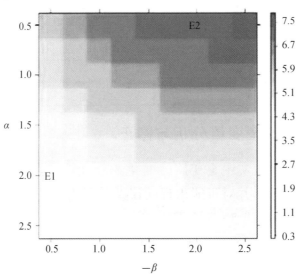

图 3.4　认知弹性随内外部变量的变化情况

由图 3.4 可以发现：认知弹性与外部控制变量呈正相关，与内部控制变量呈负相关，这与心理学常识是相符合的，即：在内部影响因素较强的情况下个体具有高度的独立性，认知较难发生突变，而外部影响与之相反。因此，根据变量值设定的不同，可以模拟个体所处的多变的智能环境[21]。

从最左列与最下行来看，最左列的颜色深度明显强于最下行，即外部控制变量 β 对认知弹性的影响要弱于 α，为兼顾直观与篇幅，将两组的部分数据展现如表 3.1 所示，通过极差值的大小比较发现，个体的内部影响因素对于其认知变化的重要性要高于外部情境。

因此，可根据 α 与 β 的变化设定不同的智能社区环境。在保守理智的环境下个体更倾向于依靠自己的主观性来形成自身的观点；在激进非理智的环境下，个体更容易受到外部情境的压力与引导来作出决定。在接下来的研究中环境变量的设置如表 3.2。

表 3.1　弹性的内外部控制变量影响强度

α	0.5	1.0	1.5	1.8	2.4
$-\beta$	2.4	1.8	1.5	1.0	0.5
内部控制弹性值	1.5	0.75	0.5	0.42	0.31
外部控制弹性值	1.44	1.08	0.9	0.6	0.3

表 3.2　不同智能环境下内外部控制变量的设置

智能环境参数设置	保守理智（E1）	激进非理智（E2）
内部控制变量 α	1.5	0.5
外部控制变量 β	-0.5	-1.5

3.3.2　模型变量分析与修正

考虑个体在现实中突变路径变化的复杂性，对式（3.10）的认知弹性 R_u 进行分析，并对可能出现的误差与错误进行调整与修正。在以上设定的两种智能环境（即 E1 与 E2）中考察突变路径 (u, v) 的变化对认知弹性 R_u 变化的影响，用 Matlab 7.14 编程求解这些函数，则式（3.10）的认知弹性在两种环境的演化如图 3.5、图 3.6 所示。

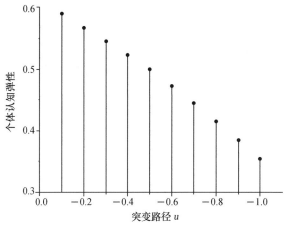

图 3.5　E1 环境下突变路径 u 对弹性的影响

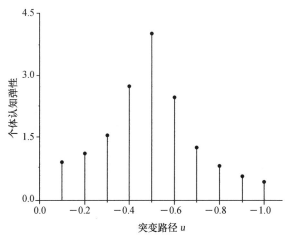

图 3.6　E2 环境下突变路径 u 对弹性的影响

　　由图 3.5 可以发现,E1 环境下认知弹性 R 与 u 的关系呈正相关,即在 u 减到最小值($u=-1$)时,R 值也为最小,但由尖点突变模型可知当 u 为最小值时,在个体认知线性降低幅度不变的情况下,突变幅度为最大,因此,由图 3.5 得出 E1 环境下认知弹性在个体内部心理水平最低时反而最小的结论显然与实际不符。在 E2 环境中可知,图 3.6 如实反映了突变路径与认知弹性的关系,可见式(3.10)中的模型对于外部智能环境的适应性有所偏差,应予以修正。由于认知弹性的意义在于表示个体认知突变的速率与幅度的变化,可将广义认知弹性修正为式(3.11)。

$$R_{u_i} = \frac{\Delta f'}{\Delta v} = \frac{f_3(u_i, v_i) - f_3(u, -v)}{\sqrt{(u_i - u)^2 + (v_i - (-v))^2}} \tag{3.11}$$

修正后的模型不仅考虑了突变的速率,更兼顾了认知突变后的幅度,使得认知弹性的定义更加完整。由上式可知,认知发生突变后,原路返回的可能性为无穷大(分母趋近于零),这与突变理论的不可逆转特性也是相符的。将模型修正后,将式(3.10)与式(3.11)进行比较验证,得到图3.7与图3.8。

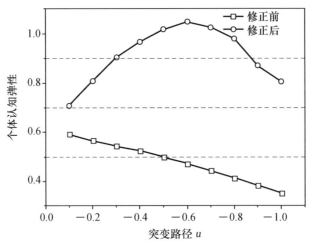

图 3.7　E1 环境下模型修正前后的认知弹性

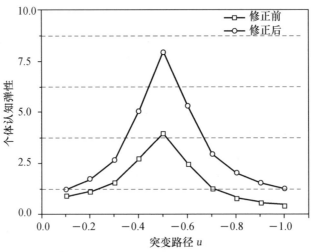

图 3.8　E2 环境下模型修正前后的认知弹性

图 3.7 与图 3.8 分别是两种智能环境下模型修正前后的认知弹性随突变路径的演化情况,由于突变路径的增加与突变幅度的不断加大,两者的变化必然会出现一个极值。经过修正后的模型能够如实地体现两种智能环境下个体认知弹性的大小,这表明修正后的模型适用于不同的智能环境,大大增强了其应用性。

同时由纵坐标可以发现,相比于激进非理智的智能环境,个体的认知突变情况在保守理智的环境中显得较为平缓,即在非理智的智能环境中个体的观点更易受到影响,更容易产生群体的观点极化现象。目前虚拟社区论坛中的管理等均由各自管理者参考最基本的规范修订而成,缺乏强制的管理手段,因此,大多数由群体理念组建的虚拟社区处于非理智的智能环境之中。

3.3.3 模型的稳定性分析

在上文的模型验证与修正过程中,所适用的智能环境均为 E1 与 E2。为继续验证模型的通用性与适用性,需对模型在极端条件下的稳定性进行分析,为此,设计 4 种智能环境场景见表 3.3。

表 3.3 场景参数验证设置

智能环境参数设置	场景 1	场景 2	场景 3	场景 4
内部控制变量验证	$\alpha=0.5,\beta=-1.5$	$\alpha=1.0,\beta=-1.5$	$\alpha=1.5,\beta=-1.5$	$\alpha=2.0,\beta=-1.5$
外部控制变量验证	$\alpha=1.5,\beta=-0.5$	$\alpha=1.5,\beta=-1.0$	$\alpha=1.5,\beta=-1.5$	$\alpha=1.5,\beta=-2.0$

图 3.9、图 3.10 是在表 3.3 设计的 4 个场景下对模型的稳定性检验,可知模型有一定的适用范围。在图 3.9 中,当 $\alpha>1.5$ 时,认知弹性随突变路径的演化呈负相关,而不是实际上的"倒 U 型"。实际上,个体的认知在内外部因素交互时总有一方为主导。图 3.9 中的场景 $4(\alpha>2.0,\beta=-1.5)$ 表明虚拟社区个体的认知有很强的自身主导性,同时又伴随着较强的外界环境影响,这表明个体处于极端的环境中。同理在图 3.10 中对于外部控制变量的稳定性分析表现出相似的情形(场景 1, $\beta=-0.5$)。因此由上述分析可以发现:认知弹性模型可用于模拟非极端智能环境下个体认知弹性演化,但难以用于极端智能环境。

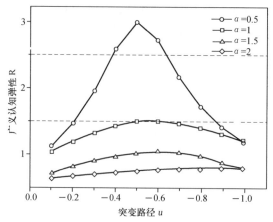

图 3.9　内部控制变量的稳定性验证分析($\beta=-1.5$)

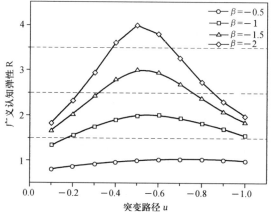

图 3.10　外部控制变量的稳定性分析($\alpha=1.5$)

综上可知，认知弹性模型在每一个固定的控制变量下(α 或 β)，能够较好地应用于绝大部分实际、合理的智能环境。由于虚拟社区中存在不同类型的个体，需要通过事例将模型应用于个体，以确认模型是否对于区分个体的不同类型具有较好的效果。

3.4　模型应用与真实案例分析

3.4.1　智能环境下网民认知心理案例描述

本案例中的苹果手机及其内存芯片，属于智能产品，是消费者平常生活中的智能装备。同时，网民处于一个能实时通信的虚拟社区中。因此可以认为，本案例中网民所在的环境是一个智能环境，具体情况如下：

苹果公司的产品一直以质量、工业设计著称于世，也是社会群体喜爱的电子产品之一，然而最近却因其新款手机陷入"闪存门"事件中。在较长的时间内，人们出于对其产品质量的信任，对虚拟社区中攻击苹果产品使用廉价闪存芯片导致手机质量问题的信息，均持怀疑与批判态度。然而当真正的鉴定结果公布于众、证明苹果确实是使用了廉价闪存时，社区中个体的观点逐渐改变，舆情开始反转。

假设虚拟社区中有三个代表性的个体 A、B、C，对苹果产品的认知、了解以及关注程度不同。A 个体对苹果产品有着极大的兴趣，时刻关注着事件的发展与信息的发布；与 A 个体相对应的是，C 个体作为苹果公司的竞争对手的忠实粉丝，对于苹果公司有着较强的排斥性且很少去关注后续事件信息的公布；B 个体则处于两者之间，即既对苹果公司没有极端的倾向，又对事件信息的关注度一般。三类个体在整个"闪存门"事件中，其观点变化特点也会不一。

A 个体对于苹果产品具有强烈的正面倾向性，且会快速了解事件并关注、探求事件的真相，及时、快速形成自己的观点与态度；C 个体很少关注事件本身，对其产品具有负面倾向，因此其对该产品信息的感知有较强的抵抗性；B 个体的行为表现较为中庸，即以认知为基础的观点随着信息的流通以及内部心理的变化程度介于两者之间。因此，依据上述分析设置上述三类个体的内部心理因素如表 3.4 所示。

表 3.4　不同个体的内部心理变量的设置

个体类型	产品倾向性 x	顽固程度 y	信息敏感度 z
个体 A	$[0.5, 1.0)$	$(-1.0, -0.5]$	$[0.5, 1.0)$
个体 B	$[-0.5, 0.5]$	$[-0.5, 0.5]$	$[0.3, 0.5)$
个体 C	$(-1.0, -0.5]$	$[0.5, 1.0)$	$(0, 0.3)$

注：以个体 A 为例，该类型个体对产品具有较高的正面倾向性，故 x 取值为 $[0.5, 1.0)$，会快速了解事件动态与信息，能够积极接受信息，因此拥有较低的顽固程度 y 与较高的信息敏感度 z

3.4.2 弹性模型应用于虚拟社区中个体类型的确认

本章分析的是个体的认知在发生突变时的弹性，所以个体内部心理因素 $u>0$ 的情况（即个体的认知连续性变化）不在本章的考虑之内，由于数据取值的随机性与不确定性，在表 3.4 将验证后的认知弹性模型对不同个体分别在 E1 与 E2 环境下每个路径重复 100 次实验后取其平均值得图 3.11、图 3.12 所示。

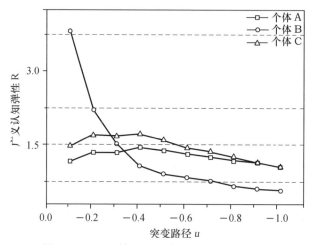

图 3.11 E1 环境下不同类型个体的认知弹性

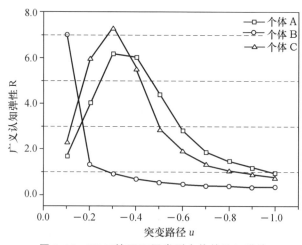

图 3.12 E2 环境下不同类型个体的认知弹性

（注：两种环境下弹性差别较大，由于考虑到个体的差别的比较，因此纵轴坐标会不相同）

由图 3.11、图 3.12 可以发现,A 个体与 C 个体两类极端个体的弹性随着突变路径的演化方向与修正后的模型大致相同,其中,后者对于外界的压力反应较为明显,而前者由于较弱的顽固程度导致弹性变化的幅度略低于前者。而 B 个体的变化不同于其他个体,即在两种智能环境下弹性变化十分显著。这一方面说明了这类个体由于倾向性与信息敏感度不强导致其在与智能环境的信息交互中认知变化明显,另一方面也说明了由于其倾向性不强而导致更易受外界信息的变化以及群体压力的影响。

事件中个体 A 与 C 两类极端个体在 E1 环境下均具有坚定的观点立场且很难改变,这与现实是相符的。而在 E2 环境下,个体的自主性遭到削弱,如在压力较大即突变路径 u 为 $(-0.5, -0.2)$ 时,两者的认知会因压力而强烈变化。但当压力过大 ($u < -0.5$) 时,个体会顺从于外界压力,表现出较小的认知弹性。

图 3.12 中个体 A 与 C 两类极端个体的弹性表现出的相似性表明,模型无法直接区分出个体的类型,因此,可通过对 A、C 认知弹性进行累积方差分析,以期发现两者的区别。图 3.13 通过 E1 环境下对两者的弹性累积方差分析可发现,个体 C 的变化还是强于 A,这是由于个体 C 对产品具有较强的抵抗性,在突变时其认知落差也会相对较大,故具有较大的方差变动,在 E2 环境下也会有同样的现象。因此综上可知,认知弹性模型能够间接区分虚拟社区中个体的多样性。

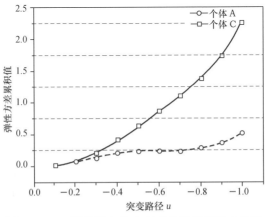

图 3.13　E1 环境下个体 A 与 C 的弹性累积方差值

同时图 3.11、图 3.12 的纵轴也反映了不同类型个体的认知弹性在两种智能环境下随突变路径的演化趋势。在保守理智的环境下个体的认知变化趋于缓和,而在激进的环境下表现出相对较大的突变特点,其中个体 B 的表现更为明显,即个体在倾向性与抵抗能力较低时接触到些许压力就会导致认知发生突变。这表明,在非理智的智能环境中,个体的认知更容易突变,使得观点不断变化,从而导致群体观点极化现象的产生。

目前社会中相应的信息传播监管机制还不够完善,所以人们所处的环境大多属于激进氛围。B 类型个体代表了社会转型期绝大多数的群体,从图 3.11、图 3.12 可以看出此类个体稍遇压力就会表现出较大的弹性,导致观点会不断变化。由于智能环境下人们接收到的信息纷杂变化、实时产生、迅速传播,导致突变路径 u 的$(-0.2,-0.1)$成了突变的关键区域,这也是"闪存门"等突发事件中舆情不断变化的根源。

智能环境下人的观点、行为变化是一个复杂的过程,影响因素众多,影响机制复杂,只用传统的统计学方法在面上寻找观点与行为的变化规律,是就事论事的方法。本章从人的认知弹性底层入手来研究人的观点变化规律,揭示出智能环境中突发事件后个体观点极化的根源。

3.5　本章小结

已有的大量组织弹性研究,主要从复杂网络的抗毁性与脆弱性角度开展[22-24],这些都属于统计物理学研究范畴,将社会组织、企业组织视为物理系统,不考虑人的心理与行为因素。但是这些固体的、机械的组织系统之所以有弹性,其根源在于人,即工作或生活于组织系统的人具有能动性。鉴于此,本章研究人的心理活动的弹性模型建模,选择从人的认知心理的弹性入手,不是从复杂网络角度来研究弹性,而是基于管理学与心理学领域的突变理论模型,来建立认知弹性模型,将其应用于不同智能环境下不同个体的观点规律。研究贡献在于：

（1）本章建立的弹性模型，将个体认知的非线性变化，以可视化方式表现，并使之能够进行定量计算。

（2）通过外部控制变量的调整，使弹性模型适用于不同的智能环境，研究不同情境下个体认知的弹性-突变过程。

（3）模型能适用于个体类型多样性条件下认知弹性的表达，能适用于不同个体的多个弹性演化路径展示，具有较高的实用性与应用性。

（4）通过苹果智能手机案例的应用，分析智能环境中不同类型个体认知弹性变化路径，能根据个体在突发事件后的表现，对其行为进行分类，能从弹性演化的角度揭示网上突发事件后个体行为极化的根源。

参考文献

［1］Paulus M P, Yu A J. Emotion and Decision-making: Affect-driven Belief Systems in Anxiety and Depression［J］. Trends in Cognitive Sciences, 2012, 16(9): 476-483.

［2］Starcke K, Brand M. Decision Making under Stress: A Selective Review［J］. Neuroscience & Biobehavioral Reviews, 2012, 36 (4): 1228-1248.

［3］Liu S D. China's Popular Nationalism on the Internet. Report on the 2005 Anti - Japan Network Struggles 1［J］. Inter-Asia Cultural Studies, 2006, 7(1): 144-155.

［4］McEwen B S, Sapolsky R M. Stress and Cognitive Function［J］. Current Opinion in Neurobiology, 1995, 5(2): 205-216.

［5］Lieberman H R, Tharion W J, Shukitt-Hale B, et al. Effects of Caffeine, Sleep Loss, and Stress on Cognitive Performance and Mood during US Navy SEAL Training［J］. Psychopharmacology, 2002, 164(3): 250-261.

［6］Furniss D, Back J, Blandford A. Cognitive Resilience: Can

We Use Twitter to Make Strategies More Tangible? [M]. Proceedings of the 30th European Conference on Cognitive Ergonomics. ACM,2012:96-99.

[7] Werner E E, Smith R S. Journeys from Childhood to Midlife:Risk,Resilience,and Recovery[M]. Ithaca:Cornell University Press,2001.

[8] Richardson G E,Neiger B L,Jensen S,et al. The resiliency Model[J]. Health Education,1990,21(6):33-39.

[9] Weidlich W, Huebner H. Dynamics of Political Opinion Formation including Catastrophe Theory[J]. Journal of Economic Behavior and Organization,2008,67(1):1-26.

[10] Stewart I N,Peregoy P L. Catastrophe Theory Modeling in Psychology[J]. Psychological Bulletin,1983,94(2):336.

[11] Chajut E,Algom D. Selective Attention Improves under Stress:Implications for Theories of Social Cognition[J]. Journal of Personality and Social Psychology,2003,85(2):231.

[12] Lupien S J,McEwen B S,Gunnar M R,et al. Effects of Stress throughout the Lifespan on the Brain,Behaviour and Cognition[J]. Nature Reviews Neuroscience,2009,10(6):434-445.

[13] Lupien S J,Maheu F, Tu M,et al. The effects of Stress and Stress Hormones on Human Cognition:Implications for the Field of Brain and Cognition[J]. Brain and Cognition,2007,65(3):209-237.

[14] Richardson G E,Neiger B L,Jensen S,et al. The Resiliency Model[J]. Health Education,1990,21(6):33-39.

[15] Mendl M. Performing under Pressure:Stress and Cognitive Function[J]. Applied Animal Behaviour Science,1999,65(3):221-244.

[16] Stewart I N,Peregoy P L. Catastrophe Theory Modeling in Psychology[J]. Psychological Bulletin,1983,94(2):336.

[17] Hu B,Xia N. Cusp Catastrophe Model for Sudden Changes in a Person's Behavior[J]. Information Sciences, 2015, 294 (10):489-512.

[18] Xu Y,Hu B,Wu J,et al. Nonlinear Analysis of the Cooperation of Strategic Alliances through Stochastic Catastrophe Theory[J]. Physica A:Statistical Mechanics and its Applications,2014, 400:100-108.

[19] Deng L,Liu Y,Zeng Q A. How Information Influences an Individual Opinion Evolution[J]. Physica A:Statistical Mechanics and its Applications,2012,391(24):6409-6417.

[20] Kułakowski K. Opinion polarization in the Receipt-Accept-Sample Model[J]. Physica A:Statistical Mechanics and its Applications,2009,388(4):469-476.

[21] Van der Maas H L J,Kolstein R,Van Der Pligt J. Sudden Transitions in Attitudes[J]. Sociological Methods & Research, 2003,382(2):125-152.

[22] Cohen R,Erez K,Ben-Avraham D,et al. Resilience of the Internet to Random Breakdowns[J]. Physical Review Letters, 2000,85(21):4626.

[23] Adger W N,Hughes T P,Folke C,et al. Social-ecological Resilience to Coastal Disasters[J]. Science,2005,309(5737):1036-1039.

[24] Ash J,Newth D. Optimizing Complex Networks for Resilience against Cascading Failure[R]. Physica A:Statistical Mechanics and its Applications,2007,386(1):673-683.

员工行为的突变模型建模：
基于静态文本数据

在物联网环境下的制造企业,员工工作在智能环境之下,该环境包括流水作业线、线上的数字化设备以及线上工位安装的传感器等,员工的工作行为要适应流水线及设备的要求。工位上的传感监视器能监测到员工的工作时间、离开工位的频率、离开工位的时长等数据,可以根据这些数据对员工进行考核。这样的环境显然会引发员工的不适,进而可能导致员工产生某种突发行为。

为了揭示智能环境下员工突发行为产生的机制,本章以员工突然辞职行为为例,利用描述员工辞职行为的静态文本数据(辞职事件的文字描述),研究基于静态文本数据的员工行为突变模型建模方法。

4.1 问题的引入

尖点突变模型是一种严格规范的数学模型,而管理系统、社会系统具有模糊、信息不完备以及系统行为随时间变化等特征。那么,我们如何将严格规范的数学模型应用其中呢?

为此,我们将定性模拟与突变模型结合起来,建立物联网环境下个体行为突变的定性-定量混合尖点模型,利用模糊数学方法计算其参数,利用员工主动辞职的案例来解释和验证本章的研究方法。结果表明,对于物联网环境中人类语言所描述的员工主动辞职的行为过程(例如媒体报道的某企业员工跳槽现象),本章的研究方法可以很好地实现此突变过程的尖点模型的建模,并以此发现和解释其行为突变的路径和机理。

根据突变论的观点，虽然辞职行为从表面上看是一种突变行为，但其本质是影响辞职行为的一些因素经过时间逐渐累积最终导致的一种行为突变[1]，因此这个过程可以用突变论来解释。在利用突变论对员工主动辞职现象进行研究时，问卷调查和统计是主要的研究方法，尖点突变理论用于设计调查问卷和进行统计时理论框架或假设的构建，工作压力与组织承诺[2]、工作压力与团队凝聚力[3]都曾作为连续变化的控制变量。

面向物理系统的具有精确性、信息完备性、确定性等特性的突变模型，难以适用于管理和社科领域。在现实企业中，员工处于复杂的环境，影响其心理活动的因素很难清晰地描述出来。与这些因素相关的都是定性或质化数据，几乎没有量化数据，且数据会随时间变化，并非某个时间点的静态数据（静态数据可以通过问卷收集）；这些数据不是确定性的数据（确定性的数据可以通过计算机系统收集），它们是不完备的甚至是虚假的。

在这种情况下，利用定性模拟方法把数学突变模型转变成定性突变模型就成了本章的主要内容。

本章在 Shen 和 Leitch 模糊定性模拟[4]基础上，将定性模拟、模糊数学和尖点突变模型结合起来，构建起物联网环境中员工主动辞职行为的定性-定量混合尖点突变模型。

4.2　个体行为的尖点突变模型

在计算心理学领域，一个人的内心活动、行为变化及跳跃是能够用尖点突变模型来表达的[5]，尖点突变模型的势函数为式（4.1）[6]。

$$V(f, u, v) = f^4 + u \cdot f^2 + v \cdot f \qquad (4.1)$$

为了将式（4.1）用于心理学领域，可用 f 来表示人的行为，比如员工主动辞职行为，u 和 v 是连续变化的控制变量。

Sheridan 和 Abelson 将 u 定义为组织承诺，将 v 定义为工作压力[2]。Sheridan 将 u 定义为团队凝聚力，将 v 定义为工作压力[3]。

组织承诺、团队凝聚力和工作压力都属于员工在心理活动中所感知到的东西。但相比较而言，工作压力的形成更加源于外部环境因素，组织承诺、团队凝聚力的形成主要起源于员工的心理因素。基于这一点的分析，本书就将 u 定义为人的心理因素，比如员工的性格和情绪等；将 v 定义为宏观环境因素，如员工面临来自管理者或管理制度的影响。在尖点突变模型中，u 为分裂变量，v 为正则变量。

为达到系统(4.1)的均衡，对 f 求导得到了行为变化曲面为：

$$\frac{\partial V(f,u,v)}{\partial f} = \frac{1}{4}f^3 + 2uf + v = 0 \qquad (4.2)$$

式(4.2)是一般性尖点突变模型，考虑到该模型用于管理心理领域时需对概念不同、测量时量纲也不同的 f、u 和 v 进行修正，为此，分别在 u 和 v 前加一个调节系数 α 和 β，形成的行为曲面为：

$$f^3 + \alpha \cdot u \cdot f + \beta \cdot v - 0 \qquad (4.3)$$

它可以通过图 4.1 来说明。

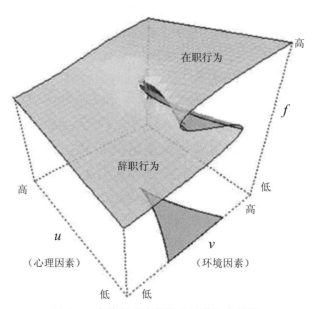

图 4.1　个体行为变化和突跳的尖点模型

图 4.1 的行为曲面有上下两叶、褶皱叶三个部分，上叶表示员工在职，下叶表示员工辞职。图 4.1 的控制平面上的尖角形折线为分歧点集，表示当员工行为变化到此时，行为突变就会发生。尖角折线之

间的灰色区域对应行为曲面的褶皱叶，表示员工行为不会到达之处。

式(4.4)是对式(4.3)再次求导的结果。

$$3f^2 + \alpha \cdot u = 0 \tag{4.4}$$

式(4.5)是通过求解式(4.3)和式(4.4)得到的，它就是表示分歧点集。

$$u^3 + \gamma \cdot v^2 = 0 \tag{4.5}$$

式中，$\gamma = -\dfrac{\beta}{4}\left(\dfrac{3}{\alpha}\right)^{3/2}$

对于式(4.3)，如果我们获得了参数 α 和 β，就能够完全掌握员工在职-辞职行为的变化规律。但是对我们来说很难做到这一点，其原因为：

(1)行为 f、心理因素 u 以及环境变量 v 在现实社会中经常以人类模糊语言的形式表达出来，它们更加定性化而不是定量化，难以用数值来测量。

(2)即使它们能够用数值来计算和表达，其数值包含的信息要远远少于能反映变量之间关系的人类语言所表达的信息。

(3)在突变论中，突然跳跃是由控制变量 u 和 v 的连续变化引起的，然而在现实社会中，心理因素和环境因素多以离散方式表达。

基于以上原因，本书提出集成 QSIM、模糊数学和基本尖点突变模型的定性－定量混合尖点突变模型的建模方法。

4.3　个体行为的定性-定量混合尖点突变模型

4.3.1　变量和参数

(1)行为 f

根据 QSIM 算法[7]，定性变量是用二元组来定义的。这里 $QS(f,t)$ 表示行为 f 在 t 时刻的定性取值。$QS(f,t)$ 的定义如下：

$$QS(f,t) = (q,d)$$

其中，q 表示行为 f 在 t 时刻的取值，d 表示 f 在 $t+1$ 时刻的变化方向，q 和 d 的定义如下：

$$q = \left\{ \begin{matrix} +1 \\ -1 \end{matrix} \right\}, d = \left\{ \begin{matrix} \text{inc} \\ \text{std} \\ \text{dec} \end{matrix} \right\}$$

这里，q＝"＋1"和"－1"表示行为 f 有两个不同的稳定状态。"＋1"表示物联网环境中人的行为处在正常状态，"－1"表示异常状态。$q \neq$"0"意味着物联网环境中人的行为不会有正常和异常两种状态之间的状态。

定义 d＝"inc"，"std"或者"dec"。它们代表 f 在 $t+1$ 时刻的变化方向。这样就使得 $QS(f,t)$ 比一般数值变量包含更多的信息。

例如，$QS(f,t)=(+1, \text{dec})$。它表示人的行为在 t 时刻是正常状态，并且下一步的变化方向是"dec"。

$QS(f,t)$ 有两个作用，一方面它用来对人的行为进行模糊描述，另一方面它参与拟合 α 和 β 的计算过程，此时就需要 $QS(f,t)$ 以数值的形式来表示，为此我们用模糊数学方法来处理它。

我们为定性变量设计了模糊量空间，如图 4.2 所示。当 $QS(f,t)$ 参与到计算过程中时，它就能被定义成模糊值。根据图 4.2，$QS(f,t)$ 的模糊值见表 4.1。

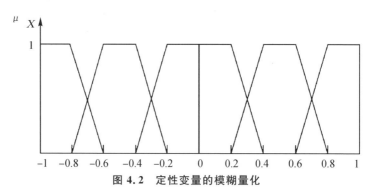

图 4.2　定性变量的模糊量化

表 4.1　$QS(f,t)$ 的模糊值

$QS(f,t)$	模糊值	$QS(f,t)$	模糊值
$(-1,\text{dec})$	$[-1, -0.8, 0, 0.2]$	$(1,\text{dec})$	$[0, 0.2, 0, 0.2]$
$(-1,\text{std})$	$[-0.6, -0.4, 0.2, 0.2]$	$(1,\text{std})$	$[0.4, 0.6, 0.2, 0.2]$
$(-1,\text{inc})$	$[-0.2, 0, 0.2, 0]$	$(1,\text{inc})$	$[0.8, 1, 0.2, 0]$

(2)心理因素 u 和环境变量 v

我们仍然用 QSIM 的变量表达来定义 u 和 v:

$$QS(u,t)=(m_1,\text{dir}),QS(v,t)=(m_2,\text{dir})$$

其中,$m_1,m_2=\{\text{very low},\text{low},\text{normal},\text{high},\text{very high}\}$,dir$=$ $\{\text{dec},\text{std},\text{inc}\}$。

进行计算时,$QS(u,t)$ 和 $QS(v,t)$ 也是用模糊值来描述。根据图 4.2,所有的模糊值都列在表 4.2 中。

表 4.2　$QS(u,t)$ 和 $QS(v,t)$ 的模糊值

$QS(u,t)$ 或 $QS(v,t)$	模糊值	$QS(u,t)$ 或 $QS(v,t)$	模糊值
(very low,dec)	$[-1,-1,0,0]$	(low,dec)	$[-0.6,-0.4,0.2,0.2]$
(very low,std)	$[-1,-0.8,0,0]$	(low,std)	$[-0.6,-0.4,0.2,0.2]$
(very low,inc)	$[-0.8,-0.8,0,0.2]$	(low,inc)	$[-0.4,-0.4,0,0.2]$
(normal,dec)	$[-0.2,-0.2,0.2,0]$	(high,dec)	$[0.4,0.4,0.2,0]$
(normal,std)	$[-0.2,0.2,0.2,0.2]$	(high,std)	$[0.4,0.6,0.2,0.2]$
(normal,inc)	$[-0.2,0.2,0,0.2]$	(high,inc)	$[0.6,0.6,0,0.2]$
(very high,dec)	$[0.8,0.8,0.2,0]$	(very high,std)	$[0.8,1,0.2,0]$
(very high,inc)	$[1,1,0,0]$		

4.3.2　模型

基于以上变量的定义,可以将式(4.2)变换为:

$$QS(f,t)^3+\alpha \cdot QS(u,t) \cdot QS(f,t)+\beta \cdot QS(v,t)=0 \quad (4.6)$$

式(4.6)称为定性-定量混合尖点模型,因为它集成了定性变量 $QS(X,t)$,$X \in \{f,u,v\}$ 和定量变量 α 和 β。

$QS(X,t)$ 来自描述个体人行为变化的人类语言(如媒体对员工辞职行为的报道),如果参数 α 和 β 可以通过人类语言拟合得到,那么尖点模型就可以建立起来。因此,下一步就是设计参数 α 和 β 的拟合方法。

4.4 参数 α 和 β 的拟合方法

4.4.1 拟合方法的结构

拟合参数方法的过程见图 4.3,其中 $X \in \{f, u, v\}$。

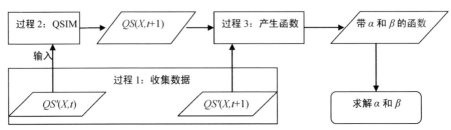

图 4.3　定性尖点模型建立的三个过程

(1)过程 1 的原理

过程 1 主要收集拟合 α 和 β 的数据。这些数据从人的行为变化和突跳的新闻或文字描述中提取出来。文字是人类语言,它不可避免地存在模糊性、不完整性、随时间变化等特性。为此,定性模拟中的变量(即具有两个成员的元组:水平和方向)用来表达此类描述,如从 $QS'(X, t)$ 变化到 $QS'(X, t+1)$,描述了随时间推移人的行为变化。通过这种方法,将文字描述或新闻报道转化为拟合 α 和 β 的数据。

(2)过程 2 的原理

过程 2 是依据 QSIM 方法和心理常识或心理学理论对 f、u 和 v 的演化过程进行定性模拟。该过程的输入是 t 时刻的拟合数据的值,即 $QS'(X, t)$。输出是 $QS(X, t+1)$,它是通过 QSIM 模拟得到的(包括变量状态转换、过滤等)。其中,与人的行为变化和突跳相关的心理学常识或理论被用来设计全局过滤规则。

$QS'(X, t+1)$ 来自拟合数据,是新闻报道对该人的行为表现的描述。而 $QS(X, t+1)$ 是 QSIM 模拟的输出,代表了该人内在心理活动的结果。从理论上看,$QS'(X, t+1)$ 和 $QS(X, t+1)$ 的值应该相等,如图 4.4 所示。

因此,令 $QS'(X,t+1)=QS(X,t+1)$ 就可以得到带参数 α 和 β 的函数,求解该函数就可以得到 α 和 β 的值。

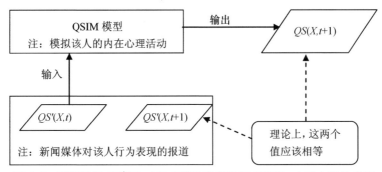

图 4.4　现实数据 $QS'(X,t)$ 与 QSIM 输出数据 $QS(X,t+1)$ 之间的关系

(3)过程 3 的原理

为了得到带有参数 α 和 β 的函数,我们用模糊数学方法把定性变量 $QS(X,t+1)$ 和 $QS'(X,t+1)$ 转换成模糊数值,再用模糊数学的算术运算方法得到带参数 α 和 β 的函数。

每个过程中用到的主要方法(灰色区域)由图 4.5 给出。

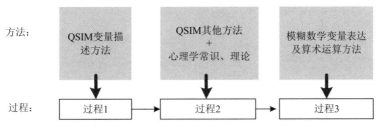

图 4.5　每个过程中用到的主要方法(如 QSIM 和模糊集理论)

4.4.2　建模过程

(1)过程 1:收集数据

用来拟合 α 和 β 的数据来自对人的行为变化和突跳的语言描述。例如,该人的行为如何表现? 该人感觉如何? 那个特定时间的环境如何? 等等。毫无疑问,这些语言具有模糊性、不完整性、随时间变化等特性。

例如,有一个公司的员工,他的性格较内向。由于该公司在很长一段时间都没有给他加薪,因此他有了辞职的想法,后来他终于离开了这家公司。对于这个案例，我们用 QSIM 变量来表达，结果见表 4.3。

表 4.3　用于拟合 α 和 β 的数据

时间	Data 1	Data 2	Data 3
t	$QS'(f,t)=(1,\text{std}),(1,\text{dec});$ $QS'(u,t)=(\text{very low, dec}),(\text{low, dec});$ $QS'(v,t)=(\text{high, inc}),(\text{very high, inc})$	…	…
$t+1$	$QS'(f,t+1)=(-1,\text{inc});$ $QS'(u,t+1)=(\text{low,std}),(\text{very low,std}),$ $(\text{low,dec}),(\text{very low,dec});$ $QS'(v,t+1)=(\text{low, inc}),(\text{very low, inc})\cdots$	…	…

如果对这个员工的行为还有进一步描述，从描述中我们也可以进一步提取相应数据 Data 2，Data 3，…，等。

（2）过程 2：QSIM

这个过程的主要步骤及方法见图 4.6。

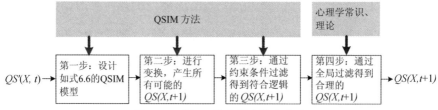

图 4.6　过程 2 的主要步骤和方法

第一步：建立如式（4.6）所示的 QSIM 模型，它包括三个部分：约束、转换规则以及心理常识或理论。

①约束

令 $A=QS(f,t)\cdot D,B=\alpha\cdot E,C=\beta\cdot QS(v,t),D=QS(f,t)$ $\cdot QS(f,t),E=QS(u,t)\cdot QS(f,t)$，根据 QSIM 算法[7]，可以建立针对行为变化和突跳的定性模型，如下所示：

$\text{ADD}(A,B,-C),\text{MULT}(QS(f,t),D,A),\text{MULT}(\alpha,E,B),$ $\text{MULT}(\beta,QS(v,t),C),\text{MULT}(QS(f,t),QS(f,t),D),\text{MULT}$ $(QS(u,t),QS(f,t),E)$

②转换规则

连续可微变量的转换遵从 QSIM 算法的通用转换规则，即 I/P

规则。在突变模型中,我们根据 I/P 规则设计变量 f、u、v 的转换规则,见表 4.4。其中,$X \in \{f, u, v\}$,M 是 X 的取值,"$+1$"表示取值向后续更高一级移动,"-1"表示取值向后续低一级移动。

表 4.4　变换规则

$QS(X, t^i)$	$QS(X, t^{i+1})$
(M, inc)	(M, inc),　$(M+1, \text{std})$
(M, std)	(M, inc),　(M, std),　(M, dec)
(M, dec)	$(M-1, \text{std})$,　(M, dec)

③心理学常识或理论

心理学常识或理论描述了隐藏在一个人外在行为变化和突跳现象下的内在心理活动,可用来过滤那些根据 QSIM 模型得到的看起来合乎逻辑但是根据心理学常识/理论却不合情理的后续行为。

心理学常识或理论的选择或设计,要根据该人的行为以及他所处的环境。此处,我们使用一个简单的心理常识如下:

a. 如果 u 和 v 的变化非常接近分歧点集合(但没有完全到达该集合),我们仍然认为突变将会发生。

b. 如果人的行为发生了突变,那么由 QSIM 模型推导出来的后续行为应该与先前的行为相反。这就是说,如果先前的行为分别是"-1"或者"1",那么后续行为就分别为"1"或者"-1"。

图 4.6 中的第二、三和四步,完全按照 QSIM 中的相应步骤进行,此处不再赘述。

(3)过程 3:获取带参数 α 和 β 的函数

过程 3 的主要步骤和方法见图 4.7。

第一步,用表 4.1 和表 4.2 把所有的 $QS(X, t+1)$ 和 $QS'(X, t+1)$ 转换成模糊数值。

第二步,对于每一组 $QS(X, t+1)$(含 $\{QS(f, t+1), QS(u, t+1), QS(v, t+1)\}$),以及 $QS'(X, t+1)$(含 $\{QS'(f, t+1), QS'(u, t+1), QS'(v, t+1)\}$),运用模糊算术(见表 4.5)计算式(4.6)左边的表达式,得到它们的模糊量值,即:

$$FQS(f, t)^3 + \alpha \cdot FQS(u, t) \cdot FQS(f, t) + \beta \cdot FQS(v, t)$$

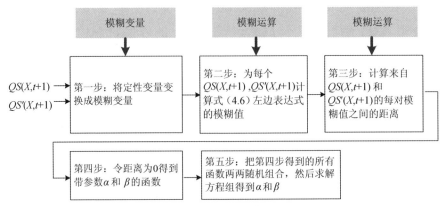

图 4.7　过程 3 的主要步骤和方法

这样会得到大量模糊量值。

表 4.5　模糊值的计算公式

运算	结果	条件
$p+q$	$(a+c,b+d,\tau+\gamma,\beta+\delta)$	任意 p,q
$p\times q$	$ac,bd,a\gamma+c\tau-\tau\gamma,b\delta+d\beta+\beta\delta)$	$p>0,q>0$
	$(ad,bc,d\tau-a\delta+\tau\delta,-b\gamma+c\beta-\beta\gamma)$	$p<0,q>0$
	$(bc,ad,b\gamma-c\beta+\beta\gamma,-d\tau+a\delta-\tau\delta)$	$p>0,q<0$
	$(bd,ac,-b\delta-d\beta-\beta\delta,-a\gamma-c\tau+\tau\gamma)$	$p<0,q<0$
	$p=[a,b,\tau,\beta],q=[c,d,\gamma,\delta]$	

第三步，任意一个来自 $QS(X,t+1)$ 组的量值与任意一个来自 $QS'(X,t+1)$ 组的量值可以配对为一个组合。这样可以构成许多组合。对每个组合中的两个成员，计算他们之间的距离。

如果 $d(A,B)$ 表示模糊量 A 和 B 之间的距离，则计算公式如下[4]：

$$d(A,B)=\{[\text{Power}(A)-\text{Power}(B)]2+[\text{Centre}(A)-\text{Centre}(B)]2\}1/2$$

其中，$\text{Power}(a,b,\alpha,\beta)=1/2[2(b-a)+\alpha+\beta]$，$\text{Centre}(a,b,\alpha,\beta)=1/2[a+b]$。

第四步，令这个距离为零（见图 4.4），这样就产生了带参数 α 和 β 的函数。

第五步，每个组合都对应一个带参数 α 和 β 的函数，这样就有了多组函数，由此可以得到 α 和 β 的解集合。然后，对 α 和 β 进行统计分析，得到其均值和置信区间。

4.5　建模示例

4.5.1　智能制造员工辞职案例

本案例中的数控机床属于智能制造与加工企业的智能装备，研究对象为某位使用该装备工作的技能型员工。本案例的员工所在的环境可以被认为是一个智能环境，具体情况如下：

长三角地区的民营制造加工企业有这样一个普遍现象：员工频繁地跳槽。表面原因是许多企业长时间不给员工涨工资，有些企业甚至因为订单的持续下降而降工资，但潜在原因却是复杂的。这些员工一旦得到一些不利于他们公司的消息，再加上一些其他方面因素的影响，他们就可能离开当前的公司而跳槽到其他公司。下面给出一个关于辞职行为整个过程的具体案例，然后解释如何根据这个案例来建立尖点突变模型。

公司 A 仅有两位能够操作该公司最昂贵数控机床的技工，其中一位离开了该公司跳槽到了另一家公司，只是因为他了解到公司 B 中与他职位相同的员工薪水要比他高出 100 元。这样就给公司 A 带来了很大的麻烦，只剩下一位能够操作这种昂贵机床的技工是不能保持公司的安全生产水平的。因此，我们发出这样的疑问：为什么仅仅 100 元就导致公司 A 中如此重要的技工选择辞职呢？为了查明原因，我们进行了调查并发现这位技工性格偏内向，除了与其他员工一起工作、完成任务之外，他不喜欢跟同事谈论任何生活上的事情。公司 A 虽然没有给他任何工作上的压力，但与此同时，我们也发现公司 A 在丰富员工的生活、培养员工之间的感情及团队凝聚力方面做得远远不够。例如，公司没有举办过任何形式的业余活动。这些看似与工作无关、不太重要的活动不仅可以丰富员工的业余生活，使他们心情舒畅，还可以增强员工之间的互动，培养同事之间、领导与员工之间的信任感、认同感等，甚至可以增强员工对公司的忠诚度。然而，公司 A 所做的是安装传感器来监控员工的工作效率。当前，这种现象在长三角地区大部分企业中普遍存在。

令人疑惑的是，这位技工离开公司 A 几个月之后又向公司 A 提交申请，希望能够回来工作，最终公司 A 的经理同意重新雇用他。通过调查发现，他主动申请回到 A 公司主要有两个原因：一是尽管公司 B 同样职位的薪水比公司 A 高出 100 元，但是公司 B 的工作环境及其他方面与公司 A 以前的情况基本一样，并且他还意识到，在公司 A 中他和同事之间虽然交往不深，但至少已经比较熟悉，并对公司 A 已经有了一些归属感和认同感；二是这位技工从他过去同事那里了解到公司 A 现在经常举办各种各样的活动，比如部门之间的联谊、员工球赛等。

4.5.2　拟合 α 和 β 的过程

（1）过程 1：收集数据

显然，上述案例是用文字语言表述的，并不能直接适用于尖点突变模型。因此，下面应该从中提炼出拟合数据，见表 4.6。

表 4.6　从案例中提取的数据

	Data 1	Data 2
t	$QS'(f,t) = (1,\mathrm{dec})$; $QS'(u,t)=(\mathrm{low,dec}),(\mathrm{very\ low,dec})$; $QS'(v,t)=(\mathrm{low,\ dec}),(\mathrm{very\ low,\ dec})$	$QS'(f,t)=(-1,\mathrm{inc})$; $QS'(u,\ t)=(\mathrm{low,inc})$, $(\mathrm{very\ low,inc})$; $QS'(v,t)=(\mathrm{high,inc})$, $(\mathrm{very\ high,inc})$
$t+1$	$QS'(f,t+1)=(-1,\mathrm{std})$; $QS'(u,t+1)=(\mathrm{low,std}),(\mathrm{very\ low,std})$; $QS'(v,t+1)=(\mathrm{low,std}),(\mathrm{very\ low,\ std})$	$QS'(f,t+1)=(1,\mathrm{std})$, $QS'(u,\ t+1)=(\mathrm{low,std})$, $(\mathrm{very\ low,std})$, $QS'(v,t+1)=(\mathrm{high,std})$, $(\mathrm{very\ high,std})$

Data 1 描述了这位员工从公司 A 辞职的过程。用 $QS'(f,t)$ 表示他的行为，$QS'(f,t)$ 的变化方向不等于"inc"，因为世界范围内金融危机对长三角地区造成了影响。

$QS'(u,t)$ 表示这位员工的情绪或者心理活动。$QS'(u,t)$ 的取值不等于"normal"、"high"或"very high",因为他是一位性格较内向的人。$QS'(u,t)$ 的变化方向不等于"inc",因为该公司既没有在很长一段时间内提高员工的薪水,也没有采取任何措施来激励员工。

$QS'(v,t)$ 用来表示公司的内外环境或者氛围。$QS'(v,t)$ 的值不能取"0","high"或"very high",因为糟糕的经济环境并没有好转。$QS'(v,t)$ 的变化方向不能取"inc",因为企业 A 的老板在糟糕的经济环境下没有进行额外的投入来提高员工的工资,也没有采取措施改善公司内部的工作氛围。

$QS'(f,t+1)$、$QS'(u,t+1)$ 和 $QS'(v,t+1)$ 的变化方向都为"0",因为员工的行为在发生突变之后会处于一个暂时的稳定状态。

Data 2 描述了这位员工又回到公司 A 的过程。这三个变量的取值原则同 Data 1。

(2)过程 2:QSIM(定性模拟)

表 4.6 的 Data 1 有四种组合(1＊2＊2),见附录 4.1。我们从中选择一个组合来说明过程 2。这个组合是:$[QS'(f,t),QS'(u,t),QS'(v,t)]=[(1,dec),(low,dec),(low,dec)]$。过程 2 的细节列在附录 4.2 中。它列出了由 $[(1,dec),(low,dec),(low,dec)]$ 推导出的 6 个 $[QS(f,t+1),QS(u,t+1),QS(v,t+1)]$ 组合。

(3)过程 3:获取带参数 α 和 β 的函数

我们选取了一个组合 $[(-1,std),(low,dec),(low,dec)]$ 作为示例来说明过程 3。见附录 4.3。我们一共得到了十五个带参数 α 和 β 的函数。

我们用 Matlab 7.0 编程求解这些函数,程序代码见附录 4.4。通过执行程序,得到 α 和 β 的值,见附录 4.5。对它们进行均值、95% 置信区间分析,见表 4.7。

表 4.7　α 和 β 的统计分析

拟合数据	参数	均值	标准差	[95% 置信区间]	
表 4.6 中的 Data 1	α	.408362	.172355	.388086	.428638
	β	−.09116	.05056	−.09711	−.08522

　　我们用尖点模型即式(4.3)验证拟合结果即均值(0.408362，－0.09116)，其代码见附录4.6，员工辞职行为的图示见图4.8(a)。很明显，可以看出这里确实存在突变特征。但是如果将它与图4.1对比，它有以下两个缺陷：

　　缺陷1：当环境变量 v 处在一种较好的情形时，比如说 v 的值为正且人的性格因素 u 的变化方向是"dec"，这时行为变量 f 的变化方向为"inc"。然而，根据尖点突变理论(见图4.1)，行为变量 f 的变化方向在这种条件下应该是"dec"。

　　缺陷2：尽管突变特征确实存在，但是突变的模式并不正确。根据突变理论(见图4.1)，当且仅当性格因素 u 和环境变量 v 不断朝坏的情形(u 和 v 的值不断朝负方向增长)变化时，行为变量 f 才会发生突变。但是在图4.8(a)中，我们观察到当 u 的值增加时，突变现象却发生了。

　　为了清楚地显示这两个缺陷，稍微变换一个角度绘制图4.8(a)从而得到图4.8(b)。通过观察图4.8(b)，可以更清晰地看到上述两个缺陷。

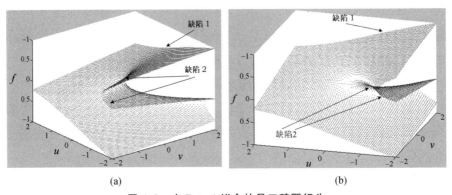

(a)　　　　　　　　　　　(b)

图4.8　由 Data 1 拟合的员工辞职行为

　　此时，只是利用表4.6中 Data 1 来拟合 α 和 β 就发现了上述缺陷。为了探索其原因，接着把 Data 2 也加入到 α 和 β 的拟合中，带参数 α 和 β 的函数见附录4.7。

　　对 Data 1 和 Data 2，我们依照过程3进行计算得到了所有的相关方程，求解出所有的 α 和 β。均值以及95%的置信区间分析见表

4.8。用(0.36432,−0.03524)拟合的员工辞职行为见图4.9。

表 4.8　α 和 β 的置信区间以及标准误差

拟合数据	参数	均值	标准差	［95％置信区间］	
表 7.6 中的	α	.36432	.028213	.033113	.039751
Data 1 ＋ Data 2	β	−.03524	.022256	−.03786	−.03262

图 4.9 中的行为突变特点(即突跳、双态、滞后等突变特点)非常清楚,与图 4.1 所揭示的理论相一致。由此,图 4.8 中两个缺陷产生的原因可以解释为：

提出的方法若只用单一方向的行为变化数据(即 Data 1)得不到满意的效果,只有用双向数据(即 Data 1 和 Data 2)才能取得较好成效。

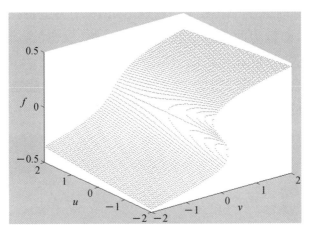

图 4.9　由 Data 1 和 Data 2 拟合的员工辞职行为

4.5.3　验证

表 4.6 中的数据是比较模糊的,比如,Data1 中的 $QS'(v,t)=$(low,dec),(very low,dec)就是模棱两可的。为此,我们假设描述该员工行为变化的数据需要更加清晰,即数据要比表 4.6 的更为精确。如表 4.9(时间点 t 时刻的数据比表 4.6 精确)所示,拟合数据的总数减少到了 4 组(即 2＋2)。

表 4.9　改进后的拟合数据

Data 3	Data 4
$QS'(f,t) = (1,\text{dec})$; $QS'(u,t) = (\text{low},\text{dec})$, $(\text{very low},\text{dec})$; $QS'(v,t) = (\text{low},\text{dec})$	$QS'(f,t) = (-1,\text{inc})$; $QS'(u,t) = (\text{low},\text{inc})$; $QS'(v,t) = (\text{high},\text{inc})$, $(\text{very high},\text{inc})$

(左侧第一列标记为 t)

通过过程 2 和过程 3，我们得到了 α 和 β。对它们进行均值和 95％的置信区间分析，结果见表 4.10。拟合结果见图 4.10。

表 4.10　α 和 β 的标准误差及置信区间

拟合数据	参数	均值	标准差	［95％置信区间］	
表 9 中的 Data 3＋Data 4	α	.058851	.048251	.053175	.064527
	β	−.04282	.027901	−.0461	−.03953

对比图 4.9 和图 4.10，我们发现图 4.10 中突变特点比图 4.9 更加清晰明了，即行为曲面的褶皱越明显，突跳、双态、滞后等突变特点就越明显。这样，可以得到以下结论：

用来拟合的数据越精确，模型的尖点突变特征就越明显。此结论符合人们的认知和常识。

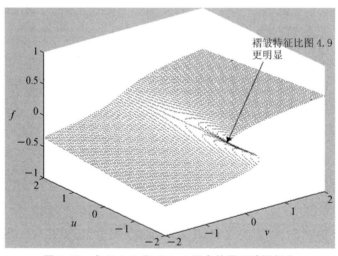

图 4.10　由 Data 3 和 Data 4 拟合的员工辞职行为

4.6　讨论及应用

4.6.1　拟合方法存在的矛盾

上文的结果显示,当只有单向拟合数据时,我们提出的方法不能得到很好的结果(通过对比图 4.8 和图 4.9 得知)。

而 4.4.3 的结果表明,少而精确的数据比多且模糊的数据拟合效果更好(通过对比图 4.9 和图 4.10 得知)。那么,图 4.9 和图 4.10 的统计表现如何呢?

我们比较分别由 Data 1 和 Data 2 与 Data 3 和 Data 4 这两组数据拟合得到的 α 和 β 的标准误差以及 95％置信区间,见表 4.11。

表 4.11　α 和 β 的标准误差以及 95％置信区间

拟合数据	参数	标准差	95％置信区间的宽度
表 4.6 中的 Data 1＋Data 2	α	.028213	.006638
(多且模糊的数据)	β	.022256	.00526
表 4.9 中的 Data 3＋Data 4	α	.048251	.011352
(少而精确的数据)	β	.027901	.00657

显然,Data 3 和 Data 4 的标准误差以及 95％置信区间的宽度比 Data 1 和 Data 2 的都要大一些。这说明,与少而精确的数据拟合出的结果相比,多且模糊的数据拟合出的结果统计表现要好一些。因此,这里就产生了一个矛盾:

在 4.4.3 中,为了拟合高质量的模型,少而精确的数据比多且模糊的数据表现好,这也是符合常识的。

然而这里却显示,为了使拟合模型有更好的统计表现,多而模糊的数据比少且精确的数据更好。下面,我们就来分析产生这个矛盾的原因。

4.6.2　产生矛盾的原因分析

从由表 4.6 的 Data 1 和 Data 2 得到的 α 和 β 值中,取出最大和

最小的 α:0.123388 和 0.000594,取出最大和最小的 β:－0.00199 和－0.08307。它们可以组合成如下的两组极值点对(最大值对最小值):

$$(\alpha,\beta)=(0.123388,-0.08307),(0.000594,-0.00199)$$

我们可以在控制面板(见图 4.1 的 u-v 轴组成的平面)上绘制它们的分歧点集合,即式(4.5),见图 4.11。图 4.11(a)由极值点对(α,β)＝(0.123388,－0.08307)得到,它显示了从表 4.6 中 Data 1 和 Data 2 得到的最大分歧点集合。图 4.11(c)是由点(α,β)＝(0.000594,－0.00199)得到的,它显示了从表 4.6 中 Data 1 和 Data 2得到的最小分歧点集合。图 4.11(b)是图 4.9 的分歧点集合,它是由(α,β)＝(0.36432,－0.03524)这一均值点对得到的。

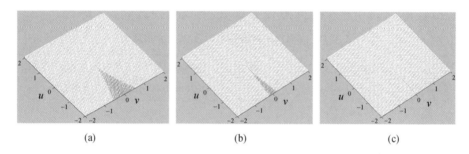

(a)   (b)   (c)

图 4.11　由 Data 1 和 Data 2 得到的分歧点集合

(a)最大分歧点集合;(b)均值分歧点集合;(c)最小分歧点集合

从由表 4.9 的 Data 3 和 Data 4 得到的 α 和 β 值中,取出最大和最小的 α:0.194945 和 0.005319,取出最大和最小的 β:－0.00199 和－0.09907。它们可以组合成如下的两组极值点对:

$$(\alpha,\beta)=(0.194945,-0.09907),(0.005319,-0.00199)$$

最大、平均以及最小分歧点集合见图 4.12。图 4.12(a)由(α,β)＝(0.194945,－0.09907)得到。图 4.12(c)由(α,β)＝(0.005319,－0.00199)得到。图 4.12(b)显示的是图 4.10 的分歧点集合。

图 4.11 和图 4.12 分别展示了表 4.11 中两组数据的标准误差和 95％置信区间在控制面板上的分歧点集合。我们从中得到以下结论:

多且模糊的拟合数据产生狭窄的分析点集合(见图 4.11),少而

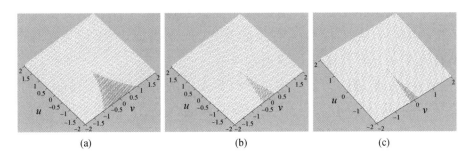

图 4.12 由 Data 3 和 Data 4 获得的分歧点集合

(a)最大分歧点集合;(b)均值分歧点集合;(c)最小分歧点集合

精确的拟合数据产生较宽泛的分歧点集合(见图 4.12)。

这个结论意味着我们的方法是失败的吗?为了回答这个问题,下面做进一步的分析。

把图 4.11 和图 4.12 中的三个奇点集合分别重叠在控制面板上,见图 4.13(a)和图 4.13(b)。

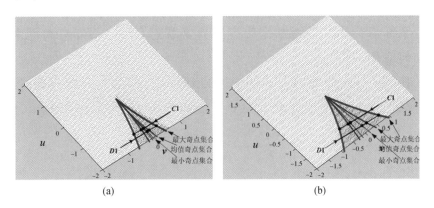

图 4.13 重叠的分歧点集合

(a)图 4.11 的三个分歧点集合;(b)图 4.12 的三个分歧点集合

最粗、较粗以及较细的曲线分别表示最大、平均以及最小分歧点集合。显然,图 4.11 中的分歧点集合总是比图 4.12 中的分歧点集合范围小一些。

$C1$ 和 $D1$ 分别代表行为变化的方向,$C1$ 表示从正常状态变化到异常状态。沿着 $C1$ 和 $D1$ 的变化方向上有三个点。在 $C1$ 线上,第一个点表示突变行为从正常状态变化到异常状态是可能发生的,第二个点表示突变行为发生的可能性很大，第三个点表示突变行为一定会发生。在 $D1$ 线上，各点的含义与 $C1$ 类似，只不过是这时突变行为是从异常状态变化到正常状态。

容易发现，图 4.13(a)中突变行为发生的总是比图 4.13(b)中的要早一些，因为图 4.13(a)中的分歧点集合总是比图 4.13(b)中的范围要窄一些。这意味着：

拟合数据越模糊，拟合结果（α 和 β）就越敏感。为了防止模糊的数据产生错误的拟合结果，本章的研究方法将分歧点集合生成得狭窄一些。相反，精确的拟合数据使得本章的研究方法更有效，从而将分歧点集合生成得宽泛一些。

以上分析不仅说明该方法范围不会产生冲突和矛盾根本不存在，而且更深入地证明了该方法既符合逻辑又符合情理。

4.6.3 应用示范

下面以行为从正常状态突变到异常状态（即 $C1$ 方向）为例来示范如何应用该方法。

在图 4.13(b)中，从($u=0,v=0$)到($u=-2,v=0$)画一条线，这样可以形成 3 个区域：Area 1、Area 2 和 Area 3（见图 4.14）。

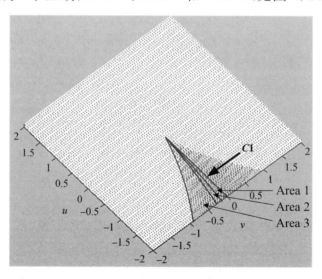

图 4.14 控制面板上的三个区域

根据正文 4.4.2 的分析，将 Area 1、Area 2 和 Area 3 分别命名为：预警区、临界区和突变区。如果 u 和 v 的值（从 C1 方向）移动到预警区域，人的突变行为可能会发生。企业管理者应该警惕这一点，并采取行动来阻止其进一步移动。

如果 u 和 v 的值移动到临界区域，人的突变行为就非常可能会发生。企业管理者必须立刻采取行动来阻止其移动。

如果 u 和 v 的值移动到突变区域，人的突变行为一定会发生。到这个时候，没有任何措施可以阻止突变行为的发生。此时管理者只能启动预备方案以减少突变行为带来的损失。

为了使本章提出的方法更加实用，可以把 u 和 v 的模糊数值（图 4.2）画在控制面板上，如图 4.15 所示。这样，就可以用定性模拟方法中的定性变量来描述这三个区域。以带箭头的短线所指的小三角形区域为例，该小三角形区域处在突变区域，它表明 C1 移动到 $QS(u,t)=[(\mathrm{low},\mathrm{dec})$ 和 $(\mathrm{very\ low},\mathrm{inc})]$ 并且 $QS(v,t)=[(\mathrm{normal},\mathrm{dec})$ 或 $(\mathrm{low},\mathrm{inc})]$ 时，突变行为将会很快发生，并且无法避免。

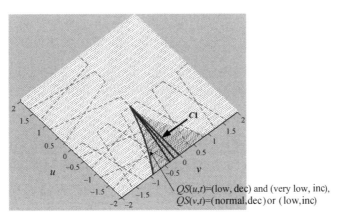

图 4.15　三个区域的定性描述

利用本章研究方法拟合的最终结果原本是一个数学模型，但采用模糊数学方法、结合定性模拟的定性变量来描述和解释该数学模型后（图 4.15），就可以方便管理者将其应用于预测、预防并处理人的行为突变等方面。

4.7 本章小结

根据心理学领域的突变理论已有的应用可知,构建个体心理-行为的突变模型,实质上就是拟合模型参数 α 和 β。但是,突变模型是严格规范的数学模型;同时,从个体心理因素与环境因素之间的交互到个体突变行为的表现,这个演化过程是复杂的,具有模糊、信息不完备和随时间变化等特性。因此,为了拟合 α 和 β,本章将定性模拟、模糊数学方法与尖点突变的纯数学模型集成起来。该研究方法具有以下特点:

(1)用来拟合的数据是从对人的行为变化过程的描述性语言或者新闻消息中提取的素材,而不是通过在某一时刻的问卷调查收集的。因此数据是随时间变化的,而不是静态的。

(2)描述性语言或新闻消息都是人类自然语言,它们是模糊的、不完整的。因此,可用具有两个元素(水平和变化方向)的定性变量来描述它们。

(3)自然语言描述的个体心理因素和环境因素之间的交互过程,用定性模拟模型(包括约束、规则等)来描述。

(4)为了进行参数拟合的计算,本章引入了模糊数学方法,包括模糊变量的表达和模糊算术计算。

(5)在得到拟合结果(即带 α 和 β 的尖点突变模型)后,模糊变量的表达和定性模拟(见 4.4.3)的定性变量被再次用来解释拟合结果,得到三个区域(见图 4.14、图 4.15),这样就能方便地在自然语境的现实社会中使用。

本章还用了一个智能制造环境中员工辞职案例来解释该研究方法的应用细节。4.4.1、4.4.2 的讨论分析表明,参数拟合的质量取决于数据的质量(即精确数据),这也是对该研究方法的验证。

研究贡献在于:(1)将定性模拟、模糊数学方法与基本尖点突变模型集成起来,使得严格规范的突变模型适用于对模糊、不完整、随时间变化的心理活动和社会现象底层规律的揭示。(2)把对个体突变行为的描述性语言和新闻消息（即输入），映射为该个体行为突变的三个区域（即输出），包括预警区、临界区和突变区。

参考文献

[1]Mobley W H, Horner S O, Hollingsworth A T. An Evaluation of Precursors of Hospital Employee Turnover[J]. Journal of Applied Psychology, 1978, 63(4):408-414.

[2] Sheridan J, Abelson M. Cusp Catastrophe Model of Employee Turnover[J]. Academy of Management Journal, 1983, 26:418-36.

[3]Sheridan J A. Catastrophe Model of Employee with drawal Leading to Low Job Performance, High Absenteeism, and Job Turnover during the First Year of Employment[J]. Academy of Management Journal, 1985, 28:88-109.

[4]Shen Q, Leitch R R. Fuzzy Qualitative Simulation[J]. IEEE Trans. Syst. Man & Cybernet, 1993, 23(4):1038-1061.

[5]Stewart I N, Peregoy P L. Catastrophe Theory Modeling in Psychology[J]. Psychological Bulletin, 1983, 94(2):336-362.

[6] Thom R. Structural Stability, Catastrophe Theory, and Applied Mathematics[J]. Siam Review, 1977, 19(2):189-201.

[7] Kuipers B. Qualitative Simulation[J]. Artificial Intelligence, 1986, 29:289-338.

附录 4.1

$\{QS'(f,t), QS'(u,t), QS'(v,t)\} = \{(1, \text{dec}), (\text{low}, \text{dec}), (\text{low}, \text{dec})\}, \{(1, \text{dec}), (\text{low}, \text{dec}), (\text{very low}, \text{dec})\}, \{(1, \text{dec}), (\text{very low}, \text{dec}), (\text{low}, \text{dec})\}, \{(1, \text{dec}), (\text{very low}, \text{dec}), (\text{very low}, \text{dec})\}.$

附录 4.2

执行第三步，我们得到 $QS(f, t+1) = (1, \text{dec}), (-1, \text{std})$；

$QS(u,t+1)=(\text{low},\text{dec}),(\text{low},\text{std})\,;QS(v,t+1)=(\text{low},\text{std}),$ $(\text{low},\text{dec}),(\text{low},\text{inc}).$ 因此，所有可能的后续如下：

$\{QS(f,t+1),QS(u,t+1),QS(v,t+1)\}=\{(1,\text{dec}),(\text{low},$ $\text{dec}),(\text{low},\text{std})\},\{(1,\text{dec}),(\text{low},\text{dec}),(\text{low},\text{dec})\},\{(1,\text{dec}),$ $(\text{low},\text{dec}),(\text{low},\text{inc})\},\{(1,\text{dec}),(\text{low},\text{std}),(\text{low},\text{std})\},$ $\{(1,\text{dec}),(\text{low},\text{std}),(\text{low},\text{dec})\},\{(1,\text{dec}),(\text{low},\text{std}),(\text{low},$ $\text{inc})\},\{(-1,\text{std}),(\text{low},\text{dec}),(\text{low},\text{std})\},\{(-1,\text{std}),(\text{low},\text{dec}),$ $(\text{low},\text{dec})\},\{(-1,\text{std}),(\text{low},\text{dec}),(\text{low},\text{inc})\},\{(-1,\text{std}),(\text{low},$ $\text{std}),(\text{low},\text{std})\},\{(-1,\text{std}),(\text{low},\text{std}),(\text{low},\text{dec})\},\{(-1,\text{std}),$ $(\text{low},\text{std}),(\text{low},\text{inc})\}$。

执行第四步，我们得到所有符合逻辑的后续步骤，如下：

$[QS(f,t+1),QS(u,t+1),QS(v,t+1)]=[(-1,\text{std}),(\text{low},$ $\text{dec}),(\text{low},\text{dec})],[(-1,\text{std}),(\text{low},\text{dec}),(\text{very low},\text{std})],[(-1,$ $\text{std}),(\text{low},\text{dec}),(\text{very low},\text{dec})],[(-1,\text{std}),(\text{very low},\text{std}),$ $(\text{very low},\text{std})],[(-1,\text{std}),(\text{very low},\text{dec}),(\text{low},\text{dec})],[(-1,$ $\text{std}),(\text{very low},\text{dec}),(\text{very low},\text{dec})],[(-1,\text{dec}),(\text{low},\text{dec}),$ $(\text{low},\text{dec})],[(-1,\text{dec}),(\text{low},\text{dec}),(\text{very low},\text{dec})],[(-1,\text{dec}),$ $(\text{very low},\text{std}),(\text{low},\text{dec})],[(-1,\text{dec}),(\text{very low},\text{std}),(\text{very}$ $\text{low},\text{dec})],[(-1,\text{dec}),(\text{very low},\text{dec}),(\text{low},\text{dec})],[(-1,\text{dec}),$ $(\text{very low},\text{dec}),(\text{very low},\text{dec})]$。

执行第五步，我们得到所有合理的后续步骤，如下：

$[QS(f,t+1),QS(u,t+1),QS(v,t+1)]=[(-1,\text{std}),(\text{low},$ $\text{dec}),(\text{low},\text{dec})],[(-1,\text{std}),(\text{low},\text{dec}),(\text{very low},\text{std})],[(-1,$ $\text{std}),(\text{low},\text{dec}),(\text{very low},\text{dec})],[(-1,\text{std}),(\text{very low},\text{std}),$ $(\text{very low},\text{std})],[(-1,\text{std}),(\text{very low},\text{dec}),(\text{low},\text{dec})],[(-1,$ $\text{std}),(\text{very low},\text{dec}),(\text{very low},\text{dec})]$。

附录 4.3

执行第一步，我们得到 $FQS'(f,t+1)=[-0.6,-0.4,0.2,$ $0.2],FQS'(u,t+1)=[-0.6,-0.6,0.2,0]$ 以及 $FQS'(v,t+1)=$

$[-0.6,-0.6,0.2,0]$。

执行第二步,得到 $FQS(f,t)^3+\alpha \cdot FQS(u,t) \cdot FQS(f,t)+\beta \cdot FQS(v,t)=[-0.216+0.36\alpha-0.6\beta,-0.64+0.36\alpha-0.6\beta,0.296+0.2\beta,0.056+0.28\alpha]$。

执行第三步,我们得到均值 $B=[-0.216+0.72\alpha-0.8\beta,-0.64+0.64\alpha-0.06\beta,0.269+0.11\alpha+0.1\beta,0.056+0.17\alpha+0.1\beta]$。这里,

$B1=[-0.216+0.16\alpha-0.6\beta,-0.64+0.36\alpha-0.4\beta,0.296+0.12\alpha+0.2\beta,0.056+0.28\alpha+0.2\beta]$

$B2=[-0.216+0.32\alpha-\beta,-0.64+0.6\alpha-0.8\beta,0.296+0.16\alpha,0.056+0.2\alpha]$

$B3=[-0.216+0.32\alpha-0.6\beta,-0.64+0.6\alpha-0.4\beta,0.296+0.16\alpha+0.2\beta,0.056+0.2\alpha+0.2\beta]$

$B4=[-0.216+0.64\alpha-\beta,-0.64+\alpha-0.8\beta,0.296,0.056]$

执行第四步,我们得到方程:

$D(A1,B1)=(0.0308+0.26\alpha-0.74\beta)^2+(-0.38\alpha+1.03\beta)^2=0$

$D(A2,B1)=(0.0308+0.26\alpha-0.54\beta)^2+(-0.38\alpha+1.33\beta)^2=0$

$D(A3,B1)=(0.0308+0.26\alpha-0.84\beta)^2+(-0.38\alpha+1.43\beta)^2=0$

$D(A4,B1)=(0.0308+0.4\alpha-0.54\beta)^2+(-0.22\alpha+1.33\beta)^2=0$

$D(A5,B1)=(0.0308+0.34\alpha-0.74\beta)^2+(-0.18\alpha+1.03\beta)^2=0$

$D(A6,B1)=(0.0308+0.34\alpha-0.84\beta)^2+(-0.18\alpha+1.43\beta)^2=0$

这里有 5 个 D(A,B)方程。对它们进行两两随机组合,共产生了 15 个方程组(5+4+3+2+1)。

附录 4.4

```
syms x y z;
syms a b;
sym A
A=sym(zeros(1,6));
double xz;
```

```
double yz；
xz＝zeros(4,70)；
yz＝zeros(4,70)；
A(1)＝'((0.0308+0.26 * x−0.74 * y)^2+(−0.38 * x+1.03
* y)^2)−z'
A(2)＝'((0.0308+0.26 * x−0.54 * y)^2+(−0.38 * x+1.33
* y)^2)−z'
A(3)＝'((0.0308−0.26 * x−0.84 * y)^2+(−0.38 * x+1.43
* y)^2)−z'
A(4)＝'((0.0308+0.4 * x−0.54 * y)^2+(−0.22 * x+1.33
* y)^2)−z'
A(5)＝'((0.0308+0.34 * x−0.74 * y)^2+(−0.18 * x+1.03
* y)^2)−z'
A(6)＝'((0.0308+0.34 * x−0.84 * y)^2+(−0.18 * x+1.43
* y)^2)−z'
k＝1
for i＝1:5
    for j＝(i+1):6
        if i＝＝j
            continue；
        else
        a＝subs(A(i),[z],[0.1])
        b＝subs(A(j),[z],[0.1])
        [x,y]＝solve(a,b)
        xz(:,k)＝eval(x)
        yz(:,k)＝eval(y)
        k＝k+1
        end
    end
end
```

%——————————————————————Record α and β ————————————————————————————————————

```
fidout1＝fopen('C:\Bin Hu\cuspcalculate\data8realpart_A_data1_.txt','w')
    for j＝1:4
        for i＝1:70
            fprintf(fidout1,'%f\n',xz(j,i));
        end
    end
fclose(fidout1);
fidout2＝fopen('C:\Bin Hu\cuspcalculate\data8realpart_A_data1_.txt','w')
    for j＝1:4
        for i＝1:70
            fprintf(fidout2,'%f\n',yz(j,i));
        end
    end
fclose(fidout2);
```

附录 4.5

α：

0.238556,0.400642,0.15478,0.416013,0.387446,0.298046,0.65689,0.496822,0.199984,0.385594,0.575147,0.690423

β：

−0.147954,−0.089218,−0.161603,−0.11033,−0.094,−0.115112,−0.031935,−0.054362,−0.154541,−0.094445,−0.023883,−0.016576

注：我们用 Matlab 语言实现尖点模型，并反复验证$(α,β)$的取值范围后发现，只有当 $α>0$ 且 $β<0$ 时，才能建立既符合逻辑又符合情

理的关于人的行为变化和跳跃的尖点模型。这样,对于所有通过附录 4.4 中 Matlab 代码计算得到的 (α,β),我们只保留满足条件 $(\alpha>0,\beta<0)$ 的 (α,β) 而删除所有其他的 (α,β),包括 $(\alpha>0,\beta>0)$、$(\alpha<0,\beta<0)$、$(\alpha<0,\beta>0)$、$(\alpha=0,\beta)$ 以及 $(\alpha,\beta=0)$。

附录 4.6

```
clc;
clear;
b=-2:0.05:2;
c=-2:0.05:2;
N=size(b,2);
M=size(c,2);
figure(1)
for i=1:N
    for j=1:M
        p=[1,0,0.408362 * b(i),-0.03524 * c(j)];
        x=roots(p);
        a=x(find(imag(x)==0));
            number=length(a);
        for k=1:number
            f=a(k);
            plot3(c(j),b(i),f);
            hold on;
        end
    end
end
```

附录 4.7

$D(A1,B2)=(0.02+0.12\alpha-0.2\beta)\hat{}2+(-0.88\alpha+1.1\beta)\hat{}2=0$

$D(A2,B2)=(0.02+0.12\alpha-0.3\beta)\hat{}2+(-0.88\alpha+0.5\beta)\hat{}2=0$

$D(A3,B2) = (0.02 - 0.06\alpha + 0.3\beta)^2 + (-0.68\alpha + 0.7\beta)^2 = 0$

$D(A4,B2) = (0.02 + 0.1\alpha - 0.2\beta)^2 + (-0.58\alpha + 1.1\beta)^2 = 0$

$D(A5,B2) = (0.02 + 0.1\alpha - 0.3\beta)^2 + (-0.58\alpha + 0.5\beta)^2 = 0$

$D(A6,B2) = (0.02 + 0.12\alpha - 0.2\beta)^2 + (-0.88\alpha + 1.5\beta)^2 = 0$

$D(A7,B2) = (0.02 + 0.1\alpha - 0.2\beta)^2 + (-0.58\alpha + 1.5\beta)^2 = 0$

$D(A8,B2) = (0.02 + 0.28\alpha - 0.2\beta)^2 + (-1.08\alpha + 1.1\beta)^2 = 0$

$D(A9,B2) = (0.02 + 0.28\alpha - 0.3\beta)^2 + (-1.08\alpha + 0.5\beta)^2 = 0$

$D(A10,B2) = (0.02 + 0.34\alpha + 0.14\beta)^2 + (-0.94\alpha + 0.7\beta)^2 = 0$

$D(A11,B2) = (0.02 + 0.28\alpha - 0.2\beta)^2 + (-1.08\alpha + 1.5\beta)^2 = 0$

$D(A12,B2) = (0.02 + 0.34\alpha + 0.1\beta)^2 + (-0.96\alpha + 1.2\beta)^2 = 0$

群体行为的突变模型建模：
基于动态文本数据

第 4 章对员工行为突变现象进行建模时，利用的文本数据是静态的，比如某篇新闻报道或某个较短时间内员工的言论数据。而在物联网或智能环境下，描述人的行为的文本数据随着时间推移可以持续记录，且呈现为动态形式的文本数据流。

为了利用动态的文本数据来建立群体行为突变模型，本章在第4 章建模方法的基础上，以人的观点代表人的行为，设计了新的人的行为突变建模框架，先对个体观点突变模型的参数进行求解，再对不同结构（敏感、中立和冷漠人数的不同比例）下的群体观点突变进行建模，计算群体观点突变阈值规律。

5.1 观点的尖点突变模型

根据第 4 章中的式(4.3)，定义人的观点的尖点突变模型为：

$$f^3 + \alpha \cdot u \cdot f + \beta \cdot v = 0 \tag{5.1}$$

式中，f 表示人的观点，u 为人的心理特征，v 是一个环境因素[1,2]。α 和 β 是决定了 f 曲面形状的参数，曲面见图 5.1。

控制平面上的分歧点集合为：

$$u^3 + \gamma \cdot v^2 = 0 \tag{5.2}$$

式中，$\gamma = -\dfrac{\beta}{4}\left(\dfrac{3}{\alpha}\right)^{3/2}$。

将上述模型应用于个体观点建模时，f 代表个体观点，u 代表个性特征（敏感、中性和冷漠人数比例），v 代表影响 f 的环境因素。f，

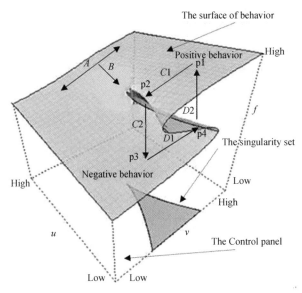

图 5.1 人的观点曲面

u 和 v 是随时间变化的不完整的和模糊的变量,为了拟合 α 和 β,我们将尖点突变模型与定性模拟相结合,并应用模糊集和模糊逻辑来计算 α 和 β,进而测量观点的突变规律。

5.1.1 定性建模框架

下面提出一个包含三个主要组成部分的定性建模框架,如图5.2所示,包括定性建模与模拟、拟合和计量。

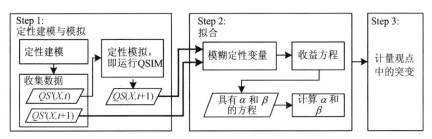

图 5.2 定性建模与模拟框架

第 1 步的定性建模与模拟、第 2 步的拟合仍运用第 4 章的方法,至于第 3 步计量,其目的是计量人的观点随时间的突变规律。第 4 章应用静态文本数据得到的突变规律是一幅突变曲面图形,而动态文本数据得到的是随时间推移中每个时间阶段的突变曲面图形。为

117

了方便表达随时间推移的系列突变曲面,下面设计了一种计量方法,将复杂的突变曲面降维成一维的突变曲线。

5.1.2　定性建模与模拟

(1)定性建模

利用式(4.6)得到:

$$QS(f,t)^3 + \alpha \cdot QS(u,t) \cdot QS(f,t) + \beta \cdot QS(v,t) = 0 \quad (5.3)$$

(2)收集数据

仍利用第4章的定义,$QS(f,t)$和$QS(f,t+1)$分别表示他/她在改变之前(在状态中)和改变之后(在另一状态中)的观点,$QS(u,t)$和$QS(u,t+1)$分别是他/她在变化前后的内部心理因素,$QS(v,t)$和$QS(v,t+1)$是变化前后的外部环境因素。对于动态文本数据的获取,可以在现实世界中通过事件推进不断地获得。

(3)定性模拟

基于式(5.3),可以对人的观点随人格特质和外部环境的变化进行定性模拟,其步骤见图5.3。第1、2步仍利用原始 QSIM 算法中的步骤[3],对于第3步,本章设计了一个利用心理学理论作为过滤器的方法,以过滤掉与心理规则不一致的 f、u 和 v 的所有组合。图5.3中,$QS(X,t)$和$QS(X,t+1)$分别是定性模拟的输入和输出。

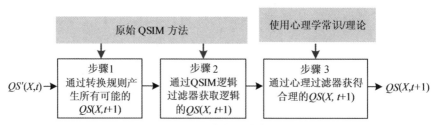

图 5.3　定性模拟的步骤

在步骤3中,以人的认知学习曲线作为过滤器。认知学习曲线理论(Harris 1989)认为,具有不同人格特质的人对环境变化有不同的行为改变模式。在本章我们区分出不同类型的个体,并在环境变量 v 变化时设计不同的观点变化模式(图5.4)。通常,当环境 v(如邻居的观点)从消极方向转变为正方向时,人们也将其观点从消极方向改变为正方向。同样,当 v 从正变为负时,人们的观点也会从正变为负。图 5.4 中的箭头表示改变方向。

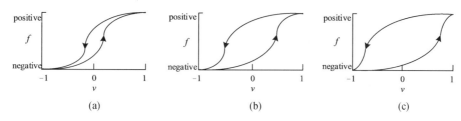

图 5.4　关于个人行为改变的心理规则
（a）敏感个体；（b）中性个体；（c）冷漠个体

更具体地说，我们区分了三种类型的个体：敏感个体、中性个体和冷漠个体。由于 v 的变化引起的 f 的变化程度对于这些不同类型的个体是不同的。对于敏感的个体，环境 v 的相对较小的变化可能导致 f 发生大的变化。对于无关紧要的个体，需要环境 v 发生更大的变化来改变 f。中性个体的情况介于上述两者之间。

当我们使用上述认知特征作为 QSIM 模型的过滤器时，需要将图 5.4 离散化为图 5.5。例如，如果一个人是敏感人，则图 5.4(a)转换成图 5.5，其中两条曲线（从负到正，从正到负）分别显示在图 5.5(a)和图 5.5(b)中。

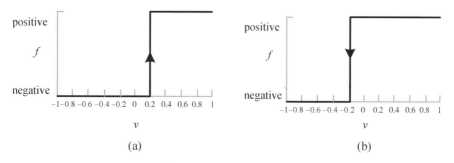

图 5.5　敏感个体认知心理过程的定性表达
（a）从消极观点到积极观点；（b）从积极观点到消极观点

（4）拟合

假设 $QS(X,t+1)$ 和 $QS'(X,t+1)$ 的定性值的数量分别为 n 和 m。α 和 β 的拟合方法的步骤设计如下。

①模糊定性变量

为了将定性变量映射到模糊值，在第 4 章图 4.2 的基础上，设计模糊度量空间如图 5.6 所示。其中,在图 4.2 的基础上增加了 x 和 y 作为模型验证中的可调参数。

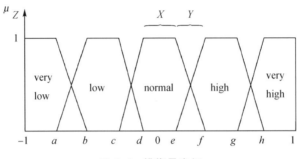

图 5.6 模糊量空间

（注: $e=x/2, d=-e, f=e+y, c=-f, g=f+x, b=-g, h=g+y, a=-h$）

相应的 $QS(X,t)$ 模糊集也在第 4 章表 4.1 和 4.2 的基础上进行了设计,如表 5.1 和表 5.2($X \in \{f,u,v\}$)所示。它们是根据直觉法设计的[4,5]。但由于参数 x 和 y 的可调性,它们比参考文献[5]的方法更为灵活,表 5.1 和表 5.2 中的四元组数表达式可以根据参数 x 和 y 的变化进行调整。因此,这里的模糊集可以应用在基于 x 和 y 变化的各种情况下突变模型的验证以及应用。

表 5.1 $QS(f,t)$ 的模糊值

$QS(f,t)$	$(-1,\text{dec})$	$(-1,\text{std})$	$(-1,\text{inc})$	$(1,\text{dec})$	$(1,\text{std})$	$(1,\text{inc})$
模糊值	$[-1,a,0,$ $b-a]$	$[b,c,$ $b-a,d-c]$	$[d,0,$ $d-c,0]$	$[0,e,0,$ $f-e]$	$[f,g,$ $f-e,h-g]$	$[h,1,$ $h-g,0]$

表 5.2 $QS(u,t)$ 和 $QS(v,t)$ 的模糊值

$QS(u,t)$ or $QS(v,t)$	(very low,dec)	(very low,std)	(very low,inc)	(low,dec)	(low,std)
模糊值	$[-1,-1,0,0]$	$[-1,a,0,0]$	$[a,a,0,b-a]$	$[b,b,b-a,0]$	$[b,c,b-a,$ $d-c]$
$QS(u,t)$ or $QS(v,t)$	(low,inc)	(normal,dec)	(normal,std)	(normal,inc)	(high,dec)
模糊值	$[c,c,0,d-c]$	$[c,d,d-c,0]$	$[d,e,0,0]$	$[e,f,0,f-e]$	$[f,f,f-e,0]$
$QS(u,t)$ or $QS(v,t)$	(high,std)	(high,inc)	(very high, dec)	(very high, std)	(very high, inc)
模糊值	$[f,g,f-e,$ $h-g]$	$[g,g,0,h-g]$	$[h,h,h-f,0]$	$[h,1,h-g,0]$	$[1,1,0,0]$

②构建 α 和 β 的方程式

模型拟合是为了计算出 α 和 β，以使模拟的结果更加接近实际数据。首先，我们需要构建一个包含 α 和 β 的方程式，然后进行求解。为了构造方程，我们计算了 $QS(X,t+1)$ 和行为表面（即式(5.3)的左边表达式）之间的距离，并将其命名为 $D(i)$，$i=\{1,2,\cdots,n\}$。我们还计算了 $QS'(X,t+1)$ 和行为表面之间的距离，并将其命名为 $D'(j)$，$j=\{1,2,\cdots,m\}$。计算 $D(.)$ 的方法设计如下：

从表 5.1 和 5.2 中得到 $QS(X,t+1)$ 的模糊值，其中 $X\in\{f,u,v\}$。式(5.3)左边表达式的模糊值，仍利用第 4 章表 4.5 所示的模糊值算数计算公式进行求解，见表 5.3[6]。

表 5.3　具有模糊值的算术运算公式

计算方式	结果	条件
$p+q$	$(a+c,b+d,\lambda+\gamma,\mu+\delta)$	All p,q
$p\times q$	$(ac,bd,a\gamma+c\lambda-\lambda\gamma,b\delta+d\mu+\mu\delta)$	$p>0,q>0$
	$(ad,bc,d\lambda-a\delta+\lambda\delta,-b\gamma+c\mu-\mu\gamma)$	$p<0,q>0$
	$(bc,ad,b\gamma-c\mu+\mu\gamma,-d\lambda+a\delta-\lambda\delta)$	$p>0,q<0$
	$(bd,ac,-b\delta-d\mu-\mu\delta,-a\gamma-c\lambda+\lambda\gamma)$	$p<0,q<0$
	$p=[a,b,\lambda,\mu],q=[c,d,\gamma,\delta]$	

$D(.)$ 由以下的方程式计算得到[6]：

$D(A,B)=\{[Power(A)-Power(B)]\hat{}2+[Centre(A)-Centre(B)]\hat{}2\}\hat{}1/2$

其中 $Power(a,b,\alpha,\beta)=1/2[2(b-a)+\alpha+\beta]$，$Centre([a,b,\alpha,\beta])=\frac{1}{2}(a+b)$，B 是行为表面的点（详见图 5.1），因此，B=[0,0,0,0]。

获得带有 α 和 β 公式的算法设计如下：

For i=1 to n

　　For j=1 to m

Compose D(i) and D'(j) to be a pair of equations.

EndF

EndF

③计算 α 和 β

基于构建好的公式，我们可以求解公式来获得 α 和 β。在 Matlab 中求解 α 和 β 的代码见附录 5.1。

随着时间推移，新的文本数据会不停地出现。因此，每当有新数据加入时都会执行一次 α 和 β 的计算步骤。为了考虑过去的数据，在每一步中我们都计算了新得到的 α 和之前计算得到的 α 的均值、新得到的 β 和之前计算得到的 β 的均值，利用这两个平均值作为新的 α 和 β 的值。具体来说，假设 α_k 和 β_k 是使用第 k 条文本数据计算得出的，α_{k+1} 和 β_{k+1} 是使用数据 $k+1$ 计算得出的。因此，当得到时间 $k+1$ 和数据 $k+1$ 时，α 和 β 可以由下式计算得到。

$$\alpha = (\alpha_k + \alpha_{k+1})/2, \beta = (\beta_k + \beta_{k+1})/2 \qquad (5.4)$$

在每一个时间点 k，我们都可以获得一组 (α, β)。因此，可以计算出每个时间点 α 和 β 的 min、mean、max。我们把它们定义为 α_{min}，α_{mean}，α_{max}，和 β_{min}，β_{mean}，β_{max}，并且组合为 $(\alpha_{min}, \beta_{max})$，$(\alpha_{mean}, \beta_{mean})$，$(\alpha_{max}, \beta_{min})$。

使用 Matlab 开发上述模型（见附录 5.2），获得 min、mean 和 max 的分歧点集。分歧点集的形状为尖点三角形，如图 5.1 的控制平面所示。

5.1.3 计量

一旦从文本数据中拟合到了 α 和 β，就可以运用尖点突变模型研究人们在各类社会事件中的观点变化了。上述突变模型的建模方法适用于个人。群体观点突变的建模方法有两种：一是对属于该群体的每个个体的观点进行建模（每个个体可以具有不同的认知-个性特征），群体观点即为个体观点的聚合，但这种方法需要知道个体的确切数量及每个人的认知-人格特征；另一种方法是使用少量的"代表性"个体（即具有代表性认知-个性特征的个体）进行定性突变模型建模，然后从代表性个人观点中得出群体观点。在本研究中，我们选择第二种方法。为此，我们开发了一种计量方法。

首先，我们仍运用第 4 章中 4.6.3 的方法（见图 4.14），将三个分歧点集（即 min，mean 和 max）重叠在同一面板上，形成三个区域，如图 5.7 所示。

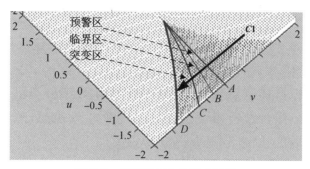

图 5.7　控制面板上的三个区域

三个区域的定义如下:

• 预警区。当环境因素 v 和心理因素 u 的变化移动到这个区域时,人的观点可能会发生突变,但发生的可能性较小。

• 临界区。当 v 和 u 的变化移动到这个区域时,人的观点突变将有最大可能性发生。

• 突变区。当 v 和 u 的变化移动到这个区域时,人的观点突变肯定会发生,没有什么可以阻止它了。

通过对上述方式,式(5.1)这样严格而精确的面向物理系统的数学模型,可以推广应用于具有模糊性和不完备性的社会系统的行为。

然后,我们给出描述个人突变和群体突变的计量方法。

(1)对个体观点突变的计量

由于三个区域可以由具有相同高度的三个三角形形状粗略地表示,长度 AB、BC 和 CD 就可以分别代表预警区域、临界区域和突变区域的大小。于是,我们将计算 AB、BC 和 CD 的长度用于计量三个区域的大小。为了计算 AB、BC 和 CD 的长度,式(5.2)可以推导为:

$$v=(\frac{1}{\gamma}u^3)^{1/2},\text{where}\quad \gamma=-\frac{\beta}{4}(\frac{3}{\alpha})^{3/2} \tag{5.5}$$

当 (α,β) 为 $(\alpha_{min},\beta_{max})$,$(\alpha_{mean},\beta_{mean})$,$(\alpha_{max},\beta_{min})$ 时,γ 的值分别为 γ_{min},γ_{mean},γ_{max}。因此 v 在 B、C、D 的值分别为 $(\frac{1}{\gamma_{min}}u^3)^{1/2}$,$(\frac{1}{\gamma_{mean}}u^3)^{1/2}$,$(\frac{1}{\gamma_{max}}u^3)^{1/2}$,$AB$、$BC$、$CD$ 长度的计算结果如下:

$$AB = (\frac{1}{\gamma_{\min}} u^3)^{1/2}, BC = (\frac{1}{\gamma_{\text{mean}}} u^3)^{1/2} - (\frac{1}{\gamma_{\min}} u^3)^{1/2}, CD = (\frac{1}{\gamma_{\max}}$$
$$u^3)^{1/2} - (\frac{1}{\gamma_{\text{mean}}} u^3)^{1/2} \tag{5.6}$$

（2）对群体观点突变的计量

为了模拟群体观点，我们假设一个群体有三种类型的"代表性"个体，即敏感、中性和冷漠[7]。设 z_1，z_2 和 z_3 为敏感、中性和冷漠个体占全体人数的比例，即有 $z_1 + z_2 + z_3 = 1$。

当敏感、中性、冷漠个体在群体中的比例分别为 z_1、z_2、z_3 时，AB_{q,z_1,z_2,z_3}，BC_{q,z_1,z_2,z_3}，CD_{q,z_1,z_2,z_3} 可以表示 AB、BC、CD 的长度。$q \in$ {Data 1, Data 12, Data 123, $\cdots$, Data 123$\cdots k$}，k 在式（5.4）中已定义。$q =$ Data 1 代表使用第 1 条文本数据来拟合，之后 $q =$ Data 123 $\cdots k$ 代表使用数据 123$\cdots k$ 来拟合。因此：

$$AB_{q,z1,z2,z3} = z1 * AB_{q,100,0,0} + z2 * AB_{q,0,100,0} + z3 * AB_{q,0,0,100} \tag{5.7}$$

$$BC_{q,z1,z2,z3} = z1 * BC_{q,100,0,0} + z2 * BC_{q,0,100,0} + z3 * BC_{q,0,0,100} \tag{5.8}$$

$$CD_{q,z1,z2,z3} = z1 * CD_{q,100,0,0} + z2 * CD_{q,0,100,0} + z3 * CD_{q,0,0,100} \tag{5.9}$$

例如，当敏感人数比例为 100％、中性和冷漠个体为 0 时，$AB_{q,100,0,0}$ 表示 AB 的长度。这里的 $AB_{q,100,0,0}$ 使用有关敏感个体的参数由式（5.6）计算得出。

5.2　应用

我们将上述方法应用于群体观点突变的建模，可分析具有不同结构（敏感、中性、冷漠个体在群体中的比例不同）的群体观点突变规律。

5.2.1　群体观点突变的示例

2015 年 2 月，优酷网上播放了一部关于环境恶化的纪录片《苍穹之下》，网友们在优酷网上观看了超过 1700 万次。该纪录片在短时间内广泛传播，并引起了全国人民的关注和争论。它在第一天发布时的总点击数突破了 3100 万次，甚至引发了公众对政府和相关企业的不满。之后，石化企业参加了此次争论，以缓解危机并平息舆论。这一努力对反转民意产生了直接影响。但广大网民对阴霾的非理性恐慌导致舆论改变。受社会精英争议的影响，该事件的舆论走向在专家和网友的影响下摇摆不定，如图 5.8 所示。

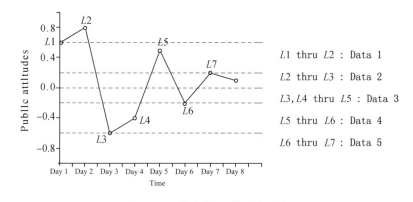

图 5.8　《苍穹之下》的群体观点

注：a. 该图来自于 www.PubTopic.org，根据微博的统计分析计算公众观点。

　　b. 数据 1，2，…，5 从文本描述中沿 $L1$ 到 $L7$ 进行提取，见表 5.4

图 5.8 中从 $L1$ 到 $L7$ 有七个点，每个点都代表一个状态下的网民观点。点 $L1$ 是纪录片播放第一天的初始状态。网民们对该纪录片中的观点表示赞赏，并对相关企业的环境污染行为进行了讨论。第二天，网民的情绪上升至最高点 $L2$，网民的观点极化形成了。此时，政府和石化企业加入了网上讨论，并就中国历史上的经济发展转型问题发表了观点。许多网民开始赞同这一观点：为创造中国经济复兴而牺牲人民的健康是值得的。因此，在第三天，经济发展的观点扭转了 $L2$ 点的状态，并达到了 $L3$ 点。但这还远没结束，少数人并没有停止发表攻击性观点。他们是环境方面的专业人士，对环境保护有坚定的信念，网民被他们的观点感染了，环境污染相关争论的主要观点开始增加。在第四天，网民情绪到达 $L4$ 点，第五天到达了 $L5$ 点。相应地，政府和企业也没有停止努力。第六天，网民情绪到达 $L6$ 点，并在第七天到达 $L7$ 点。

5.2.2　建模

（1）收集数据

Data 1 中的点 $L1$ 和 $L2$ 位于相同的状态。他们之间没有逆转，因此我们不选择 Data 1 作为建模中的拟合数据。类似地，点 $L3$ 和 $L4$ 具有相同的状态。要提取 Data 3，我们不需要考虑点 $L4$。上述文本数据被转换为定性模拟的变量值，见表 5.4。

表 5.4　从事态发展的文本描述中转换出来的定性变量数据

	t	$t+1$
Data 2	$QS'(f,t)=(1,\text{dec})$ $QS'(u,t)=(\text{low},\text{std})$ $QS'(v,t)=(\text{low},\text{dec})$	$QS'(f,t+1)=(-1,\text{std}),(-1,\text{dec})$ $QS'(u,t+1)=(\text{low},\text{std}),(\text{low},\text{dec})$ $QS'(v,t+1)=(\text{low},\text{std}),(\text{low},\text{dec}),$ $(\text{very low},\text{std})$
Data 3	$QS'(f,t)=(-1,\text{inc})$ $QS'(u,t)=(\text{low},\text{std}),(\text{low},\text{dec})$ $QS'(v,t)=(\text{high},\text{inc}),(\text{very high},\text{inc})$	$QS'(f,t+1)=(1,\text{std}),(1,\text{inc})$ $QS'(u,t+1)=(\text{low},\text{std}),(\text{very low},\text{std})$ $QS'(v,t+1)=(\text{high},\text{std}),(\text{very high},\text{std})$
Data 4	$QS'(f,t)=(1,\text{dec})$ $QS'(u,t)=(\text{low},\text{std}),(\text{low},\text{inc})$ $QS'(v,t)=(\text{high},\text{dec})$	$QS'(f,t+1)=(-1,\text{std}),(-1,\text{dec})$ $QS'(u,t+1)=(\text{low},\text{std}),(\text{low},\text{inc})$ $QS'(v,t+1)=(\text{low},\text{std}),(\text{very low},\text{std})$
Data 5	$QS'(f,t)=(-1,\text{inc})$ $QS'(u,t)=(\text{low},\text{std}),(\text{low},\text{inc})$ $QS'(v,t)=(\text{high},\text{inc}),(\text{very high},\text{std})$	$QS'(f,t+1)=(1,\text{std})$ $QS'(u,t+1)=(\text{low},\text{std}),(\text{very low},\text{std})$ $QS'(v,t+1)=(\text{high},\text{inc}),(\text{very high},\text{std})$

（2）建模和模拟，拟合 α 和 β

网民群体通常由不同类型的个人组成，即敏感的、中性的和冷漠的，各类人数的比例不同，形成群体的不同结构。在对不同结构的群体进行观点突变建模时，需要首先对具有同类型个体的群体进行建模,即分别对 100% 的敏感、100% 的冷漠、100% 的中性群体进行建模。

为了测试图 5.6 所示模糊量空间函数的形状对建模结果的影响,图 5.6 中(x,y)的三个实验组合设计如下:

$C1$:$x=0.2,y=0.25$,隶属函数的形状是梯形。

$C2$:$x=0,y=0.4$,隶属函数的形状是三角形。

$C3$:$x=0.4,y=0$,隶属函数的形状是矩形。

因此,实验设计如表 5.5 所示。

表 5.5　实验设计

No.	(x,y)的组合	网民类型	不同类型的比例
C1	$x=0.2,y=0.25$	敏感型网民	100%
		中立型网民	100%
		冷漠型网民	100%
C2	$x=0,y=0.4$	敏感型网民	100%
		中立型网民	100%
		冷漠型网民	100%
C3	$x=0.4,y=0$	敏感型网民	100%
		中立型网民	100%
		冷漠型网民	100%

附录 5.3 中列出了图 5.3 中的三个步骤(假设个体认知特征是敏感的)。为了说明拟合过程,附录 5.4 中列出了计算 D(.)的示例。之后可以获得$(\alpha_{min},\beta_{max})$、$(\alpha_{mean},\beta_{mean})$ 和$(\alpha_{max},\beta_{min})$,相应的 min、mean 和 max 突变曲面和分歧点集可以计算出来,群体观点突变的计量(即 AB、BC、CD 长度)也就能计算出来,分别代表了三个突变区域的大小,见式(5.5)至式(5.9)。

(3)计量

①实验 $C1$:$x=0.2,y=0.25$

a.所有的网民都是敏感的

如果所有的网民都是敏感的,那么突变区域的大小计算如图5.9所示。

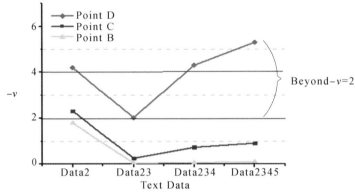

图 5.9　敏感型网民三个区域的大小

根据式(5.5)和式(5.6)，使用 α 和 β 的 min，mean 和 max 值的组合，计算点 B，C 和 D 在图 5.9 中的位置(即 AB、BC、CD 长度)，它们对应于观点的突变曲面。例如，对于 Data 2 处的 B 点、C 点和 D 点，突变曲面如图 5.10 所示(代码见附录 5.2)，相应的分歧点集如图 5.11 所示。

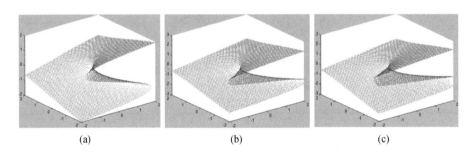

图 5.10　从 Data 2 中得到的突变曲面

(a)min；(b)mean；(c)max

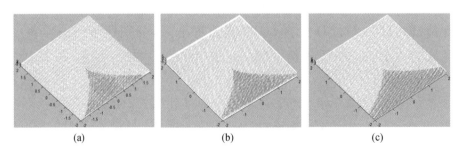

图 5.11　Data 2 的分歧点集

(a)min；(b)mean；(c)max

与图 5.1 中的行为曲面相比,图 5.10 显示了心理特征 u 和环境因子 v 在控制平面中移动的突变轨迹。图 5.10(a)和图 5.10(c)表示突变轨迹的范围,图 5.10(b)表示最可能的突变轨迹。与图 5.1 中的控制面平面相比,图 5.11 显示了图 5.10 中相应的分歧点集。重叠三个形状的三角形区域,即能形成预警区、临界区和突变区(见图 5.7)。

为了分析预警区、临界区和突变区的大小,我们采用以下标准来确定突变的轨迹是否在可预测的模式下:

(ⅰ)$-v \leqslant 2$

如果 B、C 和 D 点位于 $-v=2$ 之下,那么网民观点的突变是完全可以预测的。

(ⅱ)$-v \leqslant 4$

如果 B、C 和 D 点位于 $-v=4$ 和 $-v=2$ 之间,那么网民观点的突变被认为是可以预测的。

(ⅲ)$-v > 4$

如果 B、C 和 D 点位于 $-v=4$ 以外,那么网民观点的突变被认为是无法预测的。

根据上述标准分析得出,图 5.9 具有三个特征:

(ⅰ)三条线所处的位置水平是合理的。B 线和 D 线分别位于最低和最高位置,C 线位于它们之间。这意味着建模方法适用于群体观点。

(ⅱ)几乎所有的 B 点和 C 点都低于 $-v=2$。这意味着预警区域和临界区域是可预测的。

(ⅲ)所有 D 点超出 $-v=2$(即 CD 很大)。这意味着发生突变的范围很大,管理者不容易预测突变。

b. 所有的网民都是中性的

如果所有的网民都是中性的,那么突变区域的大小计算如图 5.12所示。

下图具有以下三个特征:

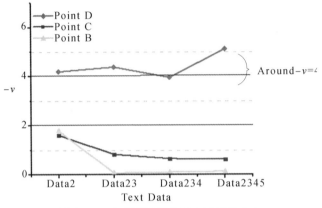

图 5.12　中立型网民的三个区域的大小

（ⅰ）在 Data 2，B 点在 C 点以上。这意味着 Data 2 的拟合是失败的。除此之外，三条线的位置水平是合理的。

（ⅱ）所有 B 点和 C 点均低于$-v=2$。

（ⅲ）D 点在$-v=4$ 附近（Data 2、3、4 处的 D 点低于$-v=4$，所有其他 D 点超出$-v=4$），这意味着在突变区域（对应于 D 点），中性网民比敏感网民更难捕捉。

c.所有的网民都是冷漠的

如果所有的网民都是冷漠的，那么突变区域的大小计算如图 5.13所示。

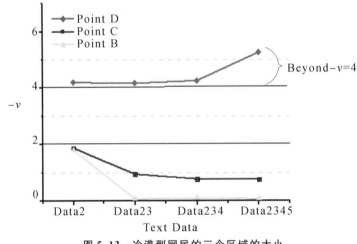

图 5.13　冷漠型网民的三个区域的大小

上图具有以下三个特征:

（ⅰ）三条线的位置水平很合理。

（ⅱ）所有 B 点和 C 点均低于$-v=2$。

（ⅲ）所有 D 点超出$-v=4$,即远离了$-v=2$,这意味着该方法并不擅长捕捉冷漠型网民的突变区。

对于 $x=0.2$ 和 $y=0.25$ 条件下的计算结果,可以总结如下:

第一,三条线的位置水平,意味着建模方法基本上是稳定的。

第二,对于所有三类人来说,低于$-v=2$ 的 B 点和 C 点,意味着人的观点突变的早期阶段(即预警区和临界区)是可预测的。

第三,超过$-v=4$ 的 D 点,意味着最后阶段(即突变区域)是不可预测的。比较图 5.9、图 5.12 和图 5.13 中的 D 点,敏感型网民观点的变化模式比中立型和冷漠型网民更清晰。中立型和冷漠型网民之间的区别并不容易识别,因为这两个突变区域都是不可预测的。

上述第一点和第二点结果,可视为对本章所提出方法的验证。第三个结果需要通过调整实验 C2 和 C3 中的 x 和 y 来进一步探索。

②实验 C2:$x=0$,$y=0.4$

突变区的大小计算如图 5.14 所示。图 5.14(a)中的 B 点位于 D 点之上,这显然违反了三个突变区域的定义。

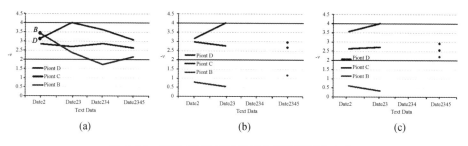

图 5.14　实验 $C2$ 中网民的三个突变区域的大小

(a)敏感型;(b)中立型;(c)冷漠型

图 5.14(b)和图 5.14(c)中 Data 2、3、4 处的 B、C 和 D 点是空的。使用 Data 2、3、4 对中性和冷漠网民进行建模时,拟合是失败的。我们可以得到以下结果:

当使用 $x=0$ 和 $y=0.4$ 的隶属函数时,该方法无法对所有类型的网民进行建模。

③实验 $C3:x=0.4,y=0$

突变区的大小计算如图 5.15 所示,其特征如下:

a.三条线的图案几乎相同。这意味着矩形隶属函数对网民的类型不敏感。

b.预警区低于 $-v=2$。这意味着当 $x=0.4,y=0$ 时,突变行为的早期阶段是可预测的。

c.临界区远离 $-v=2$ 且接近 $-v=4$,突变区远离 $-v=4$。这意味着突变行为的最后阶段是不可预测的。

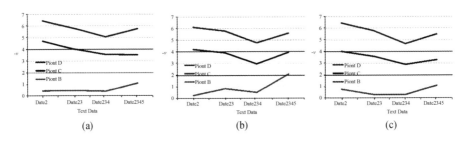

图 5.15　实验 C3 中网民的三个区域的大小

(a)敏感型;(b)中立型;(c)冷漠型

最终实验结果如下:

a.三角隶属函数 $(x=0,y=0.4)$ 不适合建模。

b.无论网民的类型是什么,矩形隶属函数都会导致类似的建模结果。

c.与矩形隶属函数相比,梯形隶属函数对于建模更加合理。

在具有梯形隶属函数的实验 C1 中,敏感型网民的三个突变区域是清晰的(见图 5.9)。对于中性和冷漠网民来说,预警区和临界区是可预测的,而突变区是不可预测的,即我们不知道突变性观点何时会出现。这些特征与实际情况一致:

即使环境变化很小,敏感型网民的观点也会迅速改变。冷漠型网民的观点很难被环境因素所改变,捕获其变化轨迹并不容易(参见图 5.13 中的 D 点)。中立型的网民介于两者之间:敏感的部分和冷漠的部分。因此,图 5.12 中的 D 点约为 $-v=4$。

实验 C1 能够清楚地识别三个不同特征个体的突变模式。实验 C2 和 C3 失败。变量 f、u 和 v 的模糊量空间在实验 C1 中是梯形隶属函数,在实验 C2 和 C3 中则分别是三角形和矩形。众所周知,梯形隶属函数是粒度计算中比其他形状的隶属函数更流行的描述方法[4]。

下面通过对实验 C1 和 C3 的统计分析来进一步验证建模的稳定性。

5.2.3　模型的稳定性

为了检验建模的稳定性,对实验 C1 和 C3 中的建模结果进行统计分析,见表 5.6,图形分析见图 5.16 和 5.17。

表 5.6　标准误差和 α 与 β 的 95% 置信区间(CI)

数据源	参数	实验 $C1$:$x=0.2$,$y=0.25$					
		敏感型		中立型		冷漠型	
		Std Error	Width of 95% CI	Std Error	Width of 95% CI	Std Error	Width of 95% CI
Data 2	α	.7832	.4431	.9902	.3543	.8869	.2411
	β	.5066	.2866	.8873	.3175	.7203	.1958
Data 23	α	.6528	.2691	.7563	.2547	.6922	.1906
	β	.4318	.1758	.6221	.1912	.5235	.1242
Data 234	α	.7698	.2671	.7888	.2018	.9124	.1825
	β	.5621	.1914	.6502	.1695	.5796	.1195
Data 2345	α	.7854	.2841	.7828	.2073	.9335	.262
	β	.5571	.2035	.5443	.1709	.5491	.1525
数据源	参数	实验 $C3$:$x=0.4$,$y=0$					
		敏感型		中立型		冷漠型	
		Std Error	Width of 95% CI	Std Error	Width of 95% CI	Std Error	Width of 95% CI
Data 2	α	2.099	1.241	2.118	.906	1.805	.6159
	β	.8823	.5214	.8796	.3762	.7485	.2554
Data 23	α	1.356	.6871	1.366	.5198	1.193	.3641
	β	.5815	.2912	.5812	.2186	.5067	.1533

续表 5.6

数据源	参数	实验 C3：x＝0.4，y＝0					
		敏感型		中立型		冷漠型	
		Std Error	Width of 95％ CI	Std Error	Width of 95％ CI	Std Error	Width of 95％ CI
Data 234	α	1.746	.6925	1.532	.4436	1.421	.3496
	β	.8119	.3159	.784	.2162	.8023	.1882
Data 2345	α	1.631	.6319	1.527	.4567	1.629	.4931
	β	.7151	.2745	.7899	.2468	.7827	.2194

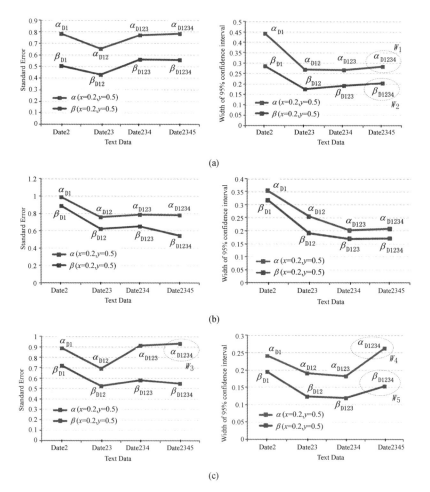

(a)

(b)

(c)

图 5.16　实验 C1 中三种类型网民建模结果的统计分析

(a)敏感型；(b)中立型；(c)冷漠型

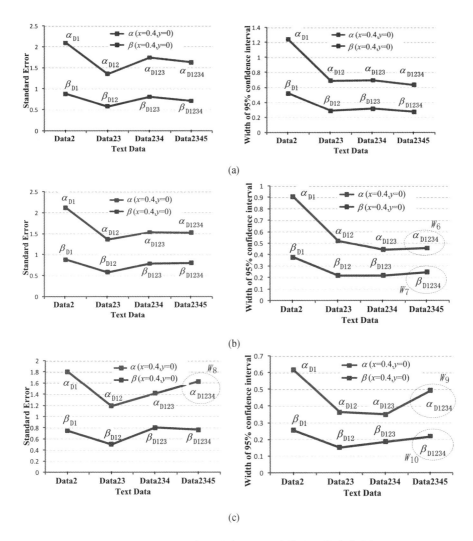

图 5.17　实验 C3 中三种类型网民建模结果的统计分析

(a)敏感型;(b)中立型;(c)冷漠型

x 轴代表数据,y 轴显示标准误差(标准误差)或 95% 置信区间。众所周知,随着新数据的不断获得并应用于 α 和 β 的拟合,如果两个指标(即标准误差和 95%CI 的宽度)显示收敛趋势,我们可以认为建模方法是稳定的,反之,建模方法不稳定。

图 5.16(a)和图 5.16(b)中两个参数的统计趋势显示了减小或平坦的方向,除了图 5.16(a)中的圈 W_1 和 W_2。相反,图 5.16(c)中

的大多数统计趋势(尤其是圈 W_3，W_4 和 W_5)显示了增加的方向。

类似的模式出现在图 5.17 中。除了图 5.17(b)中的圈 W_6 和 W_7 之外，图 5.17(a)和图 5.17(b)中几乎所有的统计趋势都显示出减小或平坦的方向。虽然圈 W_6 和 W_7 中的方向正在增加，但它们几乎持平。图 5.17(c)中的大多数趋势(尤其是圈 W_8、W_9 和 W_{10})显示了增加的方向。因此，我们可以得出这样的结论：本章的建模方法对于敏感型、中立型网民来说是稳定的，对于冷漠型网民来说是不稳定的。

5.3 具有不同结构群体的观点突变建模

根据以上结果，我们在建模中使用梯形隶属函数，放弃了三角形和矩形隶属函数。本章的建模方法不适合冷漠型网民。于是，我们做出以下假设：当社会事件出现时，只有敏感型、中立型的网民加入讨论，而冷漠型网民对这个问题不感兴趣，因此不参与。

5.3.1 使用梯形隶属函数建模

用 z 表示敏感型网民的比例，则 $1-z$ 就表示中立型网民的比例，见表 5.7。我们研究 z 与建模结果的关系，并捕捉 z 的阈值。

表 5.7 实验的设计($z \in [0,1]$)

No.	(x,y)的组合	不同类型的网民	比例
C4	$x=0.2, y=0.25$	Sensitive netizens	z
		Neutral netizens	$1-z$

根据式(5.6)，存在以下关系：

$$AB_{q,z,1-z,0} = z*AB_{q,100,0,0} + (1-z)*AB_{q,0,100,0}$$

$$BC_{q,z,1-z,0} = z*BC_{q,100,0,0} + (1-z)*BC_{q,0,100,0}$$

$$CD_{q,z,1-z,0} = z*CD_{q,100,0,0} + (1-z)*CD_{q,0,100,0}$$

当 z 从 0 到 1 连续性增长，$AB_{q,z,1-z,0}$，$BC_{q,z,1-z,0}$ 和 $CD_{q,z,1-z,0}$ 如图 5.18 所示。

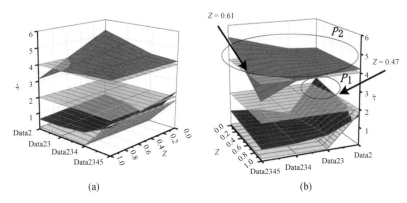

图 5.18　随敏感型、中立型网民比例变化的三个突变区域的大小

(a)the front；(b)the back

图 5.18 中有三层曲面。最低层、中间层和最高层分别是 B 点、C 点和 D 点的曲面。三个曲面的水平分别代表预警区、临界区和突变区的大小。有两个平面，即 $-v=2$ 和 $-v=4$，分别切割 C 点和 D 点的曲面。

平面 $-v=2$，切割 C 点的曲面。圆 P_1（见图 5.18(b)）的面积覆盖超过 $-v=2$ 的 C 点，该区域对应于：(1)敏感型网民的分数，即 z，从 $z=0$ 变化到 $z=0.47$，以及(2)Data 2，其位于图 5.8 中的 L_2 到 L_3。

这意味着，0.47 是突变临界区的阈值。如果 $z>0.47$，突变的预警区和临界区将保持完全可预测的状态。然而，如果 $z≤0.47$，临界区不是完全可预测的。

平面 $-v=4$，是切割 D 点的曲面。面积圆 P_2（见图 5.18(b)）覆盖超过 $-v=4$ 的 D 点，该区域对应于：(1)z 从 $z=0$ 变为 $z=0.61$ 以及所有数据。

这意味着，0.61 是突变区的阈值。如果 $z>0.61$，突变区是可预测的；如果 $z≤0.61$，突变区完全不可预测。

5.3.2　通过调整 x 和 y 进行建模检验

在上述建模和分析中，$x=0.2$，$y=0.25$。5.2.2 中的实验说明了隶属函数的不同形状，会导致 B、C 和 D 三条线处于不同位置。

具有不同隶属函数形状的 B 点、C 点和 D 点的平面位置如何？我们采用其他实验设计如表 5.8 所示，根据图 5.6，此处 $(5/2)x+2y=1$。

表 5.8 实验设计($z \in [0,1]$)

No.	(x,y)的组合	不同类型的网民	比例
C5	$x=0.1, y=0.375$	Sensitive netizens	z
		Neutral netizens	$1-z$
C6	$x=0.32, y=0.1$	Sensitive netizens	z
		Neutral netizens	$1-z$

因此,我们分别应用近似三角形隶属函数和近似矩形隶属函数, 将定性变量映射为实验 C5 和 C6 中的模糊值。

实验 C5 和实验 C6 中的预警区、临界区和突变区的大小分别如图 5.19 和图 5.20 所示。

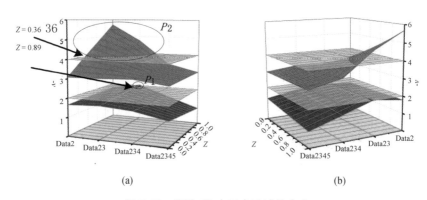

图 5.19 实验 C5 中三个区域的大小

(a)The Front;(b)The Back

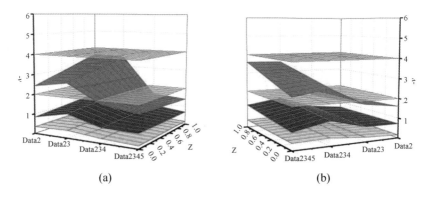

图 5.20 实验 C6 中三个区域的大小

(a)The Front;(b)The Back

在实验 $C5$ 中，圆 P_1（见图 5.19(a)）的面积超出 $-v=2$。该区域对应于：(1)敏感型网民的比例，即 z，从 $z=0.89$ 变为 1，以及(2)数据 23，其位于图 5.8 中的 L_2 至 L_5。这意味着，0.89 是突变临界区的阈值。如果 $z>0.89$，临界区域不是完全可预测的。圆 P_2（见图 5.19(a)）的面积超出 $-v=4$。该区域对应于：(1)在数据 2、数据 23 和数据 234 处，z 从 $z=0.36$ 变为 1，这意味着，0.36 是突变区域的阈值。如果 $z>0.36$，突变区域是不可预测的；如果 $z\leqslant0.36$，突变区域是可预测的。

在实验 $C6$ 中，预警区和临界区都在平面 $v=-2$ 下，区域 3 在平面 $v=-4$ 下（见图 5.20）。在实验 $C6$ 中使用近似矩形隶属函数和靠近区间空间和区间代数的模糊逻辑。在这种情况下，预警区、临界区和突变区几乎处于完全可预测的状态。

比较实验 $C4$、$C5$ 和 $C6$ 的建模结果，很明显：

(1)当图 5.6 中的隶属函数呈梯形时，预警区、临界区和突变区存在完全可预测、可预测和不可预测状态的阈值（实验 $C5$ 中使用的隶属函数几乎是三角形但仍为梯形）。

(2)当隶属函数几乎呈矩形时，群体观点中的突变轨迹是完全可预测的（定性变量由间隔值表示，因此属于确定的集合而不是模糊集合）。

5.4　本章小结

与第 4 章的建模对象和建模方法相比，本章以群体观点表示群体行为，并针对随时间推移获得动态文本数据的场景，提出了一个定性建模与计量框架，包括定性建模与模拟、拟合和计量三个顺次执行的部分，即首先对个体观点突变现象进行建模与模拟，拟合突变模型的两个参数，然后对三个具有代表性（敏感型、中立型和冷漠型）个体的计算结果进行处理，分析建模方法的性能和稳定性，进而基于三个有代表性个体观点突变建模结果，建立不同结构群体的观点突变模型，分析不同结构（敏感型、中立型和冷漠型人数的不同比例）下群体观点突变的阈值规律。

参考文献

［1］Guastello S J. Chaos, Catastrophe, and Human Affairs: Applications of Nonlinear Dynamics to Work, Organizations, and Social Evolution［M］. London: Psychology Press, 2013.

［2］Harris R B, Harris K J, Harvey P. An Examination of the Impact of Supervisor on the Relationship Between Job Strains and Turnover Intention for Computer Workers［J］. Journal of Applied Social Psychology, 2008, 38(8): 2108-2131.

［3］Kuipers B. Qualitative Simulation: Then and Now［J］. Artificial Intelligence, 1993, 59(1): 133-140.

［4］Sivanandam S N, Sumathi S, Deepa S N. Introduction to Fuzzy Logic Using MATLAB［M］. Berlin Heidelberg: Springer-Verlag, 2007.

［5］Hu B, Xia N. Cusp Catastrophe Model for Sudden Changes in a Person's Behavior［J］. Information Sciences, 2015, 294(10): 489-512.

［6］Shen Q, Leitch R R. Fuzzy Qualitative Simulation［J］. IEEE Trans. Syst. Man & Cybernet, 1993, 23(4): 1038-1061.

［7］Harris D. Comparison of 1－, 2－ and 3－parameter IRT Model［J］. Educational Measurement: Issues and Practice, 1989, 3: 35-41.

附录 5.1

```
syms x y z ;
syms a b ;
sym A
A＝sym(zeros(1,50)) ;
double xz ;
```

```
double yz ;
xz＝zeros(4,200);
yz＝zeros(4,200);
```

%－－－－－－－－－－－－－－Equations at Time t from Data1 －－－－－－－－－－－－－－－%

A(1)＝'((0. 2859＋0. 3455×x－0. 7×y)^2＋(－0. 067＋0. 1625×x－0. 9×y)^2)－z'

A(2)＝'((0. 2859＋0. 3455×x－0. 4×y)^2＋(－0. 067＋0. 1625×x－0. 75×y)^2)－z'

A(3)＝'((0. 0215＋0. 07×x＋0. 15×y)^2＋(－6. 25E－05＋0. 00875×x＋0. 45×y)^2)－z'

A(4)＝'((0. 0215＋0. 07×x＋0. 4×y)^2＋(－6. 25E－05＋0. 00875×x＋0. 875×y)^2)－z'

A(5)＝'((0. 0215＋0. 07 × x＋0×y)^2＋(－6. 25E－05＋0. 00875×x＋1×y)^2)－z'

A(6)＝'((0. 0215＋0. 1425×x＋0. 15×y)^2＋(－6. 25E－05＋0. 01125×x＋0. 45×y)^2)－z'

A(7)＝'((0. 0215＋0. 1425×x＋0. 4×y)^2＋(－6. 25E－05＋0. 01125×x＋0. 875×y)^2)－z'

A(8)＝'((0. 0215＋0. 1425×x＋0×y)^2＋(－6. 25E－05＋0. 01125×x＋1×y)^2)－z'

A(9)＝'((0. 235＋0. 32×x＋0×y)^2＋(0. 067＋－0. 1625×x＋1×y)^2)－z'

A(10)＝'((0. 235＋0. 32×x＋0. 15×y)^2＋(0. 067＋－0. 1625×x＋0. 45×y)^2)－z'

A(11)＝'((0. 235＋0. 32×x＋0. 4×y)^2＋(0. 067＋－0. 1625×x＋0. 875×y)^2)－z'

A(12)＝'((0. 235＋0. 32×x＋0×y)^2＋(0. 067＋－0. 1625×x＋1×y)^2)－z'

A(13)＝'((0. 0215＋0. 07×x＋0×y)^2＋(－6. 25E－05＋

0.00875×x＋1×y)^2)－z′

A(14)＝′((0.0215＋0.07×x＋0.4×y)^2＋(－6.25E－05＋0.00875×x＋0.875×y)^2)－z′

A(15)＝′((0.0215＋0.1425×x＋0×y)^2＋(－6.25E－05＋0.01125×x＋1×y)^2)－z′

A(16)＝′((0.0215＋0.1425×x＋0.4×y)^2＋(－6.25E－05＋0.01125×x＋0.875×y)^2)－z′

A(17)＝′((0.235＋0.32×x＋0×y)^2＋(1.067＋－0.1625×x＋1×y)^2)－z′

A(18)＝′((0.235＋0.32×x＋0.4×y)^2＋(1.067＋－0.1625×x＋0.875×y)^2)－z′

A(19)＝′((0.235＋0.32×x＋0.2×y)^2＋(1.067＋－0.1625×x＋0.75×y)^2)－z′

A(20)＝′((0.235＋0.32×x＋0×y)^2＋(1.067＋－0.1625×x＋1×y)^2)－z′

A(21)＝′((0.235＋0.32×x＋0.4×y)^2＋(1.067＋－0.1625×x＋0.875×y)^2)－z′

A(22)＝′((0.235＋0.32×x＋0.2×y)^2＋(1.067＋－0.1625×x＋0.75×y)^2)－z′

A(23)＝′((0.0215＋0.07×x＋0.15×y)^2＋(－6.25E－05＋0.00875×x＋0.45×y)^2)－z′

A(24)＝′((0.0215＋0.07×x＋0.4×y)^2＋(－6.25E－05＋0.00875×x＋0.875×y)^2)－z′

A(25)＝′((0.0215＋0.07×x＋0×y)^2＋(－6.25E－05＋0.00875×x＋1×y)^2)－z′

A(26)＝′((0.0215＋0×x＋0.15×y)^2＋(－6.25E－05＋0×x＋0.45×y)^2)－z′

A(27)＝′((0.0215＋0×x＋0.4×y)^2＋(－6.25E－05＋0×x＋0.875×y)^2)－z′

A(28)＝′((0.0215＋0×x＋0×y)^2＋(－6.25E－05＋0×x＋

1×y)^2)−z′

A(29)=′((0.235+0×x+0.15×y)^2+(0.067+0×x+0.45×y)^2)−z′

A(30)=′((0.235+0×x+0.4×y)^2+(0.067+0×x+0.875×y)^2)−z′

A(31)=′((0.235+0×x+0×y)^2+(0.067+0×x+1×y)^2)−z′

A(32)=′((0.235+0×x+0.15×y)^2+(0.067+0×x+0.45×y)^2)−z′

A(33)=′((0.235+0×x+0.4×y)^2+(0.067+0×x+0.875×y)^2)−z′

A(34)=′((0.235+0×x+0×y)^2+(0.067+0×x+1×y)^2)−z′

A(35)=′((0.0215+0.07×x−0×y)^2+(−6.25E−05+0.00875×x+−1×y)^2)−z′

A(36)=′((0.0215+0.07×x−0.4×y)^2+(−6.25E−05+0.00875×x+−0.875×y)^2)−z′

A(37)=′((0.0215+0×x+−0×y)^2+(−6.25E−05+0×x+−1×y)^2)−z′

A(38)=′((0.0215+0×x+−0.4×y)^2+(−6.25E−05+0×x+−0.875×y)^2)−z′

%−−−−−−−−−−−−−−−Equations at Time t+1 from Data1 −−−−−−−−−−−−−−−%

A(39)=′((0.31725+0.405×x+0.2×y)^2+(−0.104625+0.2125×x+−0.9×y)^2)−z′

A(40)=′((0.31725+0.405×x+0.45×y)^2+(−0.104625+0.2125×x+−0.45×y)^2)−z′

A(41)=′((0.31725+0.405×x+0×y)^2+(−0.104625+0.2125×x+−1×y)^2)−z′

A(42)=′((0.31725+0.495×x+0.2×y)^2+(−0.104625+

0.415×x＋−0.9×y)^2)−z′

　　A(43)＝′((0.31725＋0.495×x＋0.45×y)^2＋(−0.104625＋0.415×x＋−0.45×y)^2)−z′

　　A(44)＝′((0.31725＋0.495×x＋0×y)^2＋(−0.104625＋0.415×x＋−1×y)^2)−z′

　　A(45)＝′((0.6608125＋0.5075×x＋0.2×y)^2＋(−0.756＋0.415×x＋−0.9×y)^2)−z′

　　A(46)＝′((0.6608125＋0.5075×x＋0.45×y)^2＋(−0.756＋0.415×x＋−0.45×y)^2)−z′

　　A(47)＝′((0.6608125＋0.5075×x＋0×y)^2＋(−0.756＋0.415×x＋−1×y)^2)−z′

　　A(48)＝′((0.6608125＋0.46×x＋0.2×y)^2＋(−0.756＋0.82×x＋−0.9×y)^2)−z′

　　A(49)＝′((0.6608125＋0.46×x＋0.45×y)^2＋(−0.756＋0.82×x＋−0.45×y)^2)−z′

　　A(50)＝′((0.6608125＋0.46×x＋0×y)^2＋(−0.756＋0.82×x＋−1×y)^2)−z′

　　％−−−−−−−−−−−−−−−−−−−−Calculating−−−−−−−−−−−−−−−−−−−−％

　　k＝1

　　for i＝1:38

　　　for j＝39:50

　　　　a＝subs(A(i),[z],[0])

　　　　　b＝subs(A(j),[z],[0])

　　if(a−b)＝＝0

　　　xz(:,k)＝inf

　　　yz(:,k)＝inf

　　　　k＝k＋1

　　continue;

　　else

144

```
[x,y]=solve(a,b)
mm=size(x)
if mm(1,1)==2
xz(:,k)=[x(1),x(2),0,0];
else
xz(:,k)=x
end
mm=size(y);
if mm(1,1)==2
yz(:,k)=[y(1),y(2),0,0];
else
yz(:,k)=y
end
k=k+1
    end
end
end
%————————————Saving outputs in excel file—
——————————%
D=zeros(1,352);E=zeros(1,352);
n=1;
for j=1:200
    for i=1:2:4
if xz(i,j)<=0 || yz(i,j)>=0
    continue;
    else
    D(n)=xz(i,j);
    E(n)=yz(i,j);
        n=n+1;
        end
```

```
        end
end
a1 = {'a'};
b1 = {'b'};
xlswrite('D:\textdrive_data. xls',a1,'Sheet1','A1');
xlswrite('D:\textdrive_data. xls',b1,'Sheet1','B1');
xlswrite('D:\textdrive_data. xls',D,'Sheet1','A2');
xlswrite('D:\textdrive_data. xls',E,'Sheet1','B2');
```

附录 5. 2

```
clc;
clear;
b = -2:0.05:2;
c = -2:0.05:2;
N = size(b,2);
M = size(c,2);
figure(1)
for i = 1:N
    for j = 1:M
        p = [1,0,0.3554×b(i),-0.2947×c(j)];
        x = roots(p);
        a = x(find(imag(x)==0));
            number = length(a);
        for k = 1:number
            f = a(k);
            plot3(c(j),b(i),f);
            hold on;
        end
    end
end
```

附录 5.3

Step－I：

All｛$QS'(f,t)$，$QS'(u,t)$，$QS'(v,t)$｝are listed as follows：

｛(1,dec)，(low,std)，(low,dec)｝，｛ (1,dec)，(low,std)，(very low,dec)｝，｛(1,dec)，(low,dec)，(low,dec)｝，｛ (1,dec)，(low,dec)，(very low,dec)｝，｛(1,dec)，(very low,std)，(low,dec)｝，｛ (1,dec)，(very low,std)，(very low,dec)｝.

Take｛(1,dec)，(low,std)，(low,dec)｝as example，the successors can be reasoned by Transition Rules of Table 4 as follows：

(1,dec)→(－1,std)，(－1,dec)，(1,dec)

(low,std)→(low,inc)，(low,std)，(low,dec)

(low,dec)→(very low,dec)，(very low,std)，(low,dec)

Then，all the possible successors of｛(1,dec)，(low,std)，(low,dec)｝，i. e. ，｛$QS'(f,t+1)$，$QS'(u,t+1)$，$QS'(v,t+1)$｝are yielded as follows：

｛(－1,std)，(low,inc)，(very low,dec)｝，｛(－1,std)，(low,inc)，(very low,std)｝，｛(－1,std)，(low,inc)，(low,dec)｝，｛(－1,std)，(low,std)，(very low,dec)｝，｛(－1,std)，(low,std)，(very low,std)｝，｛(－1,std)，(low,std)，(low,dec)｝，｛(－1,std)，(low,dec)，(very low,dec)｝，｛(－1,std)，(low,dec)，(very low,std)｝，｛(－1,std)，(low,dec)，(low,dec)｝，｛(－1,dec)，(low,inc)，(very low,dec)｝，｛(－1,dec)，(low,inc)，(very low,std)｝，｛(－1,dec)，(low,inc)，(low,dec)｝，｛(－1,dec)，(low,std)，(very low,dec)｝，｛(－1,dec)，(low,std)，(very low,std)｝，｛(－1,dec)，(low,std)，(low,dec)｝，｛(－1,dec)，(low,dec)，(very low,dec)｝，｛(－1,dec)，(low,dec)，(very low,std)｝，｛(－1,dec)，(low,dec)，(low,dec)｝，｛(1,dec)，(low,inc)，(very low,dec)｝，｛(1,dec)，(low,inc)，(very low,std)｝，｛(1,dec)，(low,inc)，(low,dec)｝，｛(1,dec)，(low,std)，(very low,dec)｝，｛(1,dec)，(low,std)，(very low,std)｝，｛(1,dec)，(low,std)，(low,dec)｝，｛(1,dec)，(low,dec)，(very

147

low,dec)},{(1,dec),(low,dec),(very low,std)},{(1,dec),(low,dec),(low,dec)}.

Step－II：

Obtain all logical successors by QSIM Logical Filter from all possible{QS′(f,t+1),QS′(u,t+1),QS′(v,t+1)} as follows：

{(−1,std),(low,std),(very low,std)},{(−1,std),(low,dec),(very low,dec)},{(−1,std),(low,dec),(low,dec)},{(−1,dec),(low,std),(very low,dec)},{(−1,dec),(low,std),(low,dec)},{(−1,dec),(low,dec),(very low,dec)},{(−1,dec),(low,dec),(low,dec)},{(1,dec),(low,std),(very low,dec)},{(1,dec),(low,std),(low,dec)},{(1,dec),(low,dec),(very low,dec)},{(1,dec),(low,dec),(low,dec)}.

Step－III：

Obtain all rational successors by Psychological Filter from all logical{QS′(f,t+1),QS′(u,t+1),QS′(v,t+1)} as follows (take the sensitive individual as example)：

{(−1,std),(low,std),(very low,std)},{(−1,std),(low,dec),(low,dec)},{(−1,dec),(low,std),(low,dec)},{(−1,dec),(low,dec),(low,dec)},{(1,dec),(low,std),(low,dec)},{(1,dec),(low,dec),(low,dec)}.

附录 5.4

Take{(−1,std),(low,std),(very low,std)} as example($x=0.2,y=0.25$). $(−1,std)=[b,c,b−a,d−c]$,$(low,std)=[b,c,b−a,d−c]$,$(very\ low,std)=[−1,a,0,0]$ (See Table 1 and Table 2). Calculate $FQS(f,t)^3 f,t)^3 + \alpha \cdot FQS(u,t) \cdot FQS(f,t) + \beta \cdot FQS(v,t)$ using Table 4.

$FQS(f,t)^3 f,t)^3 + \alpha \cdot FQS(u,t) \cdot FQS(f,t) + \beta \cdot FQS(v,t) = [−0.45,−0.35,0.35,0.25]^3 + \alpha \cdot [−0.45,−0.35,0.35,0.25] \cdot [−0.45,−0.35,0.35,0.25] + \beta \cdot [−1,−0.8,0,0] = [−0.0911,−$

0.0428,0.4207,0.0546] + α・[0.1225,0.2025,0.2375,0.4375] + β・[−1,−0.8,0,0] = [−0.0911 + 0.1225α − β, −0.0428 + 0.2025α − 0.8β, 0.4207 + 0.2375α − β, 0.0546 + 0.4375α − 0.8β].

Thus, D(1) = (0.2859 + 0.3455α − 0.7β) ^2 + (−0.0669 + 0.1625α − 0.9β) ^2 = 0

第 3 部分　行为演化篇

物联网环境下人与企业组织（基于信息系统）、与他人之间的交互，具有与传统环境下不同的特点，随着时间的推移，人的行为演化也会具有不同的特征。本部分首先分析智能环境下众包物流员工与企业组织之间相互选择的行为，继而仿真其演化的规律，然后分析员工在该环境下从观点突变到离职行为发生的演化规律。

众包物流员工选择行为演化的仿真分析：基于博弈和仿真的方法

智能手机作为人们普遍使用的信息采集器和指令发布器，是物联网环境中典型的智能"物"，已在众包物流行业广泛应用，员工在工作时处于不停地移动状态，使用智能手机实时获得订单数据，寻找顾客和周边同事的位置，同时要快速决定是否接单，因为下单信息和机会有可能稍纵即逝。目前众包物流行业已涌现出多家众包物流企业以及一大批众包物流员工，众包物流企业之间为了争夺众包员工而相互竞争，而众包员工为了获得更高的收入而相互竞争，企业和员工之间也要考虑相互选择的问题。在这样的智能环境中，员工的选择行为显然具有与传统环境不一样的特征和规律。

为了揭示员工的选择行为特征、规律，本章对这一双向选择市场中众包员工的决策行为建立演化博弈模型，并通过仿真实验分析智能环境下众包物流企业的数据分析能力，及众包物流员工的评价对博弈结果的影响。

6.1　问题的引入

众包已成为利用社会个人资源解决问题的一种有效方式，比如众包物流。众包物流也属于共享经济的领域，通过移动应用平台，社会大众可以在平台上发布物流订单或者选择物流订单进行配送。众包物流是共享经济的一个应用，利用这种商业模式和应用平台，众包物流公司将在平台上发布的物流订单分配给社会劳动力即兼职配送员或专职配送员工。目前，众包物流有两种类型：一种是基于订单的众包,即每个订单只能由一个人完成;另一种是基于协作的众包,即该订单需要多个员工协作完成[1]。在本章中,我们只考虑基于订单的众包,即谁获得了该物流订单就由谁全权负责。

本章称在众包物流模式中工作的社会个人为众包物流企业的员工,该员工在工作的过程中离不开智能手机的支持,智能手机配备了一套丰富的传感器,如麦克风、摄像头和 GPS,是一个典型的物联网系统的终端。因此,众包物流员工的工作环境就是现代物流业中一个较为典型的物联网环境。

我们先从"达达配送吧"里爬取了 30000 多条关于达达员工讨论工作压力和工作条件的主题,再对这些数据进行了词频的统计分析,并根据这些词频生成了一个词云图,如图 6.1 所示。可以看到,达达员工讨论的关键词包括"收入"和"价格",及其他众包物流平台(如美团、蜂鸟、闪送等)。从数据中不难发现,达达员工最关心的是收入。如果达达配送平台提供的价格低于配送员的预期,他们将从达达配送退出而选择其他的众包物流平台,以获得更多的钱。除了收入,达达员工讨论多的话题还包括配送服务,他们经常感到配送时间很短、压力很大,而遇到一些无理的顾客时还会感到愤怒和无助,这也会增加他们的离职意愿。在智能环境下,人们可以轻松而全面地获取信息,但信息也具有转瞬即逝的特性。在众包平台上,物流订单也是实时更新的,所以配送员或员工只能在有限的时间内做出是否进行配送的决定。

本书还收集了 50 篇关于众包物流平台的新闻,同样对这些新闻进行了词频统计,并生成了另一个词云图,如图 6.2 所示。可以看到,众包物流平台主要讨论的是市场上其他的众包物流公司,如"达达"和"京东"。从新闻中可以发现,众包物流平台以前经常提到的"市场份额"逐渐减少,最近经常提的是"成本"。这说明:随着经济增速的放缓,大部分众包物流公司的发展战略由市场扩张转向成本控制,开始逐步降低其支付给员工的配送费,此举招致了员工的不满从而引发了员工的群体离职现象。众包物流平台之间竞争的是市场上的闲置运输资源,为了吸引社会的员工加入公司,每个众包物流公司都会尽可能地提高配送价格,所以众包物流公司要考虑的问题是如何以尽可能低的配送价格招揽足够多的员工使其收益最大化。

图 6.1　员工的词云图　　　　　图 6.2　众包物流平台的词云图

　　我们假设有一个庞大的众包物流市场,其中有许多众包物流平台和大量兼职配送员或者专职配送员。每个众包物流平台向配送员支付报酬,而配送员可以自由选择为哪个平台工作,但他们在每个时刻只能为一家众包物流公司提供服务。众包物流平台可以通过提高其工资预算来吸引社会上的闲散劳动力为其提供服务,但当加入平台的配送员过多时,在工资预算不变的情况下,每个配送员能分到的工资就变少了,此时他们可能会考虑转向其他众包物流平台。在这个过程中,众包物流平台的目标是在保证运力的同时最大化自身的收益,而每个配送员的目标也是最大化自己的收益。因此,众包物流平台和配送员都需要在博弈过程中调整自己的行为,以达到各自的目标。

　　关于众包的研究较少涉及众包物流平台和配送员之间的双边竞争。目前有一些众包市场竞争问题的研究文献[2,3]中的大多数只专注于配送员之间的竞争。例如,有学者分析了市场上只有一家众包平台时,在给定的预算条件下配送员如何通过服务数量来竞争的问题;有的则研究了配送员在不同平台之间的选择决策问题。

　　本书提出了研究众包物流市场中的双向选择问题的动态框架,采用演化博弈论对服务提供者或员工之间的竞争进行建模。在众包平台上,物流订单也是实时更新的,配送员只能在有限的时间内做出是否进行配送的决定,所以配送员是有限理性的,即除非员工当前所在平台给出的报酬过低,该员工不会转换平台。对于众包物流平台之间的竞争,本书采用非合作博弈对其建模,非合作博弈就是人们在利益相互影响的局势中如何决策使自己的收益最大。众包物流平台会根据员工的演化博弈的均衡结果来调整他们的行为，一旦平台调整了工资预算，配送员会根据调整后的结果开始新一轮的演化，当市场上的众包物流平台和员工的行为都保持不变时，市场达到了稳定的状态。

对智能环境的研究发现，影响公司绩效的主要因素有两个：其一是共享数据，智能环境下企业创造的价值与数据共享有强相关关系；其二是数据分析能力，拥有较强数据分析能力的公司相对于数据分析能力较弱的公司在智能环境下为企业创造的价值要高三倍以上[4]。根据这些研究发现，本书将在下面讨论这两个变量对众包物流双边竞争博弈的影响。

通过博弈论对众包物流平台和配送员的行为建模之后，本书将使用仿真方法建立仿真模型分析博弈模型的演化过程。多智能体仿真是具有自组织性的个体（个人、组织或团体）的仿真行为及其相互作用的计算模型，其目的是通过个体间的微观交互行为和交互机制，揭示由此涌现出的群体行为的宏观动态模式。在综合集成思想的指导下，本书还融合了博弈论、复杂网络、多智能体仿真和蒙特卡洛仿真方法。

通过本书，可以了解智能环境下众包物流市场内竞争的动态演化机制，以及众包物流平台和配送员与市场其他成员的互动机制。通过研究可以预测众包物流市场何时达到稳态，即众包物流平台和配送员何时实现利润最大化。

6.2 面向选择行为的收益模型

在考虑众包物流平台和配送员之间交互作用后，本节提出了研究众包物流市场中双边竞争问题的动态框架。

众包物流市场由许多众包物流平台和大量的配送员组成。每个众包物流平台向配送员支付报酬，而配送员可以自由选择为哪个平台工作，但他们在每个时刻只能为一家众包物流公司工作。众包物流平台可以通过提高其工资预算来吸引社会上的闲散劳动力为其提供服务,但当加入平台的配送员过多时,在工资预算不变的情况下,每个配送员能分到的工资就变少了,此时他们可能会考虑转向其他的众包物流平台。

我们引入了两个时间概念,迭代 s 和时间步 t。众包物流平台通过迭代来调整业务行为,而配送员的行为是随时间步 t 而调整。一次迭代的时间足够配送员的演化达到稳态,之后众包物流平台再做出调整决策。众包物流平台和配送员之间的策略互动如下:众包物流平台之间相互博弈定价之后,配送员选择一个平台为其提供服务并在不同平台之间转换;当配送员的转换行为达到稳态,众包物流平台将根据稳态的结果调整工资预算使配送员进入下一轮的演化,直到市场上的众包物流平台和配送员的行为都不再发生变化。

众包物流平台的成员集为 $M = \{1, 2, \cdots, M\}$,$N(t)$ 代表 t 时刻市场上的配送员(员工)的数量。

6.2.1　众包物流平台的收益模型

每个众包物流平台的目标都是最大化自己的利益,众包物流平台的业务行为如下:一次迭代中,所有的众包物流平台会同时调整他们的策略直到市场达到稳态。

在迭代开始的时候众包物流平台会发布其配送价格 $p_i(s)$,其中 s 代表迭代次数,i 代表众包物流平台。众包物流平台通过配送价格来抢夺市场上的配送员,当所有平台都满足于当前的利润时会停止策略调整。

众包物流平台的利润是配送物流订单获得的收益减去支付给员工的报酬。在第 s 次迭代中众包物流平台 i 的利润 U_i 可定义为:

$$U_i(s) = \sigma \cdot \theta \cdot \log_2 N_i(t) - p_i(s) \cdot N_i(t), \forall i \in M \qquad (6.1)$$

式中,$N_i(t)$ 代表在时刻 t 为平台 i 提供物流服务的员工人数,$\theta > 1$,是系统变量,变量 σ_i 代表了众包物流平台 i 的数据分析能力。众包物流平台的收益与为该平台服务的员工的数量相关,该计算公式来自 2012 年提出的模型,并在众包领域得到广泛应用。

6.2.2　员工收益模型

必须指出,众包物流的员工在实际生活中做决策的过程是有限理性的。一个具有有限理性的员工,意味着他不能做出最优决策,比如只要收入高于预期时,他就会感到满意。为了做出最优策略,服务提供者必须知道系统的所有信息,包括其他服务提供者的策略,这似乎是不可能的。而即使服务提供者能获得所有的信息,他也不具有获得最优策略所需的计算能力。在智能环境下,任务的发布都是实时的,配送员只能在有限的时间内做出决定,没有时间和计算能力来做出最优决策,所以在这种环境下配送员是有限理性的。一个具有有限理性的配送员,只有当当前平台支付的报酬过低时才会考虑转换平台。

配送员的收益是配送获得的报酬减去配送成本,即:

$$\pi_i(t) = p_i(s) - c, \forall\, i \in M \tag{6.2}$$

配送员会希望加入配送价格高的平台以获取更高的收入,但当一个众包物流平台涌入过多的配送员时,众包物流平台会考虑降低其配送价格来控制成本,所以配送员之间也存在选择平台的博弈。

6.3　企业与员工选择行为的博弈模型

6.3.1　员工之间的博弈模型

配送员根据众包物流平台的配送价格选择加入哪个平台。考虑到配送员的有限理性,我们利用演化博弈理论对配送员的选择行为进行建模。

假设参与博弈的配送员的人数为 $N(t) = \{1, 2, \cdots, N(t)\}$,配送员的策略集是选择加入的众包物流平台 $M = \{1, 2, \cdots, M\}$,配送员的策略随时间 t 更新。

(1)最初,配送员随机选择一个众包平台为其提供服务;

(2)配送员通过配送物流订单获得收益以及其他信息;

（3）有限理性的配送员决定是否转换平台。

$x(t) = \{x_1(t), x_2(t), \cdots, x_M(t)\}$ 是 t 时刻选择各平台的员工比例集，其中 $x_i(t)$ 表示在 t 时刻选择众包物流平台 i 的员工占总人数的比例。对于所有的众包物流平台，可以认为 $\sum_{i \in M} x_i(t) = 1$，$N_i(t)$ 表示在 t 时刻选择众包物流平台 i 的员工人数，所以 $N_i(t) = N(t) \cdot x_i(t)$。

当员工在平台获得的收入低于市场平均水平时，该员工会考虑在下一时刻选择收入更好的平台。

演化博弈的定义表示，收益高的个体会以较高的概率选择当前的策略，即收益高于平均收益的个体会保持当前的策略，而收益低于平均收益的个体会选择那些收益较高的平台加入。复制动态方程擅长处理这类选择比例的增减问题[5]。

但因描述选择方案众多的演化博弈的复制动态方程难以建立，可先从两个平台的模型开始再扩展至多个平台。假设在 t 时刻，员工随机选择加入两个众包平台中的一个，此时分配比例为 $\{x_1(t), x_2(t)\}$，员工在平台 1 和平台 2 的收益分别为 $p_1(s) - c$ 和 $p_2(s) - c$。此时市场上的平均收益为：

$$\bar{p} - c = \frac{p_1(s) \cdot x_1(t) \cdot N(t) + p_2(s) \cdot x_2(t) \cdot N(t)}{N(t)} - c$$
$$= p_1(s) \cdot x_1(t) + p_2(s) \cdot x_2(t) \tag{6.3}$$

每个员工会比较自己的收益和市场上的平均收益，其中，选择平台 1 的员工的收益小于市场上的平均收益 $p_1(s) < \bar{p}(s)$，该员工会在下一时刻选择平台 2。假设下一时刻有平台 1 转向平台 2 的成员比例为 $y_2(t)$，则有：

$$(p_2(s) - \bar{p}(s))N(t)x_2(t) = \bar{p}(s)N(t)y_2(t) \tag{6.4}$$

求解上式，可以得到

$$y_2(t) = \left(\frac{p_2(s)}{\bar{p}(s)} - 1 \right) \cdot x_2(t) \tag{6.5}$$

将其扩展到多个平台，此时员工的复制动态方程为：

$$x_i(t+1) = \delta \cdot x_i(t) \cdot \left(\frac{p \sum i(s)}{\bar{p}} - 1 \right), \forall i \in M \tag{6.6}$$

式中，$\dot{x}_i$ 表示在 $t+1$ 时刻转向平台 i 的人数比例，δ 代表员工在平台 i 感受到的压力。假设员工数为 N，每个员工的智能体由两个变量来描述，即观点 op_i 和不确定性 u_i。观点范围为 (op_i-u_i, op_i+u_i)，h_{ij} 表示员工 i 和员工 j 的观点重合域，则有：

$$h_{ij}=\min(op_i+u_i, op_j+u_j)-\max(op_i-u_i, op_j-u_j) \quad (6.7)$$

当员工 i 和员工 j 的观点重合域 $h_{ij}>u_i$，员工 j 的观点和不确定性更新规则可描述为：

$$\left.\begin{aligned}op_j&=op_j+\mu\cdot\left(\frac{h_{ij}}{u_i}-1\right)\cdot(op_i-op_j)\\u_j&=u_j+\mu\cdot\left(\frac{h_{ij}}{u_i}-1\right)\cdot(u_i-u_j)\end{aligned}\right\} \quad (6.8)$$

6.3.2　众包平台之间的博弈模型

下面根据非合作博弈对众包平台之间的竞争进行建模。众包物流平台的竞争策略是根据员工的选择行为确定的，即要考虑员工的演化博弈结果，因此众包物流平台将在员工的选择行为达到稳态之后再进行策略调整，否则无法准确评估策略的效果。

对于非合作博弈模型，其纳什均衡解的唯一性是非常重要的。纳什均衡的内涵是对于每个参与者来说，只要其他人不改变策略，他就无法改善自己的状况。众包物流平台的博弈模型存在唯一的纳什均衡解，意味着平台之间的竞争可以达到稳态。如果有多个纳什均衡解，就无法准确预测平台的行为。

参与博弈的众包物流平台集合为众包物流平台 $M=\{1,2,\cdots,M\}$。平台 i 的策略是决定其支付给员工的价格 $p_i(s)$。当员工的演化博弈达到稳态时，平台会根据当前状态制定策略进行下一次的迭代，式（6.1）可以改写为如下博弈模式：

$$U_i(s)=\sigma_i\cdot\theta\cdot\log_2\left[N\cdot\frac{p_i(s)\cdot N_i(t)}{\sum_{m\in M}p_m(s)\cdot N_m(t)}\right]-p_i(s)\cdot N_i(t)$$

$$\forall i\in M$$

$$(6.9)$$

现在证明该博弈模型存在唯一的纳什均衡，具体思路如下：

为了证明纳什均衡的唯一性，就需要证明最佳响应策略的唯一性。根据定义，如果某情况下无一参与者可以独自行动而增加收益（即为了自身利益的最大化，没有任何单独的一方愿意改变其策略的），则此策略组合被称为纳什均衡，所有局中人的策略构成一个策略组合[6]。如果每个局中人在给定其他局中人策略的情况下，都有唯一的最优反应，那么得出博弈的纳什均衡是唯一的[7]。在此原则基础上，通过分析平台收益函数的单调性，可以得到平台的最优决策：如果平台收益函数具有唯一的最大值，那么说明每个平台都有唯一的最优策略，所以该博弈模型存在唯一的纳什均衡。

首先，证明在给定其他平台策略的情况下，平台 i 的最优策略是唯一的。为了计算平台 i 的最优策略，对平台的收益函数求一阶导数如下：

$$\frac{\partial U_i(s)}{\partial p_i(s)} = \sigma_i \cdot \theta \cdot \left[\frac{N_i(t)}{p_i(s) \cdot N_i(t)} - \frac{N_i(t)}{\sum_{m \in M} p_m(s) \cdot N_m(t)} \right] - N_i(t)$$

$$(6.10)$$

令 $\dfrac{\partial U_i(s)}{\partial p_i(s)} = 0$，可以得到 $p_i(s)$ 的表达式为：

$$p_i(s) =$$

$$\frac{-\sum_{m \neq i} p_m(s) \cdot N_m(t) + \sqrt{(\sum_{m \neq i} p_m(s) \cdot N_m(t))^2 + 4\sigma_i \cdot \theta \cdot \sum_{m \neq i} p_m(s) \cdot N_m(t)}}{2N_i(t)}$$

$$(6.11)$$

其中，$\sum_{m \neq i} p_m(s) \cdot N_m(t) = p_i(s) \cdot N_i(t) + \sum_{m \neq i} p_m(s) \cdot N_m(t)$。

当其他平台的策略给定时，上式等号的右边是一个定值，我们假设上式等号的右边为常数 D，那么平台的策略 $p_i(s)$ 在 $[0, D]$ 中单调增加，在 $[D, +\infty]$ 中单调递减，所以平台 i 的最优策略 D 是唯一的。

在实践中，平台 i 可能不知道其他平台的当前策略，只有之前的策略才有可能被别人观察到，所以平台 i 下一时刻的策略是基于当前其他平台的之前策略制定的。

$$p_i(s+1) =$$

$$\frac{-\sum_{m\neq i}p_m(s)\cdot N_m(t)+\sqrt{(\sum_{m\neq i}p_m(s)\cdot N_m(t))^2+4\sigma_i\cdot\theta\cdot\sum_{m\neq i}p_m(s)\cdot N_m(t)}}{2N_i(t)}$$

$$(6.12)$$

每个平台会根据上式来调整其下一次迭代的策略,当平台制定了新策略后,配送员会进行新一轮的演化博弈直至达到稳态,平台会根据新的稳态结果制定新的策略。

6.4 企业与员工选择行为的仿真结果分析

下面使用仿真软件 Anylogic 6.4.1 对上面的博弈模型进行仿真实验。首先,假设模型中有 M 个众包物流平台和 N 个配送员。在仿真中先设置 $M=2$ 和 $N=3000$。当配送员的数量从 $N=3000$ 增加到 $N=6000$ 时,收敛时间差异不显著。在之后的实验中,将配送员的数量设置为 3000。仿真了不同配送员数量下演化博弈的收敛时间,图 6.3 表明演化博弈模型的收敛时间随着配送员压力的增加而减小。

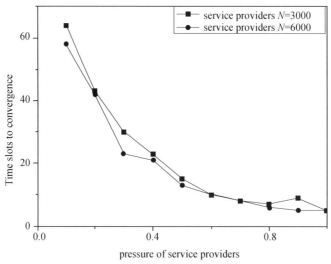

图 6.3 不同人数下演化博弈的收敛时间

图 6.4 显示了平台的收益随其价格的变化图形,在达到最高点

之前,随着配送价格的上升吸引了其他平台的员工,物流运力增加,所以收益增加;当价格超过最优策略时,收益的增加无法弥补成本的快速增长,所以平台的收益开始下降。所以平台的最优策略是收益最高的点对应的配送价格。

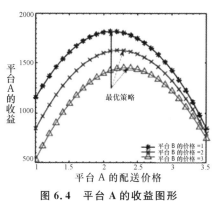

图 6.4　平台 A 的收益图形

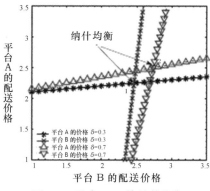

图 6.5　平台 A,B 的纳什均衡

如图 6.5 所示,平台 A、B 的最优策略相交于两个点,这两个点即平台之间竞争的纳什均衡解。从图中可以看到平台 B 的价格高于平台 A,原因可能是由于平台的压力 δ 引起的,压力较大的平台容易导致配送员的流失,因此只能通过提高价格来吸引配送员加入。

从图 6.5 中可以发现,当 $M=2$ 时纳什均衡不唯一,但当将 M 设为 3 时,纳什均衡出现了唯一解。

下面研究平台的深度分析能力对其价格策略的影响,图 6.7 显示了价格调整的收敛性。

当三个平台的深度分析能力相等时,能较快迭代至最后策略,且平台的价格调是逐步、渐进的调整,如图 6.6(a)所示。

价格策略收敛的速度和趋势主要取决于平台的深度分析能力。当平台 C 的深度分析能力设置为 0.8 且高于平台 A 和 B 时(如图 6.6(b))所示,其迭代至均衡价格所需的时间比三者深度分析能力相等时的时间长,其策略调整是振荡的而非渐进的,其价格调整策略与平台 A、B 相反。究其原因在于:当平台 C 具有较高的深入分析能力时,它可以先于其他平台思考价格策略并且其价格会成为市场上其他平台的参考价格,其他平台会根据平台 C 的价格来调整他们的策略。这可以进一步解释为：一开始平台 C 为了吸引更多的配送员会定一个较低的价格，当配送员数量足够多时，平台 C 在下一次迭代中开始降低价格，而在上一时刻未能招揽足够多配送员的平台 A、B 则会在下一时刻提高价格来吸引员工的加入；但是当物流服务的收入无法弥补支付给配送员的报酬时，平台 A、B 又会开始降低配送价格，所以稳态时，平台 A、B、C 的配送价格将相等。在实验中也可以看到价格战对众包物流平台并不利。

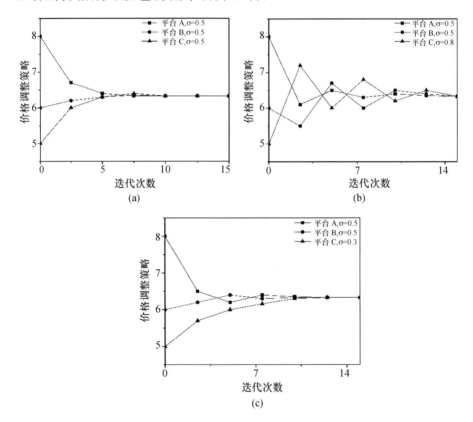

图 6.6 平台深度分析能力不同下策略的调整速度

(a)平台 A、B、C 的深度分析能力都相等；(b)平台 C 的深度分析能力高于平台 A、B；

(c)平台 C 的深度分析能力低于平台 A、B

当平台 C 的深度分析能力低于平台 A、B 时，其达到均衡价格的迭代次数也多于三个平台分析能力相等时的迭代次数。在这种情况下，平台 C 没有足够的能力来分析其他平台的策略并制定自身的策略,所以平台 C 的价格是跟随平台 A、B 的价格策略进行调整的,是一个渐进的过程,如图 6.6(c)所示。

下面仿真研究配送员在平台中受到的压力对其选择平台的影响,结果如图 6.7 所示。

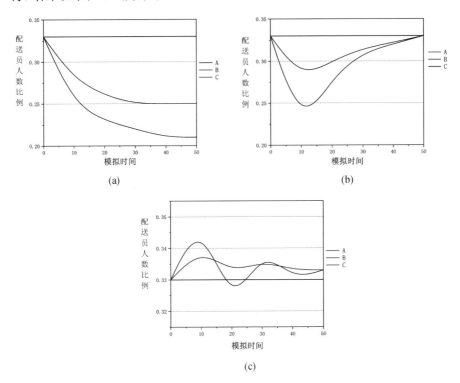

图 6.7 配送员感受的压力对平台人数比例分配的影响

(a)平台价格不调整且配送员感受的压力为定值;(b)平台价格调整但是配送感受的压力为定值;

(c)平台价格调整并且配送员感受的压力变动

当平台的价格不随建立的博弈模型变动时,并且配送员感受到来自平台的压力也是稳定的值时,配送员在不同平台之间选择的仿真结果如图 6.7(a)所示。稳态时选择各平台的配送员的人数比例为 $x_i^* = \dfrac{p_i}{\sum p}$,因为此时配送员变换平台并不会使其收益增加,所以他们没有动机转换平台。当平台的价格随博弈模型调整但配送员感受到来自平台的压力也是稳定的值时,仿真结果如图 6.7(b)所示。可以看到,在价格调整过程中,三个平台的人数比例在稳态时相等。

当平台的价格随建立的博弈模型变化时,而配送员感受到来自平台的压力将根据相对协议模型发生变化,仿真结果如图 6.7(c)所示。随着配送员感受到的压力的变化,不同平台人数变动的收敛过程是振荡收敛的,且其收敛速度要慢于前两种情况。原因是配送员感受的压力和平台价格策略的调整是反向的关系,所以价格收敛的速度较慢,从而导致达到稳态的时间变长。

6.5 本章小结

本章运用演化博弈模型,研究员工与众包企业之间的选择关系,运用非合作博弈,研究众包物流平台之间的竞争关系。运用仿真方法,分析了智能环境下众包物流市场内竞争的动态演化机制,以及众包物流平台和配送员与市场其他成员的互动机制,讨论了智能环境下影响企业收益的两个重要因素,即深度分析能力和信息共享对博弈结果的影响。

(1)众包物流平台会根据配送员的演化博弈的均衡结果来调整他们的行为,一旦平台调整了预算,员工会根据调整后的结果开始新一轮的演化,当市场上的众包物流平台和配送员的行为都保持不变时,市场达到了稳定的状态。

(2)深度分析能力可以加快市场达到稳态的时间,而配送员的信息共享会减缓市场达到稳态的速度。

(3)通过本章方法,可以预测众包物流市场何时达到稳态,即众包物流平台和配送员(员工)何时实现利润最大化。

参考文献

[1] Afuah A,Tucci C L. Crowdsourcing as a Solution to Distant Search[J]. Academy of Management Review,2012,37(3):355-375.

[2] Yang D,Xue G,Fang X,et al. Crowdsourcing to Smart-

phones: Incentive Mechanism Design for Mobile Phone Sensing [M]. Proceedings of the 18th Annual International Conference on Mobile Computing and Networking. ACM,2012.

[3] Sun Y,Zhu Y,Feng Z,et al. Sensing Processes Participation Game of Smartphones in Participatory Sensing Systems[M]. The Eleventh Annual IEEE International Conference on Sensing, Communication,and Networking,2014.

[4] Jernigan S,Kiron D,Ransbotham S. Data Sharing and Analytics Are Driving Success With IoT[J]. MIT Sloan Management Review,2016,58(1):1-7.

[5] Vincent T L,Brown J S. Evolutionary Game Theory,Natural Selection,and Darwinian Dynamics[M]. Cambridge:Cambridge University Press,2005.

[6] Osborne M J,Rubinstein A. Games with Procedurally Rational Players[J]. American Economic Review,1998,88:834-846.

[7] Khouja M,Robbins S S. Linking Advertising and Quantity Decisions in the Single-period Inventory Model[J]. International Journal of Production Economics,2003,86(2):93-105.

众包物流员工离职行为演化的仿真分析：基于 RA 模型和突变理论的方法

众包物流是一种共享的社会化加盟组织模式,其员工在智能手机的支持下开展工作。在这种环境下,众包物流的组织结构不稳定,环境因素的微小变化(例如,当众包物流企业降低每单配送费的最低限额)都可能使员工的观点出现显著的两极分化或反转进而出现离职的行为。

为了揭示众包物流员工观点演化进而离职行为发生的机制,本章将突变理论嵌入到观点动力学的相对协议(RA)模型中,实验结果验证了该模型在仿真员工群体观点演化轨迹方面的合理性。同时,使用该模型分析了员工突变行为产生的原因,分析了配送价格与配送员离职行为之间的关系。本书认为,将突变理论方法嵌入 RA 模型,扩展了原始观点动力学中 RA 模型在智能环境下的应用。

7.1 物联网环境下的众包物流员工行为

自 2014 年众包物流的概念被提出以来,关于众包物流的学术研究并不多,但其在中国的应用非常多,比如达达配送公司、闪送和人人快递等。本书在调研了众包物流在国内的应用情况后发现,众包物流的员工大部分为兼职配送员,入职门槛低,而且职业培训较简单,不同平台的服务标准差异大。而众包物流公司的工作特性导致其对于员工的工作状态难以管控,服务质量的不确定性高[1]。其他的不确定性还包括参与员工人数的不确定性[2],特别是随着经济增速放缓,大部分的众包物流公司的发展战略由市场扩张转向成本控制,开始逐步降低其支付给配送员的报酬,此举招致了配送员的不满从而引发了配送员群体离职行为。众包物流的配送员是公司运营的主体,配送员的稳定性将直接影响公司运营的稳定性[3]。虽然配送员的行为难以衡量,但其在互联网上发表关于其工作状态的观点可以作为其行为的部分表现,因此本书将应用观点动力学的理论研究众包物流员工群体行为的演化过程以及员工离职行为的内在机制。

激励员工工作的动机主要分为两类:内在动机和外在动机[4]。内在动机指个体在工作中获得的成就或挑战;而外在动机则包括组织推动、压力、奖金等[5]。以往的研究认为收入是最主要的动机,其次是获得乐趣[6,7]。从本书收集的数据来看,众包物流员工认为影响其选择行为的最大因素也是收入[8],而收入由配送员每天配送的订单数和配送费(每单最低的配送费用)决定。因此本书将研究配送费的变化对员工群体行为的影响。

在众多的观点动力学模型中,本书选择 Deffuant 在 2002 年提出的相对协议(the Relative Agreement,RA)模型作为基础模型[9]。因为 RA 模型考虑了随机交互的特性以及当交互的两个个体观点域存在重合时才能进行交互的条件。RA 模型的演化结果主要有三种:向中央收敛,两极收敛或单一的极端收敛[10],以及总体来说的一种渐进性收敛。通过对收集的达达员工关于工作压力和条件的观点分析后发现:有的个体观点会在正向观点和负向观点之间来回波动,有的个体在演化过程中不受影响,有的个体只受部分极端个体的影响。造成个体之间观点演化产生差异的原因在于个体观点的不确定性因素,这说明个体观点不仅受到其他个体观点的影响,同时还受自身不确定性的影响。原始 RA 模型中的观点演化是连续变化的,而本书分析出达达员工观点演化存在非连续性变化和一些突跳性变化,并认为这种不连续性可能是由于个体的不确定性程度引起的,而观点的非连续性变化现象可以用突变理论来解释[11]。研究发现,如果能观察到突变理论的五种特性(即发散性、双模态性、不连续性、不稳定性和滞后性)其中的两种以上,就可以用尖点突变模型进行研究,因此可使用尖点突变模型来仿真个体观点不确定性的变化。综上，本书将尖点突变模型和 RA 模型结合起来探索物联网环境下员工的观点演化和离职行为。

个体通过社交媒体或其他通信工具与其他个体交流，所组成的社交网络分布广泛且复杂。而对群体演化动力学过程的研究方法可分为自下而上和自上而下两类，其中，自下而上是采用计算机仿真的方法，通过揭示个体之间相互作用的涌现现象来研究系统的宏观演化动力学特性[12]。涌现的一个尖点的描述性定义是复杂系统内部个体之间通过局部交互作用，使系统层面产生一些新属性和新现象，这说明涌现现象是在没有中心执行者进行控制的情况下发生的，它是基于众多主体的简单交互作用而产生，但同时又远远超过了个体的能力范围。鉴于这些特点，相较传统方法而言计算机仿真提供了更合适的研究方法。

综上所述，本书将突变理论和观点动力学模型相结合，提出了一个新的动态观点模型，旨在探索众包物流中员工群体观点的演化过程，从而为企业预测和引导员工行为提供理论支撑。

7.2　实际数据与案例

我们使用火车头采集器从百度贴吧中的"达达配送吧"收集了最低配送费分别为 6 元和 4 元的两种不同条件下的员工观点，示例如附录 A 所示。百度贴吧是由中国搜索引擎公司百度提供的网络社区，在"贴吧"里用户可以进行各种活动和数字社交，比如建立讨论主题、分享观点等。达达配送吧是由达达员工自主创建的，其用户超过10 万，讨论话题目前超过 27 万，具体话题包括工作条件、薪资、压力和专题问题等，员工可以选择感兴趣的特定主题与其他员工交流。

下面使用结巴分词包对收集的数据进行分词，然后使用Python情感分析包 Bosonnlp 对这些语句进行情感分析，分值范围为(−1,1)。分析之后把员工的观点主要分为五类："决定离职""考虑是否离职""不满""理解公司的决策""努力工作"。观点区间如表 7.1 所示。

表 7.1 观点区间

观点区间	关键词	描述
$(-1,-0.7)$	决定离职	该员工将离开这家众包物流公司
$(-0.7,-0.4)$	考虑是否离职	当环境继续恶化时,该员工将离开这家公司
$(-0.4,0)$	不满	该员工对公司的决策很不满,但不会考虑离职
$(0,0.5)$	理解公司的决策	该员工能理解公司做出该决策的原因,并仍愿意保持现状为该公司工作
$(0.5,1)$	努力工作	该员工并不受公司决策的影响,愿意努力工作挣更多的钱

收集的数据见图 7.1 和图 7.2。

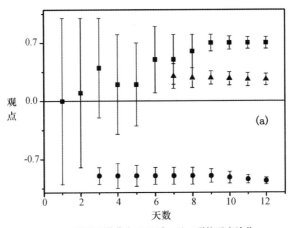

(a) 最低配送费为 6 元时,员工群体观点演化

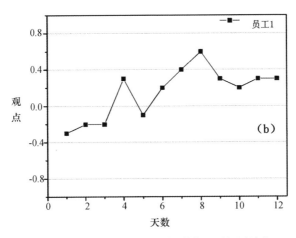

(b) 当最低交付费用为 6 元时,某个员工的观点演化

图 7.1 员工观点演化(2015.07.15~2015.09.01)

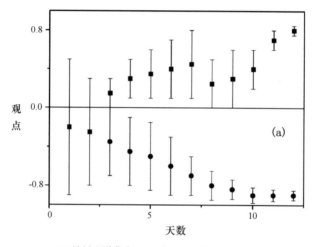

(a) 最低配送费为 4 元时，员工群体观点演化

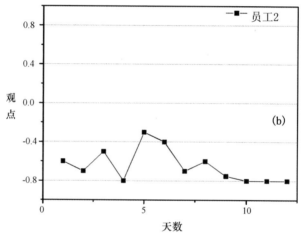

(b) 最低交付费用为 4 元时，某个员工的观点演化

图 7.2　员工观点演化（2016.03.28～2016.04.06）

　　图 7.1 和图 7.2 显示，在价格事件触发后，对事件的讨论热度持续了 12 天，之后参与讨论的个体观点趋于稳定。达达员工分全职和兼职两类，不同类型的员工有不同的预期收入。根据调查数据可以发现，全职员工的最低期望收入为每单 4～5 元，而兼职员工的最低期望收入为每单 1～2 元。由于其他众包物流公司的最低配送费也会影响达达公司员工的观点，所以本书在模型中也考虑了这类因素。

7.3　嵌入突变理论的 RA 模型

图 7.3 显示了在嵌入突变理论的 RA 模型下员的个体工决策过程。

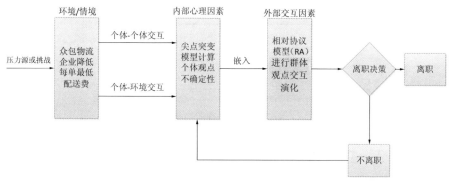

图 7.3　嵌入突变理论的 RA 模型下员工的个体决策过程

如图 7.3 所示,当企业宣布降价时,员工会产生一个初始的观点和初始观点的不确定性,这个观点可以是正向的也可以是负向的。根据数据分析可以发现,初始观点的产生服从(−1,−0.2,1)的三角分布,而观点的不确定性服从(0,0.5)的均匀分布,之后观点的不确定性将根据尖点突变模型计算得出,而个体观点将根据观点动力学模型更新。更新之后进入离职决策,如果该员工不离开公司,会继续进入以上交互循环过程。

7.3.1　离职决策

根据个人观点的经验数据,如果观点范围从−1 到−0.7(表示"离职倾向"),RA 模型可以用来计算员工的观点范围即$(op-u, op+u)$,其中,op 代表观点,u 代表不确定性。员工离职决策如图 7.4 所示。

当员工观点范围的最大值小于−0.7 时,该员工会选择离职;当员工观点范围的最大值大于−0.7 而最小值小于 0.7 时,该员工的离职概率为 $p=\dfrac{|-0.7-(op-u)|}{|(op+u)-(op-u)|}$;当员工观点范围的最小值大于−0.7 时,该员工不会考虑离职。

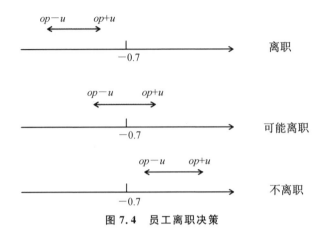

图 7.4　员工离职决策

7.3.2　交互过程

（1）不确定性的突变模型

为了探索个体观点不确定性的突然变化，根据尖点突变理论，本书将每单最低配送费和该员工的每单期望收入的差值作为正则变量 u，这可以代表公司的财务能力。同时，将市场上每单最低配送费的均价与当前公司每单的最低配送费的差值设定为分歧变量 v，这可以代表员工为该公司工作的意愿。

考虑到有两个控制变量，本书使用尖点突变理论来计算个体观点的不确定性。如上所述，全职员工的最低期望收入为每单 4～5元，兼职员工的最低期望收入为每单 1～2 元。每单期望收入是员工最低可接受的配送价格。而市场上每单最低配送费的均价服从（2，6）的均匀分布。观点的不确定性 f 代表了个体的观点倾向，它有两个稳定的状态：正向和负向。

在尖点突变理论中，u 被认为是一个正常变量，v 被认为是一个分裂变量。尖点突变理论中的势函数为：

$$V(f,u,v)=\frac{1}{4}f^4+\frac{1}{2}uf^2+vf \qquad (7.1)$$

式中，f 为状态变量，u、v 为连续的控制变量，其中，正则变量 u 控制了突变发生的时间，分歧变量 v 控制了突变的程度。为了达到

174

式(7.1)的均衡，对式(7.1)进行求导得到行为曲面方程为：

$$\frac{\partial V(f,u,v)}{\partial f} = f^3 + uf + v = 0 \tag{7.2}$$

继续对式(7.2)求导可以得到：

$$3f^3 + u = 0 \tag{7.3}$$

通过联立求解式(7.2)和式(7.3)，可以得到分歧点集为：

$$\delta = 4u^3 + 27v^2 = 0 \tag{7.4}$$

根据 Cobb 的研究[13]，正则变量 u 和分歧变量 v 的函数可以设置为：

$$\begin{cases} u = \alpha_0 + \alpha_1 \cdot x_1 + \alpha_2 \cdot x_2 \\ v = \beta_0 + \beta_1 \cdot x_1 + \beta_2 \cdot x_2 \end{cases} \tag{7.5}$$

同时根据 Cobb 提出的算法，式(7.5)可以简化为：

$$\begin{cases} u = \alpha_0 + \alpha_1 \cdot x_1 \\ v = \beta_0 + \beta_2 \cdot x_2 \end{cases} \tag{7.6}$$

式中，$x_1 = lowest_{price} - expectation_{price}$，$x_2 = lowest_{price} - average_{price}$。将收集的最低配送费为 6 元的数据代入到软件 Cuspfit 中拟合的参数如下：

$$\begin{cases} u = x_1 - 5 \\ v = 2.5x_2 - 0.57 \end{cases} \tag{7.7}$$

计算结果显示 f 的值域为 $(-3.1, 0)$。为了使其符合原始 RA 模型的应用要求，将其标准化至 $(0, 0.5)$，进而计算观点不确定性的公式为：

$$u_i = 0.5\cos\left(f + \frac{\pi}{2}\right) \tag{7.8}$$

通过式(7.8)可以计算出个体的观点不确定性的变化，而该观点的不确定性决定了个体接受其他个体观点的程度。

(2)嵌入突变理论的 RA 模型

在原始 RA 模型中，随着交互过程的推进，个体不仅会更新其观点值，也会更新观点的不确定性值。在本书的模型中，观点不确定性值首先根据尖点突变模型更新，之后再根据 RA 模型更新观点值。

假设员工数为 N，每个员工的智能体由两个变量来描述，即观点 op_i 和不确定性 u_i。观点范围为 (op_i-u_i,op_i+u_i)，h_{ij} 表示员工 i 和员工 j 的观点重合域，其表达式为：

$$h_{ij}=min(op_i+u_i,op_j+u_j)-max(op_i-u_i,op_j-u_j)\quad(7.9)$$

当员工 i 和员工 j 的观点重合域 $h_{ij}>u_i$，员工 j 的观点和不确定性更新规则如式（7.10）所示。

$$\left.\begin{aligned}op_j&=op_j+\mu\cdot\frac{d_i}{d_j}\cdot\left(\frac{h_{ij}}{u_i}-1\right)\cdot(op_i-op_j)\\u_j&=0.5\cos\left(f_j+\frac{\pi}{2}\right)\end{aligned}\right\}\quad(7.10)$$

式中，μ 是一个控制常量，控制着演化的收敛速度。如果 $h_{ij}<u_i$，员工 i 和员工 j 之间没有观点交互，观点值就不会发生变化。因此，在原始 RA 模型中加入 $\frac{d_i}{d_j}$ 来仿真节点之间的影响率，在现实社会中，我们倾向于关注和信任网络中有很多邻居的人，表现在网络结构中就是指度很大的人，因此，$\frac{d_i}{d_j}$ 越大代表员工 i 和员工 j 之间的度差异越大、员工 i 对员工 j 的影响越大。

嵌入突变理论的 RA 模型，可以仿真物联网环境下员工观点的演化。下面对该模型进行验证。

7.4 嵌入突变理论的 RA 模型验证

7.4.1 通过实际数据验证

下面使用第一期数据（最低配送价格为 6 元）来拟合模型，之后使用第二期数据（最低配送价格为 4 元）来验证模型。图 7.5 和图 7.6 显示了当最低配送价格为 4 元、全职员工比例为 40％时，嵌入突变理论的 RA 模型和传统 RA 模型的仿真结果。

与图 7.2(a) 相比发现，嵌入突变理论的 RA 模型的仿真结果比

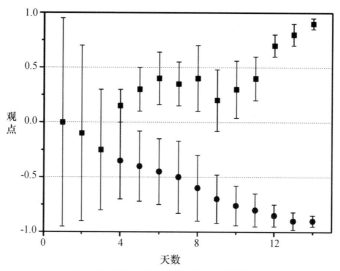

图 7.5　嵌入突变理论的 RA 模型仿真

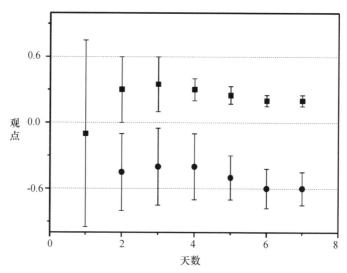

图 7.6　传统 RA 模型仿真

传统 RA 模型的仿真结果更符合实际数据的走势。传统 RA 模型在
演化到第 6 天即达到稳定状态,而且其群体演化趋势与实际数据有
很大差异。在社交网络中,节点的度代表了该节点在网络中的重要
程度,因此,度高的节点比其相邻节点有更大的影响。考虑到社会网
络的特点、员工的期望收入和其他众包物流公司的影响,嵌入突变理
论的 RA 模型比传统 RA 模型更适合仿真物联网环境下员工观点的

演化。

对嵌入突变理论的 RA 模型的仿真结果和实际数据进行一致性检验的结果如表 7.2 所示,结果表明:嵌入了突变理论的 RA 模型的仿真结果与实际数据的相关性为 0.973,大于 0.95,说明仿真结果与实际数据的相似度高,即:当最低配送费为 4 元、全职员工的比例为 40％时,本书提出的嵌入突变理论的 RA 模型是有价值的,比传统 RA 模型的仿真效果好。

表 7.2 配对样本的相关性

		Correlation	Sig.
Pair 1	Model & reality	.973	.000

威尔科克森符号秩检验是一种非参数检验方法,适用于检验两个成对数据之差不服从正态分布时的两个样本的 T 检验,它可以确定两个样本是否来自具有相同分布的总体。表 7.3 显示了威尔科克森符号秩检验的结果。

表 7.3 威尔科克森符号秩检验

	Model & reality
Z	$-.817$
Asymp. Sig. (2$-$tailed)	.414

表 7.3 的结果显示,P 值为 0.414,大于 0.05,这说明嵌入突变的 RA 模型的仿真结果与实际数据没有显著差异,因此再一次验证:当最低配送费为 4 元、全职员工的比例为 40％时,本书提出的嵌入突变理论的 RA 模型是有价值的。

7.4.2 模型的灵敏度分析

上文应用实际数据验证了本书提出的嵌入突变理论的 RA 模型,下面分析最低配送价格和全职员工比例的变化对员工群体观点演化的影响。实验设计如表 7.4 所示,实验中参数的初始值设置如表 7.5、表 7.6 所示。研究表明,网络和社会媒体的结构更符合无标度网络的结构,即平均路径长度较短而网络聚类系数较大[14]。所以,本书将网络结构设为无标度网络,其中最小邻居数设置为 4。

表 7.4　实验设计

最低配送费	全职员工比例	研究变量
2	10%	群体观点演化
4	20%	
6	30%	
	40%	

最低配送费是根据实际数据设置的，而有研究将众包定义为全职工作的人数比例在 10% 至 40% 之间[15]，因此本书将全职员工比例分别设为 10%、20%、30% 和 40%。

表 7.5　员工观点的初始值

最低配送价格	员工类型	初始值
2	全职	三角分布(−1,0.5,−0.6)
	兼职	三角分布(−0.4,1,−0.2)
4	全职	三角分布(−1,0.5,−0.2)
	兼职	三角分布(−0.4,1,0.2)
6	全职	三角分布(−1,0.5,0.2)
	兼职	三角分布(−0.4,1,0.6)

表 7.6　实验参数初始值设置

变量	初始值
员工数 N	1000
全职员工的期望收入	Uniform(4,5)
兼职员工的期望收入	Uniform(0,1)

仿真结果主要可以分为两类。一类是"渐进收敛"，如图 7.7 所示：当最低配送价格大于 6 元时，更容易出现这种结果，员工的观点相对其他价格下表现得更加稳定而且极少发生突跳；第二类是"振荡收敛"，如图 7.8 所示：当最低配送价格低于 4 元时，更容易仿真出这类结果，在此条件下，员工的观点表现出不稳定性，更容易发生振荡和突跳。

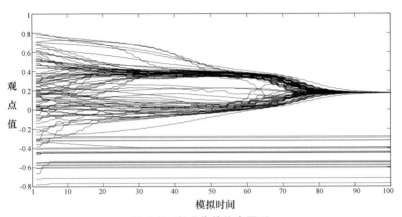

图 7.7　渐进收敛仿真图形

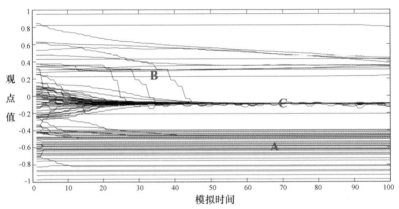

图 7.8　振荡收敛仿真图形

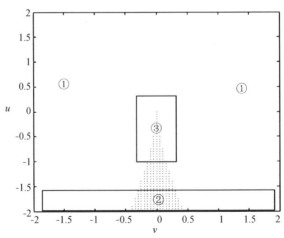

图 7.9　个体不确定性的分歧点集

当最低配送价格很低时,即当最低配送价格远低于全职员工的期望收入,略低于兼职员工的期望收入并且低于市场上的配送价格均价时,员工的观点极易发生突跳,即在初始值之后,大部分员工的观点是消极的,群体观点的平均值也显著下降,如图 7.8 所示。

图 7.8 将员工按其观点演化分为三类。A 类员工,他们的观点非常消极、不确定性的范围很窄,因此他们的观点稳定在消极观点附近,没有出现不连续的变化或突跳。这类员工的不确定性范围集中在图 7.9 中的区域①。B 类员工,其最初的观点中立,受网络上其他员工和自身不确定性的影响,在初期观点呈上升趋势;随着其观点的不确定性趋向消极稳定状态,导致他们的观点值呈现出下降趋势。这类员工的不确定性范围集中在图 7.9 中的区域②。C 类员工,这类员工大部分是兼职员工,其初始观点偏积极但观点演化不稳定,其期望收入较低,所以企业设定的最低配送价格会高于这类员工的期望收入;但当企业的最低配送价格低于市场上的均价时。这类员工的观点极易发生突变,不确定性范围如图 7.9 中的区域③。

通过实验,我们分析了不同参数下的观点演化,并对结果进行回归分析,如表 7.7 所示。

表 7.7　回归分析

模型描述				
Model	R	R square	Adjusted R^2	Std. error of the estimate
1	.964	.940	.919	.049404
系数				
Model	Unstandardized Coefficients	Standardized Coefficients	T	Sig.
	BStd. Error	Beta		
全职员工比例	−.158.010	−.753−15.626	.000 full−time	
最低配送价格	.063	.005	.599	12.424

表 7.7 表明,随着最低配送费的降低,稳态时员工群体的观点平均值也会下降,这与现实生活的结果是一致的;随着全职员工比例的增加,稳态时员工群体的观点平均值并不会随之增加,反而呈现出下

降趋势。表7.7中的回归分析显示R^2是0.93,表明回归模型可以很好地解释这些数据;全职员工比例对结果的影响系数为-0.753,这表明全职员工比例对观点演化结果影响显著;最低配送价格对结果的影响系数为0.599,这说明该因素的影响也是显著的;网络结构对观点演化的影响不显著。

通过以上实验可以发现,与传统RA模型相比,本书提出的嵌入突变理论的RA模型更适合于仿真物联网化境下的员工观点演化。

7.5 离职行为演化的仿真分析

在上述实验的基础上,本节将验证嵌入突变理论的RA模型的有效性,并讨论员工离职率在不同配送价格以及不同员工比例下的变化。

选择无标度网络作为员工之间的网络结构。Rand和Rust[16]提出现实中的无标度网络的最小邻居数大于1、小于10。下面讨论当网络中的最小邻居数分别为1、4、8和10时,众包物流公司分别应采取哪种策略以降低员工的离职率,本书考虑众包物流公司采取的策略主要为鼓励或者抑制员工之间的沟通交流。虽然还有研究,将众包定义为全职工作的人数比例在10％～40％之间[17],但为了提高配送能力,有的众包物流公司可能会主动雇佣一些全职员工,所以在下面的实验中将考虑全职员工比例范围为20％～80％下员工群体观点的演化。

图7.10显示了在不同配送价格和不同员工比例下众包物流公司员工离职率的变化。网络结构为无标度网络,将最小的邻居数(M)分别设置为1、4、8和10,以测试达达配送公司是否应该鼓励或抑制员工之间的交互。结果表明,该模型具有很强的鲁棒性,但在不同的网络结构下仍然存在差异。图7.10结果表明,不论配送价格和员工比例如何变化,员工的离职率都会随网络密度的上升而下降。因此,当企业决定降价时,可以通过鼓励员工直接的交互以适当降低离职率,但也要控制交互人数。一旦人数过多,如图中当$M=10$时,

反而会使离职率上升。

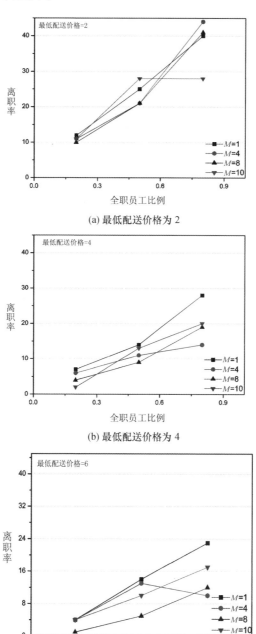

(a) 最低配送价格为 2

(b) 最低配送价格为 4

(c) 最低配送价格为 6

图 7.10　不同员工比例、不同最小邻居数和不同价格下的离职率

图 7.11 中的各子图显示,随着全职员工比例的增加,员工离职率显著上升。全职员工比例为 0.8 时,当最低配送价格从 2 增加到 4,员工离职率显著下降;当配送价格从 4 增加到 6 时,离职率只有略微下降。因为全职员工的最低期望收入为每单 4 元,当最低配送价格低于 4 元时,大部分的全职员工倾向于接受负面观点;当最低配送价格大于 4 元时,大部分全职员工倾向于接受正向的观点,因此离职率也相应降低。

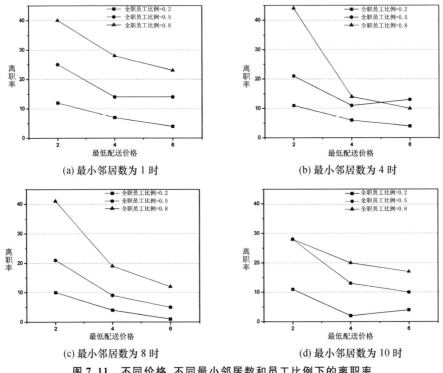

(a) 最小邻居数为 1 时   (b) 最小邻居数为 4 时

(c) 最小邻居数为 8 时   (d) 最小邻居数为 10 时

图 7.11　不同价格、不同最小邻居数和员工比例下的离职率

图 7.12 显示,当最低配送价格为 2 元、全职员工比例为 0.8 时,观点演化达到稳态时全职员工和兼职员工的状态。其中,较大的圆点表示全职员工,较小的圆点表示兼职员工;黄色表示稳态时该个体的观点是正面的、积极的,蓝色表示稳态时该个体的观点是负面的、消极的,黑色表示达到稳态时该个体已离职。

图 7.12 反映,当最低配送价格设置为 2 时选择离职的员工基本为全职员工。达达目前拥有大量兼职员工,全职员工的离职可能不

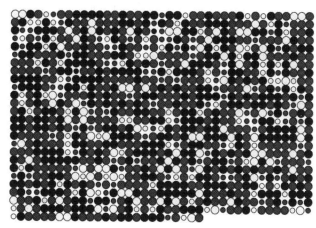

图 7.12　最低配送价格为 2 元、全职员工比例为 0.8 时稳态仿真结果

会显著影响达达配送订单的完成率。考虑到运力过剩的问题,达达配送已由前期的市场扩展阶段转向控制成本阶段,开始逐步降低配送价格。但是兼职员工的配送能力远远小于全职员工的配送能力:本书收集的实际数据显示,全职员工每天可以完成 35～60 个订单的配送,而兼职员工每天仅能完成 1～10 个订单配送。所以在未来,达达不仅要考虑控制成本,还应考虑控制成本对全职员工离职的影响进而对公司配送能力的影响。但以上实验结果表明,只要最低的配送价格高于 2 元,兼职员工的离职率不会受到较大的影响,还是能满足企业的日常配送能力要求。

7.6　本章小结

本章考虑了员工的心理预期和企业外部环境的变化,将尖点突变理论模型嵌入传统的 RA 模型中,首先构建出了针对物联网环境下众包物流企业员工群体观点演化和离职率的新模型,然后通过收集、分析员工在社交网络上发表的观点预测其观点行为的变化,并应用观点动力学模型来研究众包物流员工的观点演化和离职决策的内在机制,最后通过仿真实验验证了嵌入突变理论的 RA 模型比传统 RA 模型更适合于对众包物流员工观点演化的仿真。研究发现:

(1)最低配送价格降低会对员工群体的观点产生负面影响,导致稳态时员工群体的观点值下降；而全职员工比例的下降会导致稳态时员工群体的观点值上升，产生积极的影响。

（2）最低配送价格对全职员工的影响显著，当最低配送价格低于4元时，全职员工的离职率显著上升，但只要最低配送价格大于2元，就不会显著影响兼职员工的离职率，因而仍能满足企业的日常配送能力要求。

（3）网络结构和网络密度对稳态的员工群体观点影响不显著；当最低配送价格低于4元时，全职员工的比例应低于50%，此时企业的运力较强；当最低配送价格大于6元时，全职员工的比例越高，企业的运力越强。

参考文献

［1］Gassenheimer J B, Siguaw J A, Hunter G L. Exploring Motivations and the Capacity for Business Crowdsourcing[J]. AMS Review, 2013, 3(4): 205-216.

［2］Marjanovic S, Fry C, Chataway J. Crowdsourcing Based Business Models: In Search of Evidence for Innovation 2. 0[J]. Science and Public Policy, 2012, 39(3): 318-332.

［3］Mehmann J, Frehe V, Teuteberg F. Crowd Logistics: A Literature Review and Maturity Model. Innovations and Strategies for Logistics and Supply Chains: Technologies, Business Models and Risk Management[J]. Proceedings of the Hamburg International Conference of Logistics, 2015, 20: 117-145.

［4］Ryan R M, Deci E L. Intrinsic and Extrinsic Motivations: Classic Definitions and New Directions[J]. Contemporary Educational Psychology, 2000, 25(1): 54-67.

［5］Kaufmann N, Schulze T, Veit D. More than Fun and Money. Worker Motivation in Crowdsourcing: A Study on Mechanical Turk[R]. Americans Conference on Information Systems, 2011, 11: 1-11.

[6] Huberman B A. Crowdsourcing and Attention[J]. Computer,2008,41(11):103-105.

[7] Lakhani K R,Panetta J A. The Principles of Distributed Innovation[J]. Innovations:Technology,Governance,Globalization, 2007,2(3):97-112.

[8] Organisciak P. Why Bother? Examining the Motivations of Users in Large-scale Crowd-powered Online Initiatives[D]. University of Alberta,2010.

[9] Deffuant G,Amblard F,Weisbuch G,et al. How Can Extremism Prevail? A Study Based on the Relative Agreement Interaction Model[J]. Journal of Artificial Societies and Social Simulation,2002,5(4):179-188.

[10] Meadows M,Cliff D. Reexamining the Relative Agreement Model of Opinion Dynamics[J]. Journal of Artificial Societies and Social Simulation,2012,15(4):4.

[11] Stewart I N,Peregoy P L. Catastrophe Theory Modeling in Psychology[J]. Psychological Bulletin,1983,94(2):336.

[12] Rand W,Rust R T. Agent-based Modeling in Marketing: Guidelines for Rigor[J]. International Journal of Research in Marketing,2011,28(3):181-193.

[13] Cobb L. Parameter Estimation for the Cusp Catastrophe Model[J]. Systems Research and Behavioral Science,1981,26(1): 75-77.

[14] Jiang G,Tadikamalla P R,Shang J,et al. Impacts of Knowledge on Online Brand Success:An Agent-based Model for Online Market Share Enhancement[J]. European Journal of Operational Research,2016,248(3):1093-1103.

[15] Brawley A M,Pury C L S. Work Experiences on MTurk: Job Satisfaction,Turnover,and Information Sharing[J]. Computers in Human Behavior,2016,54:531-546.

［16］Bowen D E,Lawler E E. Empowering Service Employees
［J］. Sloan Management Review,1995,36(4):73.

［17］Zhou J,Shin S J,Brass D J,et al. Social Networks,Per-
sonal Values,and Creativity:Evidence for Curvilinear and Interac-
tion Effects［J］. Journal of Applied Psychology,2009,94(6):1544.

第 4 部分　行为突变篇

　　物联网环境下人在智慧物实时信息的冲突下,其行为的突变性特征明显。本部分首先分析人的选择行为向群体行为反转的规律,然后研究员工的心理契约建立与破坏的突变机制,及员工对组织的对抗行为的突变机制。

第8章

个体选择行为与群体观点反转机制：基于观点动力学的方法

　　智能环境下人的认知受智慧"物"的冲击，相比于传统环境存在显著的偏差，从而导致人的行为的变化具有频繁的分叉与翻转特征。

　　为了揭示认知偏差对人的选择行为进而对网上群体观点反转现象的影响机制，本章基于 Deffuant 的交互模型与 CODA 行为选择机制，分析智能环境中认知偏差与无界信任对个体观点选择的影响，构建群体观点反转模型，并基于多 Agent 模拟方法让该模型模拟群体行为反转的动态过程，进而分析不同情境下个体选择行为与群体观点反转的机制。

8.1　问题的引入

　　人们使用智能手机通信，可以处在一个随时随地的移动过程中，而且智能环境下个体通过智能设备交换信息等来表述与改变自己的观点，该过程中信息快速流动性与无门槛的特点，使个体很难从复杂多变的信息中进行甄别与判断以便快速决策，海量信息带来的决策（心理）压力的增大可能会导致其观点、态度产生突然的变化，而个体的观点选择又往往是突发事件的起源与舆论导向的发展动力[1]。这就使得所谓的"舆情反转"成为一个比较常见的现象，一般而言，在发生某个社会热点事件后，网上的舆情多半发生几轮反转的过程。研究该过程的演化机制，对群体行为发展与控制具有十分重要的现实意义。传统的群体行为研究源于社会科学领域，但传统的群体行为模型很难准确描述个体的观点与决策行为，不能解释智能环境下信息传播和群体观点交互的特性[2,3]。

个体的复杂性与人格特质理论表明,个体对事件的心理认知能力不同[4,5]。个体在一定认知范围中观点的变化是连续的,但若外界干扰或群体压力过大且认知水平较低时,个体的观点选择会因认知导致的偏差表现出非线性、非连续性的特征,尤其是在价值观念多元化的信息网络中,个体的认知在浏览信息、接受信息的同时也在不知不觉中受到媒体与其他个体信息的影响,易导致其观点选择发生突然的变化。

智能环境下的强制信息胁迫是指,存在于智能环境之中的人们随时随地能够使用智能终端获取信息和发送信息,同时智能终端结合物联网等设备又将个人的信息实时向外界发送。智能环境下海量的信息注入在组织与群体两个层面对个体的心理造成较大的压力,进而导致个体观点发生较大的变化。除了智能环境外,在 Deffuant 模型[6]中个体的个性与理想预期也与观点密切相关,尤其是个体对事件信息认知的变化程度。同时,个体的素质与经验良莠不齐,人们在面对同样的信息时表现不一。

智能环境下突发事件的群体观点传播依赖于在动态物理结构框架演化的同时,个体间的沟通、讨论等方式也进行着观点的交互。已有的群体观点传播网络模型依托于复杂网络[7,8],即通过研究网络的结构与分布考察群体观点在传播过程中的演化。近年来,学者们在借鉴信息科学、复杂系统与复杂网络、统计物理学和博弈论等学科方法的基础上,进行了群体观点方面的研究,其成果日益丰富[9,10]。在关于信息传播与舆论的研究中,Deffuant 等人[6]基于网络节点建构了多节点系统(Multi-Agent System,MAS),分析个体的个性因素、智能环境和理性预期与个体观点选择的关系,其结果表明,兴趣和观点相似度较高的个体之间,观点交互行为更频繁。Krause 与 Hegselmann 在此基础上进一步对个体的交互行为进行扩展,建立了 H-K 有界信任模型[11]。Deng 等人[12]提出的信息接收-传播模型考察了信息传播对不同个体的影响,但忽视了组织氛围与群体选择行为对个体观点选择的影响。

以上研究存在以下问题尚待解决:(1)在个体层面上,观点的决策行为与其对事件认知程度密切相关[13],忽略了认知偏差对个体观点决策行为带来的影响;(2)在群体层面上,相邻个体观点带来的压力易影响个体观点的表达,个体之间交流的壁垒被打破;(3)在组织层面上,群体行为中的氛围与群体压力也会对个体的认知产生作用,从而影响其观点的选择,对于智能环境的研究也停留在事件描述与定性分析上。由此可知,多个层面交互作用下个体观点的决策以及个体自身认知所带来的偏差是解决问题的关键。CODA 模型能够描述观点态度连续变化,同时也兼顾了个体表达行为的离散性,能够有效地解决连续变化过程中的非线性现象[14,15],从而为解决个体观点的非线性变化提供了有力工具。

综上所述,运用 Deffuant 模型与 CODA 模型中个体的行为选择机制,更适合探索从底层揭示个体观点的决策行为。因此本章通过对智能环境下个体观点变化的定性分析,并考虑智能环境中个体认知所带来的偏差与无界信任的特性,建构了群体行为反转模型,用以探索突发事件中群体行为演化时个体观点交互的特点对模型的影响,从而解释群体行为演化过程中的反转现象,进而提出相应的避免机制与控制策略。

8.2　线上个体选择行为与舆情动态模型

8.2.1　问题描述与假设

有限信任模型能够反映个体互动过程中的观点渐变现象,但忽略了个体观点发生突然性变化的可能性[7]。例如,Deffuant 认为个体的观点在选择过程中的变化是连续的,即个体观点的取值区间为闭区间 $[0,1]$[6]。CODA 模型指出即使极端个体在交互后并没有改变自身的观点决策,但其观点值仍会在每一次交互过程中发生轻微的改变,导致结果最终的改变[12]。CODA 模型中的个体观点并不是纯粹的"非 A 即 B"，而是两害相权取其轻，个体决策时未必选择内心倾向观点。

一般情况下在低于信任边界时，个体的观点发生交互使得主流舆论加强，但主流舆论也会在这个过程中存在被少数群体所持观点反转的概率[16,17]。有界信任模型认为，个体倾向于与自己观点相似的个体交流[18]。例如个体 i 的观点值为 $x_i(-1 \leqslant x_i(t) \leqslant 1)$，当与其他个体（如个体 j）的观点差值 $|x_i - x_j| < d$ 时，才会选择与个体 j 互动，并更新各自的观点值[12]。

由于智能环境具有低门槛、流动性大和数据量大的特点，智能环境中的个体能够随时随地获取信息、发送信息。群体具有非正式组织的性质，个体可以自由表达观点，个体之间的交互更加频繁，导致群体行为反转的情况屡屡发生。如图 8.1 所示，个体之间的交流不存在有界信任的阈值，即个体能够与观点差异较大的个体进行交流。

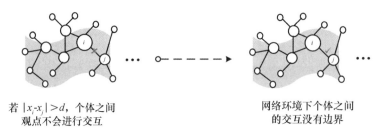

若 $|x_i - x_j| > d$，个体之间　　　　　网络环境下个体之间
观点不会进行交互　　　　　　　　　的交互没有边界

图 8.1　智能环境下个体交互的无边界特征

注：图中节点的大小为个体的度，代表个体在网络中的影响力

有研究表明，信息网络中也存在自组织现象[19]，个体在观点选择过程中会受到组织与群体压力的影响。这种组织偏见在舆情演化中往往表现为智能环境下的信息胁迫，在事件的认知较低时往往会发生观点突然性的改变，使得舆情在传播过程中出现反转。因此，本书构建以个体观点为基础的舆情反转与控制概念模型如图 8.2 所示。

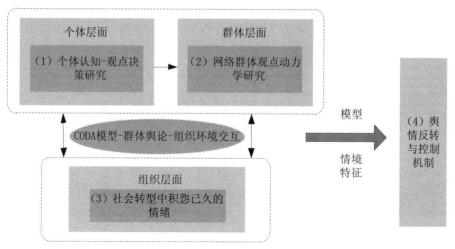

图 8.2　个体观点为基础的舆情反转与控制概念模型

8.2.2　个体认知-观点行为决策

个体对事件的态度、意见与看法是舆情形成与传播的基础，本章以 X 来表示个体的状态空间，且 $X=(x_i,r_i,d_i,o_i)$。由于事件信息在网络上传播时个体的态度往往不确定，为了更形象表达个体的鲜明态度，与 Deffuant 观点值 $[0,1]$ 不同的是，令 x 为 $[-1,1]$ 的连续闭区间。用 $x_i(t)$ 表示 t 时刻个体 i 的态度，则 $-1 \leqslant x_i(t) \leqslant 1$。当 $-1 \leqslant x_i(t) < 0$ 时，表明个体对事件的态度倾向于反对；当 $0 < x_i(t) \leqslant 1$ 时，表明个体对事件的态度倾向于支持。个体在受到舆论压力的影响时，也不可忽视自身认知的影响，观点决策过程中个体自身认知的影响会导致其观点值出现一定的偏差。我们定义认知所产生的偏差 $r_i \in (0,0.5]$，此时个体的观点在 t 时刻的范围为 $h_i(t)=[x_i(t)-r_i, x_i(t)+r_i]$，$h_i(t)$ 为观点域，即个体 i 在 t 时刻表现出外在的行为之前其观点值波动的范围。

Deffuant 模型认为，个体之间进行交流时往往只关心相邻个体对事件的观点值[20,21]，而忽略了相邻个体在群体中的重要性，其重要性在复杂网络中表现为个体的度的大小 d_i[22]。通过 CODA 可知，个体的观点值并不能代表其最终表现出的外在选择行为，因此 $o_i=\{-1,1\}$ 为观点决策的结果，$o_i=1$ 则表示个体 i 的观点决策为支持,否则为反对。

信息网络中个体对突发事件的态度不同程度地受到舆情压力的影响,这种影响一般来自于两个方面。一方面是发生在个体层面,即个体之间以发布微博、跟进评论等方式与邻居群体进行观点的交流和信息的传递、交换。在从众心理的影响下,个体可能会在此过程中发生观点的转变;另一个方面是发生在组织层面,即组织中的舆论领导者通过获取大量的数据,然后根据数据分析发出领导舆论等。可以将舆情涌现与反转过程中个体 i 参与突发事件所受到的影响 I_i 归纳为相邻个体的影响 I_{Mi} 与组织氛围影响 I_{Oi}。

综合以上分析,借鉴 Xiao 等[23]对相邻个体影响力的研究,本书定义相邻个体带来的影响为:

$$I_{Mi} = \frac{1}{n_i - 1} \sum_{i=1}^{n_i} \frac{d_j}{d_{it}} \mathrm{e}^{|r_i - r_j|} \cdot x_j \qquad (8.1)$$

式中, n_i 是相邻个体数量。 d_j / d_{it} 为 t 时刻时个体 j 的度占个体 i 的相邻个体总度的比例,其值越大,对个体 i 的影响力越大; $\mathrm{e}^{-|x_i - x_j|}$ 表示个体之间的观点差异影响系数,两者态度值相差越大,则 j 对 i 的影响力越小。与 Xiao 等研究不同的是,本书一方面兼顾了节点度较大的相邻个体对个体 i 较大的影响,另一方面也能够描述网络中个体在浏览信息时所有相邻个体带来的综合影响,充分反映出信息的流动性。

结合组织层面对个体的影响,个体 i 在参与事件的讨论与交流中所受到总的影响 I_i 为:

$$I_i = a \cdot I_{Mi} + b \cdot I_{Oi} = a \cdot \frac{1}{n_i - 1} \sum_{i=1}^{n_i} \frac{d_j}{d_{it}} \mathrm{e}^{-|x_i - x_j|} \cdot x_j + b \cdot I_{Oi}$$

$$(8.2)$$

式中, a, b 为两种影响的程度,且有 $0 \leqslant a, b \leqslant 1, a + b = 1$; I_{Oi} 为组织氛围的影响(如智能环境与政策引导等),且有 $I_{Oi} = [-1, 1]$。

当 $I_i > 0$ 时,表明个体所受到的总体影响效果为支持态度,个体 i 有可能向着支持事件的方向来改变自身态度,变化的幅度与 I_i 正相关,反之同理。在 CODA 模型中,个体通过观察相邻个体所给出的观点,即外在决策行为 o_i,来更新自己的观点态度 x_i,即内在观点的概率。个体通过 x_i 与 $1-x_i$ 来对自己的观点做出决策,即支持或者反对。

不同于 Deffuant 模型的是,本书加入了认知偏差以及外部行为决策与内部观点方向一致性所带来的影响,在每一步其观点值的更新中均需考虑认知的作用。因此,根据上述分析,对个体 i 而言,当 $I_i>0$ 时,若个体的决策是支持行为(即 $o_i=1$),此时个体所受到的影响与观点方向一致、受到正向的影响,其取值得到加强,即个体的内在观点值以概率方式在原有态度基础上增加一个非负值,见式(8.3)。

$$x_i(t+1)=x_i(t)+c_i \cdot \varepsilon \tag{8.3}$$

其中,c_i 服从 $(0,1)$ 正态分布,表示个体对组织的归属感,即从众心理所带来的影响,表明群体压力对不同特质个体所带来的影响。若个体的决策是反对行为(即 $o_i=-1$),表明其受到的影响与观点方向相反,其决策依然选择自己的内在观点值。但个体的认知在交流中发生变化带来的偏差会进一步加大,即通过交流、讨论,个体的认知偏差 r_i 以概率方式在原有态度基础上增加一个非负值 δ,见式(8.4)。

$$r_i(t+1)=r_i(t)+w_i \cdot \delta \tag{8.4}$$

式中,w_i 服从 $(0,1)$ 正态分布,表示个体对信息的接受能力,因此接受能力越强的个体较容易受媒体与相邻个体观点的影响,使得观点变化极为频繁。同理,当 $I_i<0$ 时,若个体选择反对行为,个体的内在观点值以概率方式在原有态度基础上减少一个非负值 ε,见式(8.5)。

$$x_i(t+1)=x_i(t)-c_i \cdot \varepsilon \tag{8.5}$$

个体的认知以概率方式在原有态度基础上减少一个非负值 δ,见式(8.6)。

$$r_i(t+1)=r_i(t)-w_i \cdot \delta \tag{8.6}$$

式中,ε 和 δ 的大小代表个体之间的交流强度,且 ε、$\delta \in (0.01, 0.1]$。

本章中个体的决策行为由其观点域 h_i 决定,其区间为 $[-1,1]$。

若 $\min\{h_i\}=x_i-r_i>0$,即在认知偏差的影响下个体也完全对事件做出支持行为；若 $\max\{h_i\}=x_i+r_i<0$，个体处于完全的反对行为。

若 $\max\{h_i\}>0$ 且 $\min\{h_i\}<0$，即个体的观点态度在其对事件的认知的影响下处于不稳定状态。由 CODA 模型[12]可知，此时个体 i 选择支持(A)与选择反对(B)行为的概率服从条件分布，即：

$$P(A|B)=\frac{\max(h_i)}{\max(h_i)-\min(h_i)} \quad P(B|A)=1-P(A|B) \quad (8.7)$$

本章主要研究舆情的反转与控制，其前提是舆论已经形成，即存在主流舆论与小部分反对个体。假设参与事件的个体总数量为 N，突发事件的舆情主流为支持，即选择支持行为的个体数量为 $N\_majority$，选择反对行为的个体为 $N\_minority$，且有 $N\_majority>N/2$，和 $N\_majority+N\_minority=N$。

由于智能环境下的信息交流具有隐蔽与低门槛的特点，$N\_minority$ 中的部分个体对事件会比现实中更加公开宣称反对该事件并试图劝服他人接受自己的观点。假设这部分个体的数量为 N_anti，$N\_anti<N\_minority$。这类人对事件具有强烈的负面认知，其认知所带来的偏差相对较小。

因此本模型具有以下特点：(1)相邻个体之间的交流不存在信任边界的隔离；(2)相邻个体由于重要性的不同所造成的影响力不同；(3)个体的态度具有连续性，其选择行为非线性变化。

8.3 模型设置与虚拟实验

8.3.1 模型设置

下面在上述模型的基础上进行仿真研究。假设 $N=1000$，个体的观点在模型初始时有三种类型：选择支持行为的个体、选择反对行为的个体和公开宣称反对事件的个体。组织传播理论认为，在突发事件形成舆情时，选择某一观点的个体的比例超过 50% 为主流舆论[24]。为更好地研究反转的状况，将选择支持行为的比例控制在

65%～70%之间。本章实验中的其他参数设置如表 8.1 所示。

表 8.1　仿真实验中的参数设置

参数设置	数值大小或范围
事件总参与人数 N	1000
个体之间交流的强度 ε,δ	0.05
初始选择支持的个体 $N\_majority$	650～700
初始选择反对的个体 $N\_minority$	$N-N\_majority$
坚决反对的个体 N_anti	$0.15～0.25*N\_minority$
个体认知偏差 r_i	$[0,0.5]$均匀分布
N_anti 认知偏差 r_i	$[0,0.1]$均匀分布

在本章构建的模型中,若持有极端观点的个体拥有较小的认知偏差,在观点决策时其选择行为很难发生变化。以下实验结果基于 100 次的平均模拟数据,且每次实验至舆情效果达到一致或者至少 200 个时间周期。模型中个体参数的初始分布依据参考文献[29,30]设置如表 8.2 所示。

表 8.2　不同个体类型的参数设置

个体类型	属性	数值范围
N_major	x	$Uniform(0,1)$
	r	$Uniform(0,0.5)$
N_minor	x	$Uniform(-1,0)$
	r	$Uniform(0,0.5)$
N_anti	x	$Uniform(-1,-0.5)$
	r	$Uniform(0,0.1)$

在 Netlogo 平台上,基于 Agent 方法实现上述实验模型,进而模拟个体决策及舆情反转过程,实验分析各类参数变化对舆情反转的影响。

8.3.2　虚拟实验与仿真结果

1)个体观点与认知偏差的演化

本章着重于研究突发事件中存在信息胁迫的普遍现象,故假设 $I_{oi}=-0.5$,图 8.3 和图 8.4 分别是舆情反转过程中个体的观点与认知偏差的分布与变化。从图 8.3 中可以发现,舆情演化过程中发生了逆转现象,持有不同观点的个体逐渐形成一致。在 $t=200$ 时,个体的观点态度已明显处于负面状态。图 8.4 中个体的认知偏差不断变窄,说明系统中个体对事件认知的分歧逐渐降低,加之处于对正面观点的不利环境,因此舆情的反转过程很难发生改变。图 8.5 中个体在观点决策时行为的变化率也再次证明了反转的彻底性。事实上,由图 8.5 可知,$t>120$ 时,个体的选择行为变化率维持在一个较低水平,在无信任边界的智能环境下,持反对观点的个体更能够充分发挥自身影响力,个体之间的交互在认知偏差较小时很难引起舆情的较大波动。

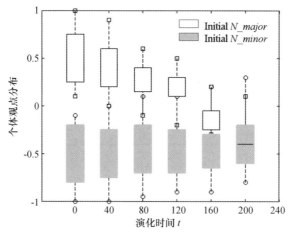

图 8.3　反转过程中个体观点的分布

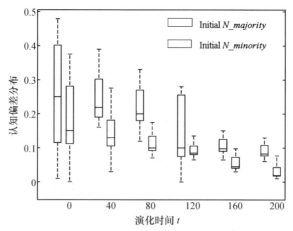

图 8.4　反转过程中个体认知偏差的变化

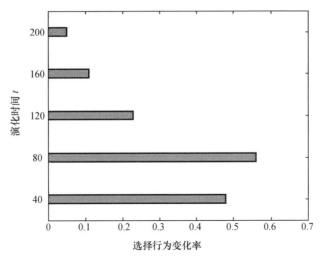

图 8.5　反转过程中个体行为的变化率

例如，京东青浦仓库罢工事件。部分员工利用受害者制造了批判、谴责公司拖延薪资的舆论胁迫，并列举了以往大量类似新闻报道。事件的不断曝光与发酵，损坏了京东平时塑造的良好形象，舆情一度紧张。

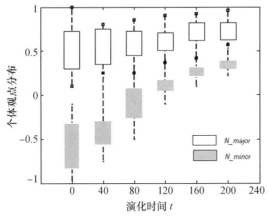

图 8.6　舆情未反转时个体观点的分布

对比之下，由图 8.6 可知，当舆情未发生反转时，舆情的变化更加迅速（$t=120$）。群体层面的观点呈现出一边倒的情形，且双方个体的观点分布更加紧窄。然而在图 8.7 中可以发现，个体的认知偏差出现了一定的分化，即原持支持态度的大多数个体的认知偏差不断收窄，而少部分持反对态度极端个体的认知偏差则在交互中不断变大。由于在网络中没有交流壁垒,该类极端个体很大可能会与周围持支持态度的个体进行交流,导致自身认知偏差的增大,这种偏差增大的结果会使得极端个体有极大的概率选择支持事件。很多突发事件中,极端个体的观点决策在邻近个体的影响下产生一个“突然变化”的现象,原因在于其具有较大的认知偏差[25,26]。同时,由于该部分个体占据了整个群体的极少数,因此舆情很难再发生反转。

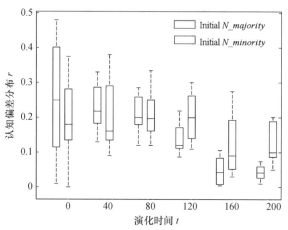

图 8.7　舆情未反转时个体认知偏差的变化

不可忽视的是,图 8.8 表明在这种情况中个体选择行为的变化率保持在较高的水平,究其原因是在假设中考虑了智能环境的存在。结合图 8.5 与图 8.8 可知,智能环境对舆情的稳定性与反转有着不可忽视的影响,因此,接下来很有必要对其进行进一步的考察。

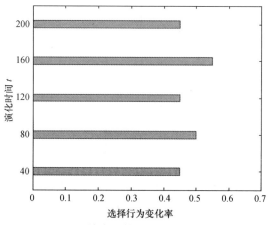

图 8.8　舆情未反转时个体行为的变化率

(2)智能环境下的信息影响分析

一般而言,系统中的个体交流不仅仅局限于个体本身之间的交流,还时刻受到周围环境的影响。因此舆情的反转的概率与个体的行为选择具有较大的相关性,对于如何证实与量化它们之间的关系,是进一步研究的重点。正如上一节,a 与 b 分别是个体之间交流与智能环境下信息胁迫的影响权重,根据比例的分配可得图 8.9。正如所预计的,智能环境下的信息胁迫对舆情具有较大的影响,尤其是当 $b>0.1$ 时。

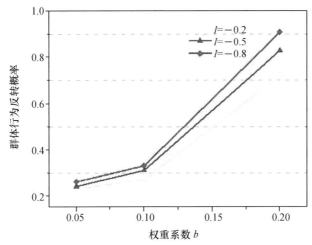

图 8.9 不同智能环境下权重系数 b 的演化情况

特别是在舆论开始形成时,通过物联网和智能终端等智能平台采集信息能够控制其发展的方向与趋势。研究表明,系统中的大多数个体很少具有坚定的信仰,即在面临快速决策时没有较强的自主性,但拥有较高的归属感,因此,智能环境对群体事件具有较大的管控影响。

在多元价值观的信息网络中,通常会有哗众取宠的信息,这些信息常常伴有不确定性与夸大性,在无意中加强了信息胁迫的影响[27]。因此,结合图 8.9 可知,舆论管理的迫切任务是消除信息胁迫,并推崇准确、安全的信息交换机制,如智能终端与实名绑定的推行等。事实上,管理部门对信息的及时公开与准确报道能够快速阻止负面信息的传播,同时也有助于个体信息的交流逐渐向预期发展。

（3）交互强度ε与δ分析

个体的交互是信息传播的根源与动力,因此分析交互强度对舆情反转的影响是十分必要的。为简单起见,在以下实验中设置$a=0.2$,$I_{oi}=-0.5$、-0.3、0.3、0.5来表示个体在不同智能环境下所遭受的外部影响,实验结果如图8.10所示。

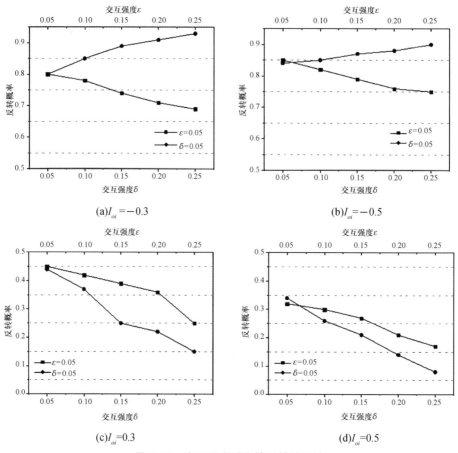

(a)$I_{oi}=-0.3$ (b)$I_{oi}=-0.5$

(c)$I_{oi}=0.3$ (d)$I_{oi}=0.5$

图8.10 交互强度对舆情反转的影响

图8.10表明,不同的智能环境下两种交互强度对舆情反转的概率产生了不同的作用。在图8.10(a)与8.10(b)中,当$\delta=0.05$时,舆情反转概率会随着ε的增加而增加,这与参考文献[13]和[16]的研究结论是一致的,即:信息交流在个体的交互过程中会进一步地增强舆情的进展,信息胁迫的负面加强则决定了舆情的导向。当$\epsilon=0.05$时,舆情反转的情况随着认知交互的加强而有所

降低，这表明个体的认知偏差会使其行为更快地发生改变，导致舆情演化方向的混乱，这反而不利于舆情的快速转变。

图 8.10(c) 与 8.10(d) 表明在正向环境下两种认知交流强度的增加都有利于舆情的稳定。突发事件中，信息扩散的不均衡性和信息曝光的快速性都会导致个体认知偏差的增强。在这种情况下，由于个体选择行为的改变速率较高，将很不利于少数个体对舆情的观点改变。

8.4 智能系统信息无界性及社团分析

在以往的有界信任模型研究中，舆情演化过程中持不同意见的个体会在交互过程中进行"迁移"，直到最终形成双方强弱不同的对峙形态[11,28]。然而在智能环境下，个体交流的壁垒被打破，极端个体可以通过智能终端进行直接对话。图 8.11 以 100 个节点为例，选取了 $t=80$ 与 $t=160$ 的时间截面来研究无界信任模型下群体分布的特点。

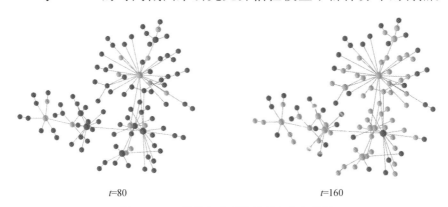

$t=80$ $t=160$

图 8.11　无界信任中群体的观点分布截面

注：红色节点表明个体对事件持支持的观点，绿色则为反对

通过图 8.11 可以发现，在没有信任壁垒的交流中，系统中的个体观点呈现中心化的特征。同时，在认知偏差的作用下，意见领袖也在舆情演化过程中能较快改变其观点选择。由于中心化特征的存在，意见领袖所要发挥的作用比以往更加重要。在 $t=80$ 时舆情尚未反转，在 $t=160$ 时舆情逐渐开始变化，持赞同观点的个体开始被边缘化，这与信息传递模式是一致的。因此本书将以上特点称为信

息舆情演化的无边界效应。

由于个体参与事件在某种程度上是随机的，而不是静态的，因此为了更好地验证模型的适应性、可行性与鲁棒性，对智能系统中波动性与反转概率的关系进行考察是十分必要的。智能系统的结构通常是恒定的，但也会产生微小的变化。在一个紧密相连的社会中，个体的选择行为有可能会被组织忽略。社区的紧密程度取决于社区的个数与行为的同质化。在现有无标度网络算法的基础上，本书设计 4 组不同网络度的幂指数 γ 与社区幂指数 β 来探索上述现象，这 4 组场景的参数设定如表 8.3。

表 8.3　场景网络的参数设定

实验	场景 1	场景 2	场景 3	场景 4
实验 1	$\gamma=1.2,\beta=2$	$\gamma=1.8,\beta=2$	$\gamma=2.6,\beta=2$	$\gamma=3.0,\beta=2$
实验 2	$\gamma-1.8,\beta=1$	$\gamma=1.8,\beta=1.5$	$\gamma=1.8,\beta=2$	$\gamma=1.8,\beta=2.5$

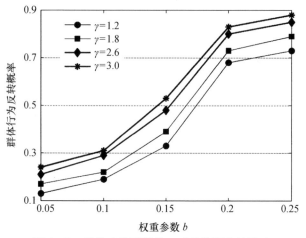

图 8.12　网络度的幂指数 γ 对反转概率的影响

从图 8.12 中可以发现，反转的概率随着网络幂指数 γ 的增加而增加，但随着权重 b 的增长，这种影响不断减弱。这表明相邻个体具有强烈凝聚力时，其凝聚力会增强最初多数个体对行为变化的抵抗力。值得注意的是，在以上 4 组指数中总体趋势的差异性并不大，说明该模型具有非常强的适应性与鲁棒性。在图 8.13 中同样发现：社区的大小对群体行为的变化具有重要影响，即大的社区能够容忍坚决抵抗的个体，使得这类个体能够利用组织所处的氛围，最终将群体的行为进行反转;尤其是当社区幂指数 $\beta=1.5$ 时,更加有利于少数群体改变多数群体。进一步地,基于已有研究[29],下面探索初始的顽固个体的比例与反转概率的关系。在 Galam 的连续行为动力学模型中[30],在存在组织偏见时顽固个体超过 17% 就能够将多数群体动摇,从图 8.14 中也得到了相似的结论。因此,我们可以推断个体的行为选择很容易受到组织偏见的影响,且在无边界效应的影响下更是如此。

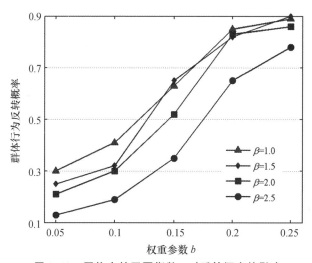

图 8.13 网络中社区幂指数 β 对反转概率的影响

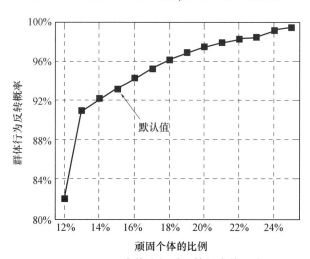

图 8.14 顽固个体比例对反转概率的影响

8.5 本章小结

舆情管理一直以来是系统中个体观点行为管理的重点,本章提出了一个动态舆情反转模型,将其应用于分析智能环境下突发事件中常见的反转现象,得到了一些有用结论。相比于以往观点交互模型,本章所提模型考虑了个体认知偏差对观点决策所带来的影响及网络中个体交流的特点,研究效果更好:认知偏见具有两面性,既能够增强个体对原有观点的选择,又能够削弱降低其对观点选择的精确度,能够很好地反映现实中观点决策的特点。此外,该模型也准确揭示了舆情反转过程中观点连续变化的特征以及反转和未反转两种舆情演化机制。研究发现:

(1)认知偏差的分布与行为变化率可用来判断是否具有反转的可能性,负面信息在传播过程中会影响到个体的认知,也进一步降低了舆情反转的可能性。

(2)在智能环境下,无边界效应对信息具有放大作用,即智能终端很小的信息变化都能够引起舆情演化的巨大变化。信息胁迫问题的解决不再是一个不重要的问题,应当作为智能环境管理的主要任务。

(3)信息平台应该确保其发布信息的可信度。在智能环境的影响下,个体认知很容易受到虚假信息的影响,而智能环境的中心化特征又进一步凸显了意见领袖的作用,因此媒体的作用在提升的同时,担负的责任也在增加。

参考文献

[1]Cheng C T. New Media and Event: A Case Study on the Power of the Internet. Knowledge[J]. Technology & Policy,2009, 22(2): 145-153.

[2]Boccara N. Models of Opinion Formation: Influence of Opinion Leaders[J]. International Journal of Modern Physics C, 2008,19(01): 93-108.

［3］Flicker L. The Influence of Opinion Leaders［J］. Australian Prescriber,2012,35(3):74-75.

［4］Nowroth D,Polian I,Becker B. A Study of Cognitive Resilience in a JPEG Compressor［M］. IEEE International Conference on Dependable Systems and Networks With FTCS and DCC,2008.

［5］Roberts B W,Kuncel N R,Shiner R,et al. The Power of Personality:The Comparative Validity of Personality Traits,Socioeconomic Status,and Cognitive Ability for Predicting Important Life Outcomes［J］. Perspectives on Psychological Science,2007,2(4):313-345.

［6］Deffuant G,Neau D,Amblard F,et al. Mixing Beliefs among Interacting Agents［J］. Advances in Complex Systems,2000,3(01~04):87-98.

［7］Deng L,Liu Y,Xiong F. An Opinion Diffusion Model with Clustered Early Adopters［R］. Physica A:Statistical Mechanics and its Applications,2013,392(17):3546-3554.

［8］Newman M E J. The Structure and Function of Complex Networks［J］. SIAM Review,2003,45(2):167-256.

［9］Xiong F,Liu Y. Empirical Analysis and Modeling of Users' Topic Interests in Online Forums［OB］. PloS One,2012,7(12):e50912.

［10］Newman M E J,Watts D J. Renormalization Group Analysis of the Small-world Network Model［J］. Physics Letters A,1999,263(4):341-346.

［11］Hegselmann R,Krause U. Opinion Dynamics and Bounded Confidence Models,Analysis,and Simulation［J］. Journal of Artificial Societies and Social Simulation,2002,5(3):121-129.

［12］Deng L,Liu Y,Zeng Q A. How Information Influences an Individual Opinion Evolution［J］. Physica A:Statistical Mechanics and its Applications,2012,391(24):6409-6417.

[13]Paulus M P, Yu A J. Emotion and Decision-making：Affect-driven Belief Systems in Anxiety and Depression[J]. Trends in Cognitive Sciences,2012,16(9)：476-483.

[14]Martins A C R. Continuous Opinions and Discrete Actions in Opinion Dynamics Problems[J]. International Journal of Modern Physics C,2008,19(04)：617-624.

[15]Martins A C R,Pereira C B,Vicente R. An Opinion Dynamics Model for the Diffusion of Innovations[R]. Physica A：Statistical Mechanics and its Applications,2009,388(15)：3225-3232.

[16]Galam S. Minority Opinion Spreading in Random Geometry[J]. The European Physical Journal B-Condensed Matter and Complex Systems,2002,25(4)：403-406.

[17]Galam S. Heterogeneous Beliefs,Segregation,and Extremism in the Making of Public Opinions[J]. Physical Review E,2005,71(4)：046123.

[18]Lorenz J. Continuous Opinion Dynamics under Bounded Confidence：A survey[J]. International Journal of Modern Physics C,2007,18(12)：1819-1838.

[19]Guimera R,Danon L,Diaz-Guilera A,et al. Self-similar Community Structure in a Network of Human Interactions[J]. Physical Review,2003,68(6)：5103-5108.

[20]Axelrod R. The Dissemination of Culture a Model with Local Convergence and Global Polarization[J]. Journal of Conflict Resolution,1997,41(2)：203-226.

[21]Li Z,Tang X. Polarization and Non-positive Social Influence：A Hopfield Model of Emergent Structure[J]. International Journal of Knowledge and Systems Science,2012,3(3)：15-25.

[22]Zhang Y,Xiao R. Simulation on Dynamic Evolution of Vent Collective Behavior under Government Control[J]. Advances in Information Sciences and Service Sciences,2013,5(4)：164.

［23］Xiao R B, Zhang Y F. Cooperative Evolution of Spatial Games with Unsymmetrical Neighborhoods in Disordered Environment[J]. Advanced Science Letters, 2012, 16(1)：27-31.

［24］Middleton D, Institute of Electrical and Electronics Engineers. An Introduction to Statistical Communication Theory[M]. New York：McGraw-Hill, 1960.

［25］Weidlich W, Huebner H. Dynamics of Political Opinion Formation including Catastrophe Theory[J]. Journal of Economic Behavior and Organization, 2008, 67(1)：1-26.

［26］Kułakowski K. Opinion Polarization in the Receipt - Accept - Sample Model[R]. Physica A：Statistical Mechanics and its Applications, 2009, 388(4)：469-476.

［27］Cheung A S Y. Study of Cyber-Violence and Internet Service Providers' Liability：Lessons from China[J]. Pacific Rim & Policy Journal, 2009, 18(2)：323-346.

［28］Weisbuch G. Bounded Confidence and Social Networks [J]. The European Physical Journal B-Condensed Matter and Complex Systems, 2004, 38(2)：339-343.

［29］Kurmyshev E, Juárez H A, González-Silva R A. Dynamics of Bounded Confidence Opinion in Heterogeneous Social Networks：Concord against Partial Antagonism[R]. Physica A：Statistical Mechanics and its Applications, 2011, 390(16)：2945-2955.

［30］Galam S. Stubbornness as an Unfortunate Key to Win a Public Debate：An Illustration from Sociophysics[J]. Mind & Society, 2015, 15(1)：117-130.

员工心理契约建立-破坏的研究：
基于突变论的方法

物联网环境下企业在日常的经营管理中拥有强大的基于信息系统的智能计算与分析的工具支持，而员工在物联网环境下的日常工作中是受智能"物"的要求和支配的。在"物"的高频率信息发送与实时工作要求的条件下，员工没有企业组织所具有的智能计算与分析的工具支持，其工作行为停留在服从、跟随、快速决策这个阶段，难以进入深度计算阶段，从这一点来看，物联网环境下，员工与企业组织之间存在技术的不对称。在这种条件下，员工对企业的心理契约的形成与演化机制，显然是不同于传统环境下的。

为了揭示员工在物联网环境下心理契约的建立与破坏之间的动力学机制，本章运用突变理论（模型）系统地分析心理契约动力学演化过程中所出现的非线性特征，为物联网环境下员工心理契约的管理提供理论依据。

9.1 问题的引入

自从 Rousseau[1] 给出了狭义的基于员工单维角度的定义以后，对心理契约的研究得到了快速的发展。心理契约破坏是员工对组织未能完成在心理契约中所承担责任的认识和评价，已有研究表明心理契约破坏会对员工的情感、态度和行为产生负面影响，因此成为心理契约研究领域的重要课题。研究者对心理契约破坏前的因变量及其破坏与结果的调节变量问题进行了大量研究。然而如何有效预防破坏的产生一直是一个没有得到有效研究的课题。一些学者（包括

Rousseau、Robinson[2] 和 Conway[3] 等人）一致认为，心理契约破坏与心理契约建立的转换过程并非像很多实证研究（Lambert）所认为的是一个线性可逆过程，其一旦破坏就很难重新建立起来，或者说由于彼此信任的破坏，需要更多努力才能重新建立起有效的心理契约水平。管理者对员工采取一定程度的激励，可以使员工保持心理契约建立状态，但是一旦破坏后，即使在当前的激励水平下，员工依然会处于心理契约破坏状态。Conway 通过纵向实证研究发现，同样程度的心理契约建立相比，心理契约破坏对员工造成的影响更深，其反映出一种不可逆性，表现出一种突变性。

鉴于上述理论依据，心理契约破坏的内在机制这一黑箱可以由非线性动力学概念——突变理论来揭开。因为三类现象正对应于突变理论模型中的滞后、双模态和突跳现象，是突变模型所独有的，而传统的数学模型无法有效地对它们进行解释。虽然现有的 logistic 模型可以用来描述快速变化等现象，但是无法描述诸如双模态和滞后等特征。突变理论分为经典突变理论（Element Catastrophe Theory，ECT）和随机突变理论（Stochastic Catastrophe Theory，SCT），它们都是用来描述系统行为的"均衡性质"随着参数的连续变化而发生意外的不连续变化的工具。随机突变理论的研究对象是以随机微分方程表示的系统，其用来描述和解释反映随机扰动系统"均衡性质"的众数（mode）突变。实际上员工心理契约水平的变化总是会经受一定不确定性的扰动（可以来自主观因素，也可以是客观因素），因此本书运用随机突变理论来分析心理契约建立-破坏的内在突变机制，为解释和预测心理契约破坏的发生提供理论依据。

9.2　员工心理契约动力学演化的尖点突变模型

滞后、双模态和突跳等突变特征在心理契约破坏过程中的存在，为利用突变模型来描述心理契约建立-破坏的动力学机制提供了坚实的理论基础，同时心理契约破坏的发生作为一种突变现象，可以通过突变理论来进行有效的分析。

9.2.1　心理契约动力学的经典尖点突变模型

在七种传统的经典突变模型中,由于其结构的简单性和内容的丰富性,尖点模型在实践中得到了广泛的应用。通过该模型可以典型地发现滞后、双模态和突跳等突变特征,而这正对应于心理契约破坏过程中所表现出来的一些现象,因此用尖点模型来描述心理契约动力学机制是合理可行的。因此,员工心理契约水平演化的动力学方程可以由如式(9.1)所示的尖点模型来描述。

$$\mathrm{d}x/\mathrm{d}t = -x^3 + \beta x + \alpha \qquad (9.1)$$

式中,员工心理契约水平 y 由一个线性变换 $x = (y-\lambda)/\tau$ 来处理,而 λ,τ 是变换参数,这样保证式(9.1)更合理地描述心理契约突变机制。参数 α 是正则因子,β 是分歧因子。在实际中,两类控制参数是作为一些影响心理契约水平变化的独立变量的函数而存在的。比如,根据关于心理契约的现有实证研究,员工的人格变量[4,5]和企业的组织氛围变量[6,7]都能够有效影响心理契约的水平。

9.2.2　心理契约动力学的随机尖点突变模型

式(9.1)是一个确定性的常微分方程,没有考虑不可知的随机因素带来的干扰。然而实际中,作为一种心理变量,员工心理契约的波动过程是一个复杂系统,其变化不仅仅会受到人格和组织氛围的影响,还有很多不可预见的内外部因素对其产生影响,这种影响在某些情况下也是不可忽略的。因此,在式(9.1)的基础上,可引入一个合理的布朗运动扰动项来描述这些随机干扰,得出式(9.2)。

$$\mathrm{d}x = (-x^3 + \beta x + \alpha)\mathrm{d}t + \sigma \mathrm{d}w(t) \qquad (9.2)$$

式中,σ 反映了所受到的扰动强度,可假设其为一个正常数,表示前后心理契约受到的扰动来源和强度是一致的。

这样在形式上找到了一种描述员工心理契约动力学演化的工具,即式(9.2),接下来主要考虑如何借助式(9.2)对心理契约动力学的突变机制进行分析。可以看出,有效的分析离不开对变量 $\alpha,\beta,\lambda,\tau$ 的确定,因为此时式(9.2)只是一个笼统的概念。至于心理契约变量

y 与人格变量和组织氛围变量之间的具体关系还是一个黑箱，无法进一步从定量角度获得心理契约动力学演化特征。

在突变理论应用的历史上，突变机制的定量分析方法在硬科学领域的应用比较广泛、成熟，因为在该领域系统的动力学模型比较容易获得；而与之相比，在软科学领域比如经济、社会和心理学领域中，由于系统的定量模型难以获得，突变机制的分析在早期主要以定性分析为主，直到后来出现了一些依靠实证数据来对突变模型进行拟合的统计方法后，定量分析才可以得以进行。

心理契约作为一个心理学术语，由于个体的差异性和测量的困难，其动力学演化的数学模型很难建立起来，因此现有的相关研究主要是以借助横向和纵向数据的实证研究为主，数理模型基本上难以建立。如果只是单纯地对心理契约动力学机制进行定性的突变分析，则已无必要，因为实证研究已经给出了相关突变特征的证明及定性分析，而本书是着眼于突变机制的定量分析的。突变特征的存在性已经为利用突变模型来拟合心理契约动力学提供了有力的保障，接下来为了尽可能获得与实际数据相符的突变拟合模型，一方面要搜集大量数据，另一方面需借助经典的突变模型拟合方法，从众多的拟合模型中借助一定的择优标准，获得最优匹配模型，在此基础上就可以对心理契约动力学进行定量分析了。

9.3　尖点突变模型的拟合

9.3.1　搜集数据

本书的研究团队对武汉一家大型研发制造型企业进行了长期调研，调研对象是该企业研发部的开发人员，他们每日工作环境在一个智能楼宇里，工作内容主要是通信设备管控软件开发。员工在开发的过程中，受该行业的项目管理信息系统的局限，同时还受多款通信软件的支持，用于研发中的研讨与信息交换。可以认为，该企业开发人员所处的环境是一个典型的智能楼宇型的智能环境。

调研工作采用了访谈和发放问卷等形式。发放问卷对象是研发部的开发人员，调研内容包括心理契约、人格和组织氛围等变量测量。

从员工感知角度对心理契约的测量，就是员工个体对于相互责任与义务的信念系统评价，包括员工感知到的"组织对其承担的责任"（简称"组织责任"）和"其对组织承担的责任"（简称"员工责任"）两个维度。调查分析后得到，两个维度的内部一致性系数分别为0.69、0.74，总问卷信度为0.89，信效度良好。关于人格变量的测量，采用Goldberg编制的大五人格问卷简式问卷[8]，包括神经质、责任感、外向性、宜人性和开放性5个分问卷，各分问卷均有5个项目，共25个项目。各分问卷内部一致性系数分别为0.59、0.76、0.49、0.73、0.55，问卷总项目的内部一致性系数为0.69。对组织氛围变量的测量，参考Litwin和Stringer[9]的经典量表和谢荷锋编制的组织氛围量表[10]，在访谈基础上进行语义修改形成最终量表。该量表主要包括创新氛围、公平氛围、支持氛围、人际关系氛围、员工身份认同氛围等五个维度。各分量表的内部一致性系数分别为0.83、0.82、0.72、0.80、0.76，总量表项目的内部一致性系数为0.94。对于所有问卷的处理本书全部采用了严格的双向翻译，问卷采用李克特式五点计分法（Five-point Likert scale）。

问卷调查对象是中国武汉若干家通信企业中的员工，发放问卷310份，回收283份，回收率91.29％，其中有效问卷269份，有效回收率86.77％。其中，男166人，女103人；已婚139人，未婚130人；本科学历124人，硕士及以上145人；平均工作年限3.63年，平均年龄29.3岁。

9.3.2　尖点突变模型拟合方法和Cuspfit软件

拟合估计方法是使用最广泛的由Cobb创立的极大似然估计理论。

该理论的基本思路是针对标准尖点突变模型即式(9.3)的极限概率密度函数：

$$f^* = C(\alpha,\beta)\exp\left(-\frac{1}{4}x^4 + \frac{1}{2}\beta x^2 + \alpha x\right) \tag{9.3}$$

使用极大似然估计法求得最优参数取值组合,其中

$$\begin{cases} x=(y-\lambda)/\tau \\ \alpha=\alpha_0+\alpha_1 x_1+\alpha_2 x_2+\cdots+\alpha_n x_n \\ \beta=\beta_0+\beta_1 x_1+\beta_2 x_2+\cdots+\beta_n x_n \\ C \text{ 是积分常数} \end{cases} \qquad (9.4)$$

需要估计的参数包括:$\lambda,\tau,\alpha_0,\alpha_1,\alpha_2\cdots\alpha_n,\beta_0,\beta_1,\beta_2\cdots\beta_n$,而 $y,x_1,$ $x_2\cdots x_n$ 是待观测的实际变量。

根据上述突变模型拟合思路,Cobb 开发了一套计算机算法来进行处理。针对同一组样本值,该算法比较了尖点突变模型与线性模型匹配的优劣性后得知,此算法的稳定性不是很好。

后来学者 Hartlman 开发了专门针对尖点突变模型进行估计的一套替代算法(即 Cuspfit 软件)解决了上述问题。在该算法中,不仅比较了线性模型和尖点突变模型之间的优劣,还引入了 Logistic 非线性模型与尖点突变模型的匹配优劣。同时,这种匹配优劣取决于两类标准的判定:赤池信息准则(Akaike Information Criterion, AIC)和贝叶斯信息准则(Bayesian Information Criterion, BIC),两个判定标准取值最小的模型的拟合效果最好。Cuspfit 软件允许存在含有约束的拟合模型,即可以人为地设定若干参数取值为零,这样最终的拟合结果就会得到很多组;而若要找到具有最优拟合效果的那一组参数值,也需要上述两类判定标准。

9.3.3　拟合结果

根据现有的实证研究,员工的人格变量和组织氛围变量能够有效预测心理契约水平,因此本书将人格变量(记为 x_1)和组织氛围变量(记为 x_2)作为独立控制变量,并且根据拟合估计方法的一般原理,假设有

$$\begin{aligned} \alpha&=\alpha_0+\alpha_1 x_1+\alpha_2 x_2 \\ \beta&=\beta_0+\beta_1 x_1+\beta_2 x_2 \end{aligned} \qquad (9.5)$$

而参数 λ、τ、α_0、α_1、α_2、β_0、β_1、β_2 是待估计的变量。

搜集到上述有效数据($N=269$)后,运用 Cuspfit 软件,对上述参

数进行拟合估计。由于事先并不知道两类独立观测变量对正则因子和分歧因子的贡献水平，而引入含有约束的尖点突变模型的存在性，所以可以允许 $\alpha_1,\alpha_2,\beta_1,\beta_2$ 中的某些值为零。例如，如果知道组织氛围对正则因子 α 没有影响，可以设定 $\alpha_2=0$，其他的类似进行推理。这样最终得到 16 组尖点拟合模型如表 9.1。

表 9.1　尖点模型拟合结果一览表

Model	α_0	α_1	α_2	β_0	β_1	β_2	λ	τ	Par	AIC	BIC
1	-3.68	0.00	0.00	-5.00	-0.40	0.00	1.61	2.55	5	727	745
2	-5.00	0.00	0.00	2.50	0.00	-1.62	5.00	2.35	5	552	569
3	-1.22	0.28	2.52	-5.00	0.26	0.00	0.34	1.71	7	548	573
4	-1.94	0.25	0.25	-5.00	0.00	-0.14	0.57	1.73	7	549	573
5	-5.00	0.56	0.00	2.54	0.14	-1.62	5.00	2.34	7	553	578
6	-5.18	0.00	2.50	-5.00	0.37	0.21	-0.03	1.71	7	551	575
7	-1.47	0.25	2.52	-5.00	0.00	0.00	0.42	1.72	6	547	568
8	-5.00	0.00	0.00	2.53	-0.14	-1.62	5.00	2.34	6	552	573
9	-1.22	0.00	2.47	-5.00	0.00	-0.23	0.66	1.75	6	549	570
10	-5.00	0.29	0.00	2.54	0.00	-1.62	5.00	2.34	6	552	573
11	-0.57	0.00	2.50	-5.00	0.30	0.00	0.16	1.71	6	543	561
12	-1.10	0.26	0.00	-4.27	0.00	0.00	0.50	2.21	5	727	744
13	-1.40	0.00	2.51	-5.00	0.00	0.00	0.40	1.73	5	547	565
14	-1.07	0.27	0.00	-4.28	5.25	0.00	0.48	2.21	6	729	750
15	-1.10	0.00	0.00	-4.21	0.00	0.00	0.50	2.22	4	728	742
16	-1.79	0.31	2.50	-5.00	0.28	-0.18	0.53	1.73	8	549	570

可以发现，第 11 组模型（AIC＝543，BIC＝561）对数据的匹配是最优的，因为两类判断标准 AIC 和 BIC 取值最小，其所对应的随机尖点模型的动力学方程是

$$\mathrm{d}x=(-x^3+\beta x+\alpha)\mathrm{d}t+\sigma\mathrm{d}w(t) \tag{9.6}$$

式中，

$$x(\hat{y}-0.16)/1.71,\alpha=-0.57+2.5x_2,\beta=-5.00+0.3x_1 \tag{9.7}$$

而 $\hat{y}$ 是心理契约水平 y 的拟合回归值。

9.4　突变分析

根据拟合结果式(9.6)与式(9.7)，同时引入随机尖点突变模型的一些典型特征，心理契约变量与人格变量和组织氛围变量之间的关系可以由图 9.1 来描述。

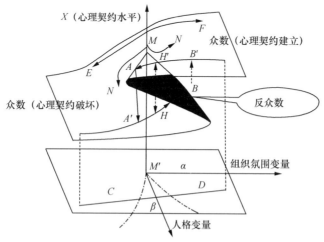

图 9.1　心理契约变量与人格变量和组织氛围变量之间内在关系的示意图

下面针对心理契约演化模型即式(9.6)与式(9.7)，运用随机突变理论中的一般原则并结合图 9.1，来系统地分析心理契约建立-破坏这一离散变化的内在机理，并揭示变化过程中所表现出来的特征。在图 9.1 中将曲面上叶视为心理契约建立状态，将下叶视为心理契约破坏状态，从中可以直观看出心理契约的建立-破坏的离散过程。

9.4.1　理论分析

随机分歧的定义说明，研究一个描述心理契约演化的随机过程均衡态的突变机制，等价于研究反映其"均衡性质"的极限概率密度函数关于众数的突变机理。根据图 9.1，可以得出以下结论。

(1)正则因子与分歧因子的作用

在式(9.7)中，与正则因子 α 相关的独立变量是组织氛围变量，与分歧因子 β 相关的独立观测变量仅仅是员工人格变量。而在突变理论中,正则因子决定发生突变的位置,而分歧因子决定发生突变的程度。将这一结论应用于式(9.6)时,把建立与破坏行为看作心理契约均衡态的离散变化(它可以属于扰动性突跳也可以属于结构性突变),那么对于结构性突变有:

命题 9.1: 在员工心理契约演化过程中,随着组织氛围和人格变量的不断变化,心理契约所有发生结构性突变(由建立到破坏或者由破坏到建立)的位置取决于组织氛围变量,而员工人格决定突变程度的大小。

心理契约本质上是联系员工与组织之间的一个心理纽带,而命题 9.1 说明:现实中员工心理契约破坏的产生,源于多变的组织氛围本身。内在的人格变量水平决定了这种破坏的程度,这说明了不同素质的员工针对同一破坏行为的评价不同而导致产生不同的行为结果。

(2)双模态与扰动性突跳

在参数平面的某些区域中(分歧集合 $27\alpha^2-4\beta^3<0$,即图中虚线内部),一个参数组合点下,心理契约水平存在着两个稳态:建立与破坏,该现象被称为双模态现象,双模态的存在性构成了心理契约发生扰动性突跳的基础。当扰动因素所起的作用足够大时,心理契约当前的均衡态就会在它们之间来回跳跃。

命题 9.2: 随着组织氛围和人格变量的不断变化,当满足心理契约存在双模态时(即分歧集合 $27\alpha^2-4\beta^3<0$),外界的随机干扰会使得心理契约的均衡态发生扰动性突跳(即 H 与 H' 之间的相互转换),这种突跳可以是从心理契约建立到心理契约破坏,也可以是从心理契约破坏到心理契约建立。

扰动性突跳的存在说明,在某些情况下,心理契约水平对外界扰动具有敏感性。外界扰动此时是一个更加需要关注的管理激励因素,此时要防止大的扰动的出现,以避免由此带来的从心理契约建立到心理契约破坏的突跳。同时,从图中双模态区域的分布可以看出:即使员工人格水平很高,对于组织氛围而言,总是存在着一个不稳定的缓冲区即双模态区域;只有越过了这个缓冲区后,员工心理契约水平的变化才比较平缓，根据历史才具有可预测性。

（3）结构性突变

随着组织氛围和人格变量的不断变化（例如沿着直线 CD），当穿越分歧集合边缘即虚线时（满足 $27\alpha^2-4\beta^3=0$），即使心理契约当前受到外界的扰动影响很微弱，由于当前均衡态不再具有稳定性，心理契约系统通过自组织迁跃达到远离当前状态的另一个稳态，从而发生离散变化，这一变化就是结构性突变，是源于系统的自组织相变。

命题 9.3：当组织氛围和人格变量的变化穿越分歧集合边界时（即满足 $27\alpha^2-4\beta^3=0$），心理契约水平会发生结构性突变，这种突变可以是从心理契约建立到心理契约破坏（由 A 到 A'，因为状态 A 不再稳定），也可以是从心理契约破坏到心理契约建立（由 B 到 B'，因为状态 B 不再稳定）。

结构性突变的存在说明，在某些情况下，心理契约水平对组织氛围和人格变量连续变化的敏感性。此时人格变量和组织氛围变量作为侧重点，是一个更加需要关注的激励因素，避免越过某些临界值而导致由心理契约建立到心理契约破坏的结构性突变。

（4）滞后现象

当组织氛围和人格变量沿着不同的方向经过 CD 直线时，心理契约发生结构性突变的位置不同。当由 C 到 D 时，心理契约会发生从破坏到建立的离散变化，突变位置发生在虚线右侧，而由 D 到 C 时，员工心理契约会发生从建立到破坏的离散变化，发生突变位置在虚线左侧，这一特征被称为结构性突变的滞后现象。而突变的位置不同说明，心理契约从破坏到建立对人格变量和组织氛围变量的要求程度要明显大于由建立到破坏的要求程度，换句话说，心理契约一旦破坏就很难建立起来。

命题 9.4：在员工心理契约的随机尖点突变模型中，滞后现象的存在性从理论上可以验证心理契约一旦破坏，就很难建立起来。

（5）发散现象

Ploeger 等[11]在研究中发现伴随滞后现象必然发生另一种非线性现象即发散。发散是指在某些区域附近（$\alpha=0$、$\beta=0$，即图中的点 M'），心理契约演化的均衡态表现出对正则因子组织氛围变化的敏感性。当在 M' 附近时，组织氛围微小的增加或者减少，就会导致员工心理契约最终的水平发生很大的变化，表现为 MN 与 MN' 的发散。组织氛围此时作为关键性敏感变量需引起重视。

命题 9.5：当组织氛围和人格变量取值满足 $\alpha=0$、$\beta=0$ 时，员工心理契约水平的演化会表现出对组织氛围变量的敏感性，组织氛围变量值的增加会促使心理契约建立，而组织氛围变量值的减少会导致心理契约破坏。

（6）关于连续变化现象

心理契约的演化也并非总会发生离散变化现象，在分歧区域之外（即当 $27\alpha^2-4\beta^3>0$ 时），心理契约只有一个稳定的状态，那么组织氛围和人格变量的连续变化只会使得心理契约的这种稳态解发生连续变化。特别地，当 $\beta=-5.00+0.3x_1<0$（即人格变量满足 $x_1<50/3$ 时，必然有 $27\alpha^2-4\beta^3>0$）。针对图中 EF 区域，心理契约水平的变化只会随组织氛围和人格变量的连续变化而连续变化。从这个意义上讲心理契约水平根据前后历史情形是可以预测的。

命题 9.6：当组织氛围和人格变量满足 $27\alpha^2-4\beta^3>0$ 时，员工心理契约水平的演化只会随着组织氛围和人格变量的连续变化表现出连续的变化，不会发生离散事件。

9.4.2　数值仿真

为了验证心理契约在演化过程中，当组织氛围和人格变量穿过某些特殊阈值时是否发生扰动性突跳和结构性突变，在此做一些数值实验，以期得出更直观的结论。

（1）双模态和扰动性突跳的验证

设定 $\beta=48$，则依据命题 4.2，当 α 连续变化并保证 $27\alpha^2-4\beta^3<0$ 时，心理契约存在双模态：建立和破坏状态。这样，当外界扰动很大时，心理契约会在两个可供选择的均衡态之间发生扰动性突跳。例如我们设定场景保证组织氛围水平满足 $\alpha=100$，给出式（9.6）的时间序列演化路径如图 9.2 所示。

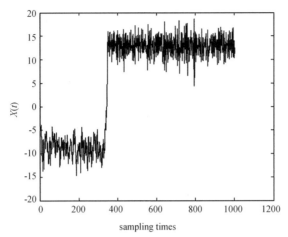

图 9.2 $\alpha = 100$ 的心理契约的扰动性突跳

可以发现双模态和扰动性突跳的存在性,这说明在同一激励措施下,员工心理契约的演化由于对外界扰动的敏感性仍然会表现出不同的反应。

(2)结构性突变与滞后现象的验证

由 $27\alpha^2 - 4\beta^3 = 0$,可得 $\alpha = \pm 128$,依据命题 9.3,当参数连续变化而穿过 $\alpha = \pm 128$ 时,发生结构性突变。表现在心理契约演化过程上,是过程的时间序列取值发生均衡上的突变。设定如下场景让 α (组织氛围)沿着直线 CD 由 C 到 D 变化,取值分别为 $\alpha = 80, 90,$ $100, 110, 120, 130,$ 各自的时间序列如图 9.3 至图 9.8 所示。

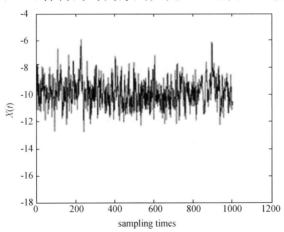

图 9.3 $\alpha = 80$ 的心理契约破坏状态

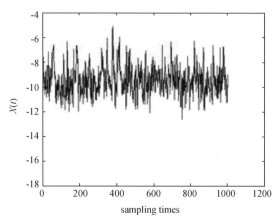

图 9.4　α＝90 的心理契约破坏状态

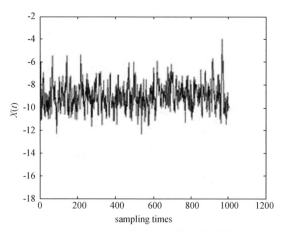

图 9.5　α＝100 的心理契约破坏状态

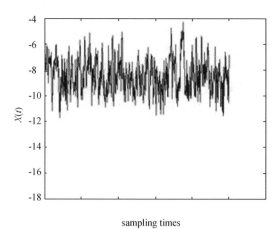

图 9.6　α＝110 的心理契约破坏状态

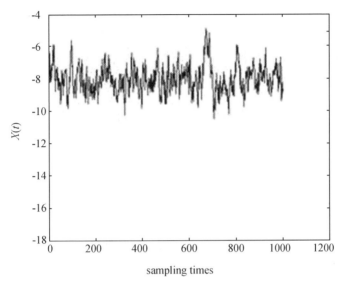

图 9.7 $\alpha = 120$ 的心理契约破坏状态

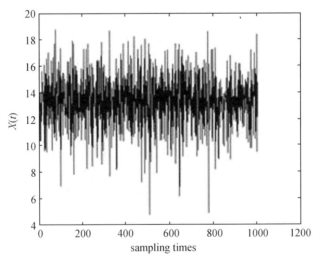

图 9.8 $\alpha = 130$ 的心理契约破坏状态

　　同样也可以验证如下场景,当 $\alpha = 80$、90、100、110、120 时心理契约具有双模态性,那么控制扰动强度在适当小的范围内,使得系统不发生扰动性突跳,这保证员工心理契约的初始均衡态表现为心理契约破坏状态。可以看出,当 α 穿越 $\alpha = 128$ 时,系统从原来心理契约水平很低的状态跃迁到很高的状态,可把这一变化称为员工心理契约由破坏到建立的结构性突变。而对于 $\alpha = -128$,在保证初始均衡态是破坏状态下,通过模拟可以发现,当 α 沿着直线 CD 由 C 到 D 连续变化而穿过该点时,系统状态不会发生突变(模拟省略),即使发生了离散变化,也只是源于外界扰动带来的扰动性突跳。这就说明当 α 沿着直线 CD 由 C 到 D 连续变化而穿过分歧集合边界时,发生结构性突变的位置仅仅是 $\alpha=128$。

作为对比,设定如下变化场景让 α(组织氛围)沿着直线 CD 由 D 到 C 发生连续变化,取值分别为 $\alpha=-80$、-90、-100、-110、-120、-130,而且假设员工的初始状态为心理契约建立状态,并保证扰动很小以至于不发生扰动性突跳,从而在双模态区保证心理契约均衡态始终为心理契约建立的状态,那么,各种情况下员工心理契约演化的时间序列如图 9.9 至图 9.14 所示。可以看出,当 α 穿越 $\alpha=-128$ 时,系统从原来心理契约水平很高的状态跃迁到很低的状态,可把这一变化称为员工心理契约由建立到破坏的结构性突变。同样也可以验证这种结构性突变只发生于 $\alpha=-128$ 而非 $\alpha=128$。

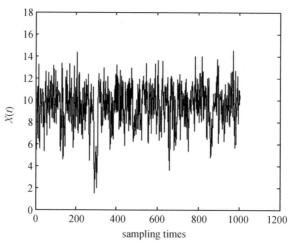

图 9.9 $\alpha=-80$ 的心理契约建立状态

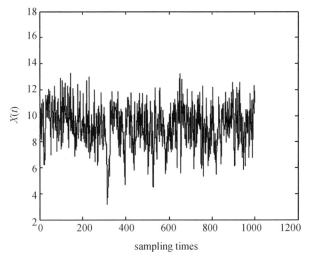

图 9.10　$\alpha=-90$ 的心理契约建立状态

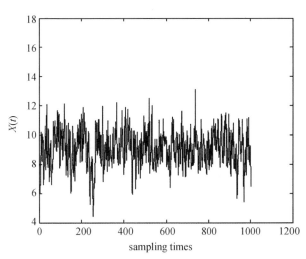

图 9.11　$\alpha=-100$ 的心理契约建立状态

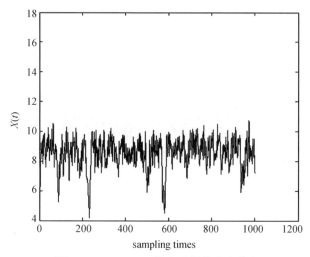

图 9.12　$\alpha=-110$ 的心理契约建立状态

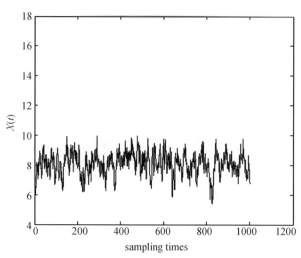

图 9.13　$\alpha=-120$ 的心理契约建立状态

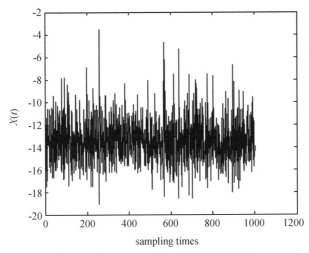

图 9.14　$\alpha=-130$ 的心理契约建立状态

从对比中可以发现,对于同一条路径,参数变化方向不同,发生突变的位置就不同,进而滞后现象和结构性突变的存在性得到了证实。同时通过上述模拟可以发现,心理契约由破坏到重新建立对组织氛围的要求($\alpha=128$)要远远大于由建立到破坏所需的组织氛围的要求($\alpha=-128$)。这说明心理契约一旦破坏,就很难重新建立起来。

9.5　本章小结

在心理契约破坏过程中存在着突变特征即滞后、突变和双模态现象,因此,心理契约演化的动力学机制可用突变理论模型来进行动态描述。突变理论是研究系统的均衡态随着参数的连续变化发生离散突变的内在机制,因此本章的价值就是通过研究该内在机制,来揭示员工心理契约建立-破坏产生的内在规律。而为了考虑不确定性因素带来的干扰,本章采用一个含有白噪声扰动项的随机尖点模型进行分析后发现,组织氛围与正则因子相关,人格变量与分歧因子相关,进而在理论上提出,在随机突变模型中,随着组织氛围和人格变量的连续变化,心理契约演化的均衡态存在两类离散变化:扰动性跳和结构性突变。研究发现:

(1)当组织氛围和人格变量在分歧集合内时,心理契约由于受到外界扰动而发生扰动性突跳,表现出对外界扰动的敏感性。

（2）当组织氛围和人格变量穿过分歧集合边界时,心理契约水平由于自组织的作用发生结构性突变,表现出对内部参数变化的敏感性。

（3）对于结构性突变会出现的滞后现象,可以用来解释心理契约一旦破坏就很难重新建立起来。

（4）心理契约破坏会带来严重后果,因此防止和预测其发生要比事后治理更具有现实意义。

参考文献

［1］Rousseau D. Psychological and Implied Contracts in Organizations［J］. Employee Rights and Responsibilities Journal, 1989,2（2）：121-139.

［2］Robinson S L,Rousseau D M. Violating the Psychological Contract：Not the Exception but the Norm［J］. Journal of Organizational Behavior,1994,15：245-259.

［3］Conway N,Guest D,Trenberth L. Testing the Differential Effects of Changes in Psychological Contract Breach and Fulfillment［J］. Journal of Vocational Behavior,2011,79：267-276.

［4］Raja U,Johns G,Ntalianis F. The Impact of Personality on Psychological Contracts［J］. Academy of Management Journal, 2004,47：350-367.

［5］Ho V T,Weingart L R,Rousseau D M. Responses to Broken Promises：Does Personality Matter? ［J］. Journal of Vocational Behavior,2004,65：276-293.

［6］Rosen C C,Chang C H,Johnson R E,et al. Perceptions of the Organizational Context and Psychological Contract Breach：Assessing Competing Perspectives［J］. Organizational Behavior and Human Decision Processes,2009,108（2）：202-217.

［7］Kickul J R,Neuman G,Parker C,et al. Settling the Score：

The Role of Organizational Justice in the Relationship between Psychological Contract Breach and Anticitizenship Behavior[J]. Employee Responsibilities and Rights Journal,2002,13:77-93.

[8] Hellriegel D,Slocum J W,Woodman R W. Organizational Behavior[M]. Shanghai: Huadong Normal University Press,2000.

[9] Muchinsky P. An Assessment of the Litwin and Stringer Organization Climate Questionnaire: An Empirical and Theoretical Extension of the Sims and Lafollette Study[J]. Personnel Psychology,1976,29(1):371-392.

[10]谢荷锋.组织氛围对企业员工间非正式知识分享行为的激励研究[J].研究与发展管理,2007,19(2): 92-98.

[11]Ploeger A,van der Maas H,Hartelman PA. Stochastic Catastrophe Analysis of Switches in the Perception of Apparent Motion[J]. Psychonomic Bulletin and Review,2002,9(1): 26-42.

员工对组织的对抗行为的研究：
基于博弈和仿真实验的方法

第 10 章揭示了智能环境中员工-企业组织之间存在技术不对称条件下员工心理活动的动力学机制。员工心理活动的变化可能会在行为上表现来，在这技术不对称条件下，个体员工心理活动的极端变化，更容易通过员工之间的互动上升为群体行为的极化，导致员工群体对企业组织的对抗行为。

为了揭示个体行为到群体行为的转化机制，本章以群体性突发事件为背景，运用演化博弈理论和社会关系网络模型，建立员工与组织合作与冲突行为的博弈模型，通过模拟实验分析员工与组织的冲突事件的影响因素以及冲突事件的鲁棒性。

10.1　问题的引入

员工要与组织对抗，更容易在员工之间形成一个群体，而在智能环境下，实时通信技术有助于员工之间形成一个具有共同目标的关系网络群体。该群体中其他成员的行为决策，影响着员工自身行为的决策，并且与持不同看法的员工交互自己的观点，员工也将慢慢转变为持相同的看法。良好的群体行为能够促进组织的有效运作和发展，而不良的群体行为对组织具有一定程度破坏，甚至会产生无法想象的严重后果。

关系网络是一群个体之间因某种特定的关系连接在一起而形成一个相对稳定的关系体系，并且关系网络中个体之间相互作用、相互影响、协同演化，其行为的传播在不同的网络结构中具有不同的形式和影响力[1-3]。然而,在关系网络中并不是所有的员工个体具有对其他个体行为的影响能力,Milgram 等[4]和 Augsberger[5]的研究表明个体对其他个体行为的影响主要基于三个方面:一是风气,通过自身的威望或权利迫使他人服从自己的行为决策;二是同情,通过对别人遭遇的了解,请求他人接受自己的行为观点;三是理性,通过对问题进行理性的分析,说服大家认同自己的行为观点。在关系网络中具有以上某些特性的核心节点越多,整个关系网络中的观点就越会偏向于这些节点。因此,对于组织层面,员工之间关系网络的拓扑结构特性对组织的运作管理具有极其重要的作用,关系越密切的团队在工作过程中越团结、成员之间越信任。基于这一现象,很多学者运用复杂网络理论模型研究关系网络中人员的行为变化,为企业或政府应对非常规群体性突发事件时提出更有价值的措施建议。

关系网络的动态性是由很多不确定、确定性等关系的变化而引起的,因此,分析关系的变化机制在社会关系网络的演化至关重要。在对群体性突发事件已有的研究基础上,本书将社会网络中核心节点的号召力对群体行为的作用嵌入到关系网络的演化过程中,探讨员工合作与冲突行为转化机制以及对整个群体突发事件的影响,同时进行群体性对抗事件下关系网络的鲁棒性分析。

10.2　博弈模型的理论分析和基本假设

博弈模型就是通过数学模型的方式分析决策者之间的合作与冲突行为[6],已经有很多学者运用博弈模型分析决策者的行为决策过程后得出:参与者在参与对别人的具有惩罚的博弈过程时,其收益也会相应地减少;参与者一般不会伤害其他参与者的利益,但是一旦自身利益受到威胁或损失等,将会为了维护自身的收益而与其他人进行对抗;冲突对抗事件的爆发,对每一个参与者都会带来一定的损失。Pondy[7]的研究表明,冲突事件是一个多阶段的动态过程,员工与组织之间冲突事件爆发的基本演化过程包括四个阶段:第一阶段冲突事件的潜伏期,该阶段个体对物质或精神上的分配措施等方面感到不满；第二阶段组织层面的不妥善处理，组织层面忽略员工层面的不满，或者没有采取有效的应对措施；第三阶段员工与组织的合作关系破裂，自身的不公平感没有得到组织的认可，使得员工对组织的不满越积越深，员工的工作状态变得散漫消极等；第四阶段爆发群体性冲突事件，当事件发生到第三阶段时，组织层面还是对员工的不满进行打压或不理睬，这将会使得员工之间相互联合，为了自身的利益与组织进行对抗。基于此，本节将对员工与组织之间合作与冲突的博弈过程做出如下假设说明。

参与者：本章所研究的对象是群体与组织之间为了争夺更多的收益而进行的博弈过程，因此，参与者主要处于组织层面和群体层面。组织层面相对于群体来说，其权势或团体都比较强大，但是就算员工群体没有爆发群体性突发事件，员工与组织之间的合作程度也因不满而降低，仍然会为组织带来一定程度的损失。因此，组织协调运作管理过程中的最优决策就是使员工与组织之间达到双赢。

行动集：托马斯冲突模型[8]从武断和合作这两个基本维度分析个体的冲突行为，在这两个基本维度的基础上对冲突行为分为以下五个行动集，(1)竞争：通过赢取他人的努力来获得更多的收益；(2)合作：通过协调每一个参与者的努力使得参与者的收益相互补充共同获得；(3)妥协：为了弥补参与者各自损失而进行的互惠补救措施；(4)迁就：为了使得其他人获得收益而迎合他人行为的行动；(5)规避：为了容忍冲突分歧而无所得的行为。托马斯冲突模型的二维模式如图10.1所示。

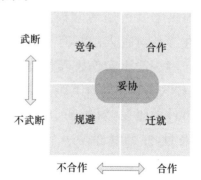

图10.1　托马斯冲突模型的二维模式

在此基础上，本章所研究的冲突博弈模型主要从两种情形进行分析。情形 1：群体性冲突事件爆发前期，员工层面因收益分配的不公而感到不满，但是由于自身层面的权利或影响力不够强大，因此，员工层面采取规避措施，员工层面不会爆发群体性对抗事件；如果组织层面采取有效的应对措施，提高员工工作的满意度，则员工层面也不会爆发群体性冲突事件。情形 2：爆发群体性冲突事件，尽管爆发群体性事件，但是组织层面仍对员工层面进行打压，员工层面会根据自身的能力慢慢采取规避措施；如果群体性冲突事件的影响力度很大，组织层面将采取妥协措施与员工层面协商。整个动态博弈过程中，员工层面所采取的行动集为合作与冲突，组织层面所采取的行动集为强硬和妥协，无论是员工层面还是组织层面都是为了自身利益与对方进行博弈。

付出的代价：员工与组织之间为了自身的利益而进行讨价还价博弈，该过程不仅仅需要组织付出一定的代价，员工层面也会因冲突事件的爆发而付出一定的代价。

本书对员工层面风险偏好的分析主要依据参与者在不同风险情景下对待事情的态度，并且博弈决策过程参与者是有限理性的，在冲突对抗过程中，每一个成员的决策状态设为合作与冲突，即个体成员与组织不是合作就是反抗，不考虑不合作就离职的状态。

10.3　员工群体与组织冲突博弈模型的构建

10.3.1　收益争夺的博弈模型

本章主要就是分析员工与组织之间为了争夺更多的收益而进行的博弈，并且双方在博弈过程中会根据不同的情形随机交互，将组织与员工群体为博弈过程中的两个参与方，分别记为 $DM1$ 和 $DM2$。假设员工与组织之间所争夺的收益无限大，记为 V，并且该收益是除了基本收益之外的盈利，即 $Z=\{(x_1,z_2):z_1+z_2\leqslant V\}$ 是可行的收益分割集。面对员工的不满，如果组织层面采取妥协的措施并使得冲突事件达到满意的状态,这种情况下组织层面获得收益为 v;如果组织层面采取强硬打压的措施,解决冲突事件需要一定的时间和资金,组织层面和员工群体层面所支付的代价分别为 y_1 和 y_2。另外,如果员工群体层面继续采取冲突对抗措施,他们将为其行为付出一定程度的代价 x_2;面对员工群体的再次对抗,如果组织层面采取妥协措施,组织层面会因员工群体的二次反抗付出一定代价 c_1;然而面对员工群体的再次对抗,如果组织层面继续采取强硬措施,组织层面将为其声誉以及员工群体工作状态发生变化的情况下的经济损失付出一定的代价 x_1。但是,如果第二次群体冲突对抗事件引起外界的关注,组织层面将会为这次事件受到社会或政府的惩罚,假设在引起外界的关注的情况下组织层面能够获得的收益为 a。每一次博弈状态下都存在相应的均衡策略,员工与组织之间的合作与冲突行为的博弈决策树如图 10.2 所示。其中,□和○分别表示博弈参与方组织层面 $DM1$ 和员工群体层面 $DM2$,$(v, V-v)$、$(V-y_1, -y_2)$、$(v-c_1, V-v-x_2)$ 和 $(V-x_1-y_1, -x_2)$ 和 $(a-c_1, V-a-x_2)$ 表示博弈得益向量,左边表示组织层面的收益,右边表示员工群体层面的收益。

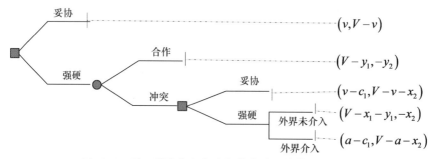

图 10.2　员工群体与组织之间收益分配的博弈决策树

对员工与组织之间收益争夺的博弈过程,本书分为以下三种情况进行分析:

(1)第一种情况:员工群体因收益的分配不公对组织产生不满,想要从组织层面获得更多的盈利分配。面对员工群体的不满,如果组织层面通过对员工群体的了解以及对其工作完成等情况的认识,感觉到员工群体工作的努力,接受他们的请求与员工群体共享多余的盈利，这种情况下的博弈均衡状态为 $(v, V-v)$。相反，如果组织层面对员工群体的不满不仅不解决还采取强硬措施进行打压，想将更多的多余盈利归为己有，在这种情况下，若员工群体层面感受到自身力量的弱小，并且与组织的对抗过程具有一定的风险性，则面对组织的强硬措施，只有很少一部分人员会为了维护自身的利益继续与组织进行对抗，并且这种对抗很难得到组织的认可，大部分人员会将不满情绪压在心底，继续采取与组织再次合作策略。这种情形下，员工群体要为对抗事件付出一定的代价并且还没有得到任何回报，其博弈均衡状态为 $(V-y_1, -y_2)$。

（2）第二种情况：由第一种情绪分析可知，面对组织的强硬措施还是会有一部分人员为了维护自身的利益继续反抗，如果为了在员工层面减少不必要的损失，向这些员工采取妥协策略，满足这些员工的需求，这种情形下的博弈均衡为 $(v-c_1, V-v-x_2)$。如果组织层面对部分员工的再次对抗仍不妥协，继续采取强硬措施进行打压，迫使员工群体接受组织的分配策略，则员工层面不得不继续与组织合作，这种情形下的博弈均衡状态为 $(V-x_1-y_1, -x_2)$。但是，面对组织层面的二次打压，有可能激起更多员工为了维护自身利益而反抗，再次爆发大规模的群体性冲突事件，使得事态的发展更加严重，员工与组织之间的冲突问题更加难以解决。

（3）第三种情况：网络时代的发展加快了信息的传播，自媒体时代更是给人们很多信息传播的权利和平台，每一个个体都可以通过互联网来发表自己的观点和想法。因此，员工与组织之间的冲突对抗事件一旦发展到很严重的程度，这将会引起媒体和社会的关注，使得组织层面无论是在声誉还是利益等方面受到一定的惩罚，这种情形下的博弈均衡为 $(a-c_1, V-a-x_2)$。

员工与组织之间的冲突事件不仅仅影响其收益分配，还会对社会的正常运作造成一定程度的影响。这主要是由于：在不确定性环境下，参与者双方的每一次决策状态都会出现两种。通过以上对博弈过程的分析，本章对员工与组织之间合作与冲突行为的研究主要从事件发展的两个状态进行，即：组织的第一次强硬打压，记为状态

A；组织的第二次强硬打压，记为状态 B。

由图 10.2 中员工与组织之间行为博弈的决策树可知，组织层面和员工群体的博弈过程是一个在关系网络环境下进行的策略协商共同演化的过程。并且在不确定性情况下，每一个决策者都会优先采取对自己最优的策略，如果决策结果不能使得双方达成一致的，则博弈决策双方将无法继续互利的合作。这种情况下将会出现两种状态，一是决策双方为自己的坚持付出一定的代价，二是双方采取有效的措施进行协调。由此可知，员工群体与组织之间的互动过程具有很多的不确定性，并且相互之间的关系不是简单的线性关系，而是一个复杂的社会关系网络关系。

10.3.2　社会关系网络环境下冲突事件的演化

员工群体层面在与组织不能协商的条件下，为了维护自身合理的收益而进行的群体冲突对抗事件，然而双方在博弈过程中都是从自身收益最大化的角度而进行的决策。但是，无论是组织层面还是员工群体都不能精确地预知事件发展状态，每一次决策既有可能失败也有可能成功。由 10.3.1 分析可知，员工群体与组织之间的互动过程是具有社会关系网络特性的，反映出员工群体与组织之间相互影响、相互作用的关系。对于这种群体性冲突事件发展到比较严重的程度时，一些意志坚定的员工会动员其他员工参与到维权之中，即：在关系网络中，当个体遇到挫折时会向其他成员求解或者其他成员会受到该个体行为的影响而团结起来。其中，员工与组织之间利益争夺事件演化的机制如图 10.3 所示。

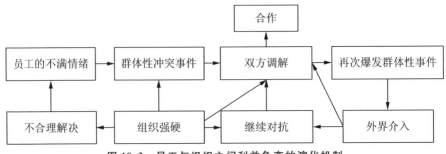

图 10.3　员工与组织之间利益争夺的演化机制

员工群体组成一个网络群体与组织进行对抗，面对组织层面的强硬措施，有一部分员工个体感觉到组织的强大，在对对抗事件发展结果不确定的条件下选择规避冲突事件，采取对对抗事件静态观望的态度；也会有部分员工个体可能会为了自身的利益继续与组织进行反抗，同时也可能会动员利益受损的其他个体加入群体对抗事件中，其中也有可能会有一部分个体主动加入到对抗事件中。员工群体与组织之间对抗事件的规模越大，越可能引起关注、越有利于成功。这主要是由于小规模的群体比较好打压或协商，大规模的群体很难打压，也很容易引起媒体、社会的关注。本章以员工群体对抗规模的比例表示员工群体对抗事件成功的概率，其表示形式为该阶段参加群体冲突事件中影响力较高的人员数与该阶段参加群体冲突事件的人员总数的比值，影响力较大的人员在关系网络中表示为具有高连接度的节点。为了更好地分析，下面给出网络中节点中心性的评价指标。

设 d_i 为节点 i 的度，其表达式为：$d_i = \sum_{j=1}^{n} a_{ij}$，$i,j \in [1,n]$，式中，$a_{ij} = 1$ 表示节点 i 与节点 j 之间有连接，$a_{ij} = 0$ 表示节点 i 和节点 j 之间没有连接。节点度反映了节点在现实生活中的交际能力。设 $T_l(i) = \dfrac{n-1}{\sum_{i \neq j}}$ 为紧密中心性，就是用来衡量一个节点距离其他节点的紧密程度，l_{ij} 表示节点 i 到节点 j 的最短路径的长度。$T_l(i)$ 越大表明节点 i 与其他节点连接的程度越紧密，当信息经过该节点时能够迅速传播给其他节点以及关系网络的每一个节点；反之，该节点在关系网络中对其他节点的影响较小。设 $T_\mu(i) = \sum_{s \neq t \neq i} \dfrac{\mu_{st}(i)}{\mu_{st}}$ 为节点介数，节点介数是指网络中所有最短路径中经过该节点的路径的个数占最短路径总数的比例，$\mu_{st}(i)$ 表示从 s 到 t 的最短路径中经过节点 i 的个数，μ_{st} 表示从 s 到 t 的最短路径的总数目。节点介数 $T_\mu(i)$ 越大表明信息传播经过节点 i 的概率越大，信息在关系网络中要传播到其他节点对节点 i 的依赖性越强，节点 i 在关系网络中可能具有核心性。

假设对抗事件发展到状态 A 和状态 B，员工群体在冲突事件中取得成功的概率分别为 p_{2A} 和 p_{2B}。因此，员工群体在状态 A 的期望效用收益为式（10.1）。

$$U_{2A} = p_{2A}(V - v - x_2) - (1 - p_{2A})y_2 \tag{10.1}$$

员工群体在状态 B 的期望效用收益为式（10.2）。

$$U_{2B} = p_{2B}(V - a - x_2) - (1 - p_{2B})x_2 \tag{10.2}$$

员工群体的对抗规模影响组织策略的选择，小规模群体的冲突事件比较容易解决而大规模群体的冲突事件具有较强的破坏性，组织层面很难采取有效的措施进行应对。然而，随着冲突事件的发展，每一个状态下员工群体的规模并不是一成不变的，群体规模的变化影响员工群体在冲突事件中成功的可能性。面对组织的强硬措施有部分意志不坚定的员工可能会退出对抗群体，使得员工对抗群体的规模减小；还有些员工虽然刚开始没有加入对抗群体，但是面对组织的强硬措施可能会主动加入员工群体与组织进行对抗，使得员工群体的规模增大；在员工群体中也有部分人在关系网络中起着"核心领导"的作用，对整个群体具有一定的号召力，意志坚定的"核心领导"能够推动对抗事件的成功。因此，影响对抗事件成功的主要因素为关系网络的规模和关系网络中核心节点的个数以及介数，即 p_{2A} 和 p_{2B} 的大小由群体关系网络的规模 n、节点之间的紧密中心性 $T_l(i)$ 以及节点介数 $T_\mu(i)$ 决定。p_{2A} 的表达式为

$$p_{2A} = \frac{k_{2A}^l + k_{2A}^\mu}{n - n'_{2A}} \tag{10.3}$$

式中，$k_{2A}^l + k_{2A}^\mu < n - n'_{2A}$，$k_{2A}^l \bigcap k_{2A}^\mu = \varnothing$。$k_{2A}^l$ 表示事件发展到状态 A 时高紧密中心性节点的个数，k_{2A}^μ 表示事件发展到状态 A 时高节点介数的节点个数，n'_{2A} 表示员工群体面对组织层面的第一次强硬措施的打压时退出冲突事件的员工总数。

p_{2B} 的表达式为

$$p_{2B} = \frac{k_{2B}^l + k_{2B}^\mu}{\tau} \tag{10.4}$$

式中，$k_{2B}^l + k_{2B}^\mu \leqslant \tau$，$k_{2B}^l \bigcap k_{2B}^\mu = \varnothing$，$k_{2B}^l$ 表示事件发展到状态 B 时高紧密中心性节点的个数，k_{2B}^μ 表示事件发展到状态 B 时高节点介数的

节点个数。当员工群体面对组织层面的第二次强硬措施的打压时，设员工群体第二次与组织对抗时通过员工群体中核心人员的号召新加入对抗事件的员工人数为 m_{2B}，而经过组织层面二次强硬措施的打压而退出对抗事件的员工人数为 n'_{2B}，令 $\tau=n-n'_{2A}+m_{2B}-n'_{2B}$。

本章运用员工期望收益与努力成本之间的差值表示员工个体不公平感感知程度，由参考文献[9]可知，员工努力成本为 $\eta=\dfrac{1-\beta}{\mu\beta\sigma^2}$。其中，$\beta$ 表示员工工作中所获得的收益份额，反映了组织对员工的激励强度；μ 表示员工个体风险偏好程度；假设环境的不确定性服从正态分布，运用其方差 σ 表示。

为了更好地分析社会网络关系下对抗事件的演化，将在下一节进行计算实验，仿真分析员工群体之间的网络关系对对抗事件演化的影响机制，研究员工与组织在对抗事件中所涉及参数的不同取值对冲突事件的产生机制和演化规律的影响，及员工群体关系网络演化的鲁棒性。

10.4　计算实验的设计与分析

设定两类情景，在关系网络中分别以紧密中心性和节点介数的均值作为分割点，高于均值的节点被称为具有高紧密中心性的节点和具有高节点介数的节点，运用 Anylogic 和 Matlab 进行计算实验与仿真分析。

10.4.1　模型设计

（1）基本模型

员工群体中的个体用 $Agent$ 表示，关系网络表示个体工作所处的环境。

定义 4.1：$Agent=\{\Omega,S,C,P,F,t\}$

①Ω 是智能体 $Agent$ 的集合，并且 $\Omega=\{Agent^1,Agent^2,\cdots,Agent^n\}$。

②S 为决策状态的集合，$S=\{S_{not}, S_{join}, S_{exit}\}$。$A_{not}$ 表示员工个体未加入冲突事件，S_{join} 表示员工个体加入冲突事件，S_{exit} 表示员工个体退出冲突事件。

③C 为个体行为决策属性集合，$C=\{1,2,3\}$。1 表示保守型个体，不容易受到其他人的影响；2 表示中立型个体，在行为决策的时候不盲目追随他人的观点等；3 表示易变型个体，很容易受到其他人的影响。

④P 为个体不公平感感知程度的集合，$P=\{P_1, P_2, \cdots, p_n\}$。

⑤$\varPhi$ 为关系网络中的协作关系，我们运用节点的度反映这种协作关系。

⑥t 为系统时钟，$i=\{1,2,3\cdots\}$。

⑦F 为状态转移函数，$F=\{(C^i, P^i, \varPhi^i)\to S(t)\}\times t\to S^{(t+1)}$。$Agent^i$ 在 $t+1$ 时刻的状态与其在 t 时刻的特性、策略以及状态有关。

(2)交互规则

用概率分布来描述员工个体行为决策策略的变化情况，$p_1=[0.1,0.3]$ 表示保守型个体，$p_2=(0.3,0.6]$ 表示中立型个体，$p_3=(0.6,0.9]$ 表示易变型个体。

①关系网络构建规则

个体行为决策的特性和不公平感感知的程度影响节点之间的连接程度，令 ψ 表示节点之间连接的概率，假设节点之间的连接状态分为以下四种不同的类型：弱、一般、较强、强，每一种连接状态的概率分别为：$p_{weak}=(0,0.2)$、$p_{general}=(0.2,0.4)$、$p_{more-strong}=(0.4,0.6)$、$p_{strong}=(0.6,0.9)$。由个体决策特性所决定的连接状态矩阵如表 10.1 所示。

表 10.1　连接状态矩阵

个体特性	保守型	中立型	易变型
高	一般	较强	强
低	弱	一般	较强

②演化规则

在计算实验中，个体的决策状态由不公平感感知程度和在冲突事件中付出的成本以及组织层面的打压强度决定。当 $\dfrac{U-\eta}{\eta} > \dfrac{U-x_2}{x_2}$ 时，员工个体不加入冲突事件；当 $\dfrac{U-\eta}{\eta} < \dfrac{U-x_2}{x_2}$ 时，员工个体加入冲突事件。组织不同程度的强硬打压影响员工个体的行为决策，设 $P(\lambda) = \dfrac{1}{1+\mathrm{e}^{-\lambda/k}}$ 表示组织层面强硬措施的程度，其中，λ 表示组织的打压强度，k 表示信息噪声，则：组织层面的强硬措施的程度越大，员工群体冲突对抗的规模就越小；组织层面的强硬措施的程度越弱，员工群体冲突对抗的人数就越大。将员工的行为决策状态分为三个层面：加入、易被号召加入、不加入，员工个体行为决策状态矩阵如表 10.2 所示。

表 10.2　员工行为决策状态矩阵

组织层面＼员工层面	$\dfrac{U-\eta}{\eta} > \dfrac{U-x_2}{x_2}$	$\dfrac{U-\eta}{\eta} < \dfrac{U-x_2}{x_2}$
强	易加入	易加入
弱	不加入	加入

模拟仿真的参数设计如表 10.3 所示，每一个条件下进行 50 次重复实验，运行时钟设为 200，最后的结果展示出所有重复实验的均值。

表 10.3　模拟系统参数取值

参数	V	v	x_2	y_2	β	σ^2	T
取值	100	50	10	20	0.2	0.4	200

10.4.2　不同员工群体规模对冲突事件的影响

下面分析员工群体的对抗规模对其行为决策影响的演化规律。图 10.4 给出了组织层面对冲突对抗群体的打压强度对不同群体规模的影响，群体规模的大小分别为 40、60 和 80。图 10.5 给出了冲突事件的不同状态下员工群体规模对员工群体期望效用的影响，并假设：事件发展到状态 A 时组织层面的打压强度为 40，事件发展到状态 B 时组织层面的打压强度为 80。

由图 10.4 可知，组织的强硬打压对群体对抗行为决策具有一定程度的影响，群体规模越大受到的影响越小，这表明：群体规模越大，组织层面越不容易打压，一旦处理不当爆发大规模群体性突发事件的可能性越大。随着组织强硬打压程度的增强，不同群体规模下员工层面的期望收益先增加后减少，这表明：随着组织层面强硬打压措施的加大，员工群体的冲突对抗行为减弱并且越来越不稳定。由此可知，组织层面采取强硬打压措施能够降低员工层面冲突对抗的成功率，但是由于很多的不确定性，组织的强硬打压也具有一定的风险性；然而对于组织层面较低的强硬打压措施，员工群体与组织发生冲突对抗的可能性就较高。因此，在员工群体与组织之间合作、冲突协调与运作管理的过程中，组织层面应当根据不同情形采取不同的应对措施，以避免不必要的冲突。

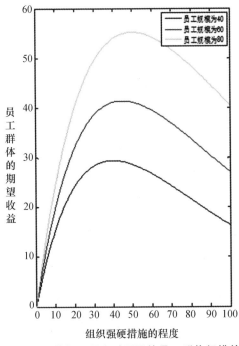

图 10.4　组织的打压强度对不同的员工群体规模的影响

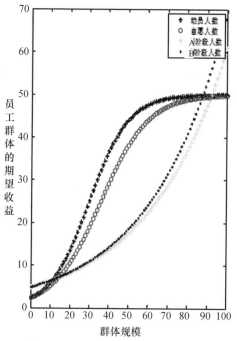

图 10.5　群体规模对冲突对抗人员期望收益的作用

由图 10.5 可知，每一个状态下冲突对抗的人员数量会随着群体规模的增加而增加，群体规模越大，员工层面的期望收益越大，这表明：群体规模越大，员工层面越期望获得更公平的收益；无论是受动员再次加入冲突对抗事件还是自愿加入冲突对抗事件的人员数量都会随之增加，群体行为决策的结果更集中。员工对抗群体规模较小时，员工层面的期望收益相对也较小，这表明：群体规模越小，相对于组织层面来说其员工层面的力量更小；无论是受动员再次加入冲突对抗事件还是自愿加入冲突对抗事件的人员数量都相对较少，群体行为决策的结果更不集中；面对组织层面的强硬打压，员工群体层面更容易妥协。由此可知，群体规模越小，员工与组织之间的合作行为更占优，这种合作占优行为越不稳定；当随着群体规模增大到一定程度时，员工群体与组织之间的冲突行为占优，并且随着群体规模的增大更趋稳定。因此，对于组织层面来说，在员工与组织之间的合作、冲突协调与运作管理的过程中，一定要控制好员工群体的冲突对抗规模。

10.4.3 不同参数设计对冲突事件的影响

下面分析对抗惩罚、环境的不确定性以及不同类型的员工对员工群体行为决策的影响,设 N_C 表示加入对抗事件的人员数,N_H 表示加入对抗事件的人群中具有高节点的人员数,N_P 表示员工群体中可能会加入冲突对抗事件的人员数,模拟结果如图 10.6 所示,其中,图 10.6(a)、图 10.6(b)、图 10.6(c)中员工个体决策特性的取值相同,$r_1=0.2$,$r_2=0.3$,$r_3=0.5$。在图 10.6(a)中,冲突对抗事件对员工的惩罚少于对组织层面的惩罚;在图 10.6(b)中,冲突对抗事件对员工的惩罚大于对组织层面的惩罚;在图 10.6(c)中,相对于图 10.6(a) 模拟分析过程改变环境的不确定性;在图 10.6(d)中,相对于图 10.6(a)模拟分析过程改变员工个体决策特性的取值,$r_1=0.4$,$r_2=0.3$,$r_3=0.3$。

由图 10.6(a)可知,$x_2 < y_2$。当 $T < 15$,冲突对抗事件还处于潜伏期;当 $T > 15$,冲突对抗事件突然爆发,加入到对抗事件的人员数多于可能会加入到对抗事件的人员数($N_C > N_P$),并且随着时间的推移整个演化过程相对稳定。然而由图 10.6(b)可知,$x_2 > y_2$,在这种情况下不会爆发群体性冲突对抗事件。由此可知,员工群体会根据自身不公平感的程度、组织运作管理的能力等决定是否发生与组织之间的冲突对抗,体现了个体行为决策的有限理性。

由图 10.6(c)可知,$\sigma^2 = 0.8$。当增加环境的不确定性时,群体行为的演化不同于图 10.6(a),随着时间的推移,群体性行为会出现突然的反转。当 $100 < T < 115$,整个演化过程出现反转现象,几乎没有人员加入到与组织的冲突对抗事件中;当 $T \geq 115$,员工群体再次突然爆发群体性对抗事件,并且已经加入到对抗事件中的人员数多于可能会加入到对抗事件中的人员数($N_C > N_P$)。这主要是由于环境的不确定性越大,员工群体层面很难估计冲突事件带来的惩罚、外在的支持以及组织层面的应对措施,员工群体行为突然爆发群体性对抗事件的可能性就越大。因此,组织在协调运作管理过程中应当降低环境的不确定性,避免员工群体冲突对抗事件的反转所带来的更多损失。

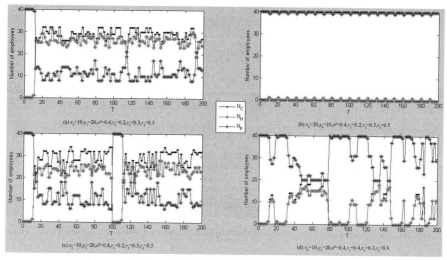

图 10.6　(a)～(d)不同参数设计对员工群体行为的影响

由图 10.6(d)可知，$r_1=0.4$，$r_2=0.3$，$r_3=0.3$，员工群体中保守型员工的比例高于易变型员工，该演化过程完全不同于图 10.6(a)。员工群体中可能会加入到冲突对抗事件的人员数量多于加入到冲突对抗事件的人员数量和加入对抗事件的人群中具有高节点的人员数量，并且整个演化过程极不稳定。由此可知，员工群体爆发与组织之间的冲突对抗事件与员工个体行为决策的特性有关，易变型员工容易受到外在其他因素的影响，当员工群体中易变型员工的人数较少时，其行为决策的波动性更大，一会儿倾向于合作一会儿倾向于冲突，这种不确定性导致演化过程的不稳定性。因此，组织在协调运作管理过程中，应当考虑员工个体行为决策的特性。当群体规模中易变型员工较少时，首先应当采取有效措施降低易变型员工的不公平感，避免其行为的波动扰乱整个运作过程的有效管理。

10.4.4　员工群体、组织策略以及外在惩罚之间的协同演化

由前面的分析可知，员工群体与组织之间的对抗演化机制不仅仅受员工层面和组织层面的影响，还受到外界的影响。物联网时代的发展使得人们对信息的获取和交流更加便捷，员工群体可以通过

网络平台得到更多的支持,这将给组织层面带来一定的惩罚和损失。组织层面、员工群体以及外界之间的协调演化如图 10.7 所示。

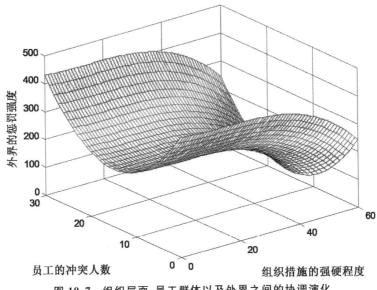

图 10.7 组织层面、员工群体以及外界之间的协调演化

由图 10.7 可知,外界的惩罚强度越大,组织层面采取强硬打压措施的可能性就越小,员工群体的冲突对抗行为越强烈;随着外界对组织层面的惩罚强度的减小,员工群体与组织之间的合作行为占优;随着组织层面强硬打压措施的强度越来越大时,外界对组织的惩罚对组织强硬措施的影响越来越小,尽管外界对组织的惩罚强度增加,员工群体对组织的冲突对抗程度却越来越小。由此可知,外界对组织层面的惩罚能够给予员工群体一定程度的支持,但是一旦组织层面的打压能力达到很强的程度,外界对员工群体的帮助会相应减弱。因此,员工群体应根据具体的情形应对对抗事件,避免给自身层面带来更多的损失。

10.4.5 社会关系网络下冲突事件演化的鲁棒性分析

通过以上分析可知,员工群体之间的关系具有网络结构的特征,冲突事件发展到每一个状态时,参加冲突对抗事件的人员数量都会随着组织层面的强硬打压而发生不同程度的变化,部分意志不坚定的员工可能会退出冲突对抗事件。但是不公平感程度较强的个别员工可能会发挥一些外在力量动员其他员工加入到冲突对抗事件中,还有部分员工会根据事件的发展状况自愿加入到冲突对抗事件中。

员工群体爆发与组织之间的冲突对抗事件,说明员工群体之间以及联合起来形成了一个有共同目的的团体,其中具有很强号召力的"领袖人物",是群体关系网络中的核心节点。外在的不确定性对该关系网络中的任一部分进行阻挠,都会影响整个冲突对抗事件的发展。例如当受到组织层面的强硬打压时,部分员工退出对抗事件,会使得整个关系网络中的节点变少,进而减弱整个对抗力量,降低群体性冲突事件的爆发;个别核心员工退出对抗事件,则会使得整个关系网络中的节点变得散乱,降低员工群体与组织之间冲突对抗的士气。本节采用员工期望收益与其努力成本之间差值的变化程度衡量员工群体之间关系网络的鲁棒性,重点考察两种网络攻击方式下员工关系网络的鲁棒性:一是对网络中随机节点的攻击,即对网络中的节点随机的删除;二是对网络按度数的大小进行攻击,即每一次删去网络中度数最大的节点,也就是对冲突事件具有号召力的"领袖人物"。模拟模型对关系网络的攻击方式参考了 Albert 的去点率[10],即:如果员工的期望收益与其努力成本之差越小,就说明员工之间的关系越密切,与组织的对抗意志就越坚定;相反,则说明员工之间的关系比较疏远,与组织的对抗意志不坚定,网络关系也不堪一击。图 10.8 分析了事件发展的初级阶段、事件发展到状态 A 时以及事件发展到状态 B 时关系网络的鲁棒性。

由图 10.8(a)可以得知,按度数删去节点的去点率大约为 0.5,其中的收益差值由原来的 10 上升到 68 左右;而对于随机删去节点的去点率大约为 0.6,收益差值由原来的 10 上升到 43 左右,这说明在冲突事件爆发的初始阶段按度去节点的鲁棒性比较差。由图 10.8(b)可以看出,按度数删去节点的去点率大约为 0.45,比初始阶段的去点率还要低,但是其收益差值从 10 升到了大约 45;随机删去节点的去点率大约是 0.5,其收益差值从 10 大约升到 35,这表明当事件发展到状态 A 时,相对于随机去除节点来说,按度数删去节点的鲁棒性较差,但是与初始阶段相比还是好一点。由图 10.8(c)可以看出,当事件发展到状态 B 时,无论是按度数还是随机删去节点,相对于初始阶段和状态 A 下网络的变化不是很大,但是按度数删去节点的敏感性还是比随机删去节点要强,其去点率大约为 0.6,而随机删去节点的去点率大约为 0.7。从图 10.8 中(a)、(b)、(c)的比较可以看出,对于按度数删去节点比随机删去节点的鲁棒性差,但是随着事件的发展,鲁棒性相对来说越来越好,也就是员工之间的整个网络关系越趋于稳定。因此,组织层面在采取强硬措施时必须充分考虑群体关系网络中具有"领袖能力"的员工,从而避免更大范围的冲突事件的爆发。

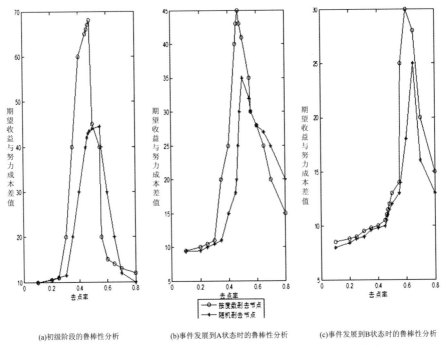

(a)初级阶段的鲁棒性分析　　　　(b)事件发展到A状态时的鲁棒性分析　　　　(c)事件发展到B状态时的鲁棒性分析

图 10.8　(a)～(c)不同阶段下员工群体关系网络的鲁棒性分析结果

10.5　本章小结

本章以员工对企业组织的群体性突发事件为研究背景,借鉴博弈理论、社会关系网络以及行为运作管理理论,分析员工群体与组织之间的合作、冲突行为,将社会关系网络的特性引入到员工群体与组织层面冲突对抗事件中,在此基础上运用多 Agent 模拟方法,对群体性冲突对抗事件演化机制进行了计算实验与仿真分析。研究发现:

（1）对工作不满的员工人数越多,爆发群体性事件的可能性就越大,其对组织的威胁也就越大。员工群体和组织层面在冲突对抗过程中都会受到一定的惩罚,但是,一旦群体性冲突事件的规模扩大,组织层面的损失将大于员工群体。因此,组织层面的最优管理策略是在事情爆发之前采取适当的协商措施,这不仅能使组织层面获得更多的收益,同时也会使得员工层面的利益得到保障。

（2）尽管组织的强硬措施能够降低员工的冲突人数,但是,强硬措施的不同会导致组织层面为此付出的代价也不同。面对不同的强硬措施,员工联手对抗的程度也不同。在对抗过程中双方的利益都在减少,并且一旦将事情闹大,组织层面的损失将远大于员工层面的损失。因此,为了达到组织与员工层面的双赢,组织层面要根据员工的需求采取适当的强硬手段。

（3）环境的不确定性与员工群体爆发冲突对抗事件的可能性呈正相关,当对所处的环境无法明确预知时,无论是员工群体还是组织层面在行为决策的过程中都会受到环境不确定性的影响。因此,组织在运作管理过程中应当增加员工与组织之间信息的透明性,降低环境的不确定性对运作管理的不利影响。同时在运作管理过程中,组织层面也不应忽略员工个体行为决策的特征对冲突对抗事件的影响。

（4）外界的介入对组织层面能够造成一定程度的影响,但是外界不能够完全解决组织与员工的内部冲突。因此如何更好地处理组织与员工的冲突,外界的介入措施显得尤为重要,应根据冲突的严重程度采取不同的惩罚措施。

（5）按度数删去节点的鲁棒性比随机删去节点的鲁棒性要差,但是随着事件的发展,员工层面的网络关系越稳定,组织层面的强硬措施越可能使得组织的损失加大。因此,组织层面一定要根据事情的发展情况,对一些特殊的员工采取特殊的措施,以减弱整个群体的网络关系,降低冲突事件的爆发性。

参考文献

［1］Iwai Y，Higashi H，Uchida H，et al. Molecular Dynamics Simulation of Diffusion Coefficients of Naphthalene and 2-naphthol in Supercritical Carbon Dioxide［J］. Fluid Phase Equilibria，1997，127(1)：251-261.

［2］Rogers E M. Diffusion of Innovations［M］. Simon and Schuster，2010.

［3］Wu J. Small Worlds：the Dynamics of Networks between Order and Randomness-Book Review［J］. SIGMOD Record，2002，31(4)：74-75.

［4］Milgram S，Van Den Haag E. Obedience to Authority［M］. Ziff-Davis Publishing Company，1978.

［5］Augsberger D. Caring Enough to Confront：How to Understand and Express Your Deepest Feelings toward Others［M］. Gospel Light Publications，2009.

［6］Roger B M. Game Theory：Analysis of Conflict［M］. Cambridge：Harvard University Press，1991.

［7］Pondy L R. Overview of Organizational Conflict：Concepts and Models［J］. Journal of Organizational Behavior，1992，13(3)：255-255.

［8］Thomas K W. Thomas-Kilmann Conflict Mode Instrument［M］. NY：Tuxedo，Xicom，1974.

［9］姜凤珍. 员工-组织合作与冲突行为的计算研究［D］.华中科技大学，2016.

［10］Albert R，Barabasi A L. Statistical Mechanics of Complex Networks［J］. Review of Modern Physics，2002，74(1)：47-97.

第 5 部分　行为控制篇

在掌握了物联网环境下人的行为建模、演化、突变等规律后,就可以研究对人的行为管控问题了。本部分首先研究人从认知弹性到行为选择的突变论控制方法,然后研究员工反生产行为的博弈论和模拟实验的控制方法,最后研究员工反生产行为的半定性模拟和模拟实验的控制方法。

员工认知弹性-选择行为的转移与控制：基于突变论的控制方法

　　人的行为表现虽然是为了响应外界环境的变化，但是在很大程度上也取决于人的认知水平。在物联网环境中，智能技术的广泛应用与信息的开放性加剧了人所处环境的不确定性。人在智能环境下选择行为的发生机制也会随着外界因素的变化而发生改变，但是，人的认知能力和水平在选择行为中起到重要作用。

　　为了揭示智能环境下人从认知到行为选择的转移机制及其控制方法，本章是引入人的认知学习函数，设计一个动态机制构建认知弹性-选择行为的模型，以揭示人在智能环境中从认知弹性到选择行为发生的机制，再运用突变理论模型揭示从认知弹性到选择行为的控制路径。

11.1　问题的引入

　　对于智能系统引起的大量数据涌入，人是疲于应付的，很难从纷至沓来的信息中对面临的问题快速做出决策，从而心理压力逐渐增大，导致个体引发认知水平的变化。但人作为一个复杂的系统，即使遭受风险与挫折也会迅速调整以恢复到最佳状态，因为人是具有弹性的个体[1]。认知与决策密切相关[2]，压力会影响人的情绪与认知水平（如个体心理压力过大会导致认知水平降低等），引发较大的非理性决策倾向[3]。在智能环境中，人在认知水平较低时很难理性分析问题，易造成负面性的舆情极化现象，造成恶劣影响[4]。因此，研究遭受风险与挫折背景下个体的认知弹性，对于个体的选择行为控制显得十分有必要。

认知理论实验研究表明，人的心理压力与其认知能力密切相关[5]，即：当个体遇到危机与挫折后，心理压力过大导致认知水平降低[6]，容易降低其自主性选择的能力。因此，作为心理的组成部分，人的认知会依据心理压力的变化也表现出相应的状态，即人的认知能力也是有弹性的。以上研究只是对个体的认知与心理的概念性描述，而定性分析个体的行为与认知的关系很难从整体上把握个体的认知与行为随时间的演化关系。计划行为理论能够将个体的行为倾向进行量化，为探索个体的行为计算研究领域带来了极大的便利。

计划行为理论（Theory of Planned Behavior，TPB）是 Ajzen[7] 提出的，它提供了三个自主变量，即用行动者对问题的态度、主观规范与知觉行为控制表示个体的行为倾向。行动者对问题的看法与评价，主要与个体的人格特质相关；主观规范是指个人对于是否采取某项特定行为所感受到的社会压力，与所处的社会环境相关；知觉行为控制则表示个体感知执行某项行为的困难程度，与个体的认知水平有关。基于前景理论对个体在不确定情况下的决策行为是"有限理性"的假设证明，该个体在评估自身对事件的认知水平时会以价值函数取代传统的效用函数，以决策权重函数取代传统的概率函数。而大量实验最终量化并标定了价值函数与决策权重函数的表达式及相关参数[8]，为前景理论的应用提供了极大便利。由于个体的认知变化具有非线性与难以确定性，并受外部环境的影响，因此可以借助突变理论来探索个体行为的变化机理。

以往的实证研究多为访谈、调查问卷等，这些方法存在一些缺陷。其一是个体认知随时间是不断动态变化的，很难获得准确反映其认知水平的数据；其二是实证方法假设个体的认知学习过程与外部情境之间的关系是线性连续的，个体作为一个复杂的系统，在面对内外部压力时其选择行为的变化具有非线性的规律[9]。心理压力与认知学习的现有研究还停留在简单的定性模型与实证研究阶段，没有定量分析控制变量的不同作用、突变程度等深层次问题。因此，在个体认知学习特性模型的基础上，本章应用计划行为理论与前景理论研究个体的行为。

11.2　个体认知弹性-选择行为模型

11.2.1　问题描述与说明

作为新型行业从业者，游戏公司员工在享受社交媒体带来的直达消费者的通道的同时，也饱受网络暴力带来的影响。BioWare 公司在其发布的《博德之门：围攻龙刃堡》游戏中加入了一个变性人的角色，引发了公司内部论坛中员工的激烈讨论。在游戏发布之前，由于文化的差异性，大多数员工尤其是女性员工对此角色的认知不足，使得种族主义、性别歧视和仇恨等话题在公司内部论坛引发争议。

不明真相的员工，即对事件认知水平较低的个体盲目跟风，只有小部分员工能够根据事件的信息做出自主性判断。在这种情况下虽然有少数人对此抱有疑惑的态度，但是大多数员工对该事件的看法与评论是对员工的不满，没有考虑到文化的差异与性别的公平，各种讽刺与谩骂所形成的舆论对公司设计师的声誉与身心造成了严重的伤害，不得不暂时关闭推特账号。直到官方表示回应称该游戏角色是根据玩家的需求设计，并没有文化的倾向性与性别歧视，同时表示该角色也体现出企业内部重视个体的个性与自由，争议才开始出现反转。一部分员工快速了解事件真相后认知水平得到提升，进而改变了原有看法。随着员工对事件中角色的了解，争论逐渐得到控制并消除。在这个过程中，即使没有完全了解事件真相的员工也在舆论环境下逐渐改变了自己的观点。

从上述事件中可以发现，不仅是外部环境，个体的认知水平对其观点选择行为自主性也具有重要作用。个体对事件的认识与反应不一，Kumpfer[10] 与 Roberts 等[11] 认为个体的人格特质对认知具有决定性影响，而实证研究表明与个体的认知水平所表现出的行为倾向最相关的人格特质是"冲动性"[12]。根据对事件认知能力的高低程度,可将个体分为三类:(1)冲动型个体:该类个体对学习与探索信息有较强的渴求与探索精神,能够快速学习提高认知水平;(2)中立型个体:对学习与探索信息的兴趣一般;(3)冷漠型个体:很少关注周围环境与事件的发展,对信息的学习与探索也少有热情。结合上述事件,不同人格特质的个体在上述事件中的行为表现不同:冲动型个体会快速了解事件并积极探求事件的真相,通过较强的学习能力提高自身的认知水平,进而对事件做出理性、正确的评论,外部情境很难影响其行为;冷漠型个体很少关注事件本身,通常依靠自身认知水平进行判断并评论,但在认知水平较低时其行为有很大概率随着舆论环境而改变;中立型个体的行为表现则较为中庸,介于上述两种个体之间,即:在一定程度上通过自身的学习加深对事件的认知并做出合理的评论,同时行为也会受舆论环境的影响。

11.2.2　个体认知弹性-选择行为模型描述与构建

智能环境下个体所接触的信息量巨大,且信息的传递效率很高,在这个过程中个体对时间的认知会以一定的方式进行不断学习以提高自身认知水平。Taylor[13]针对网络环境下的威胁事件提出了认知适应理论,并应用于实际案例。Lieberman 等[14]通过实验发现压力会影响个体的情绪、记忆等功能进而导致认知水平降低,提出采取适当的方式可以改善个体的认知,并恢复正常水平。Mendl[15]认为压力对个体认知的影响符合 Yerkes-Dodson 定律,即个体遭受的压力超过一定水平后会导致认知能力降低,并沿曲线下降。同时由计划行为理论可知,个体的认知是其行为倾向的核心组成部分。

在智能环境下心理压力消失后,人的认知水平不会突然恢复,而是以学习函数的形式增长。个体评估自身的行为倾向时,其实际行为受到外部情境的制约,即:当个体的认知水平高于问题判断所需的认知下限时,其实际行为自主选择,若是低于认知下限则会有一定的概率选择跟从。依照信息加工理论与计划行为理论,以认知弹性为基础的个体的选择行为过程如图 11.1 所示。

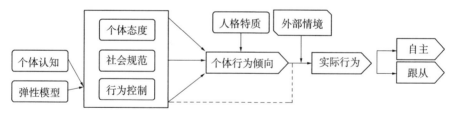

图 11.1　基于个体认知弹性的行为选择过程概念图

图 11.1 主要包含三个部分:个体心理、外部环境以及两者共同作用的个体行为。其中,实线表示直接的因果关系,而虚线则表示个体内部倾向与外部环境的互动。因此在压力与认知的 Yerkes-Dodson 定律以及认知学习函数为基础上,嵌入前景理论、人格心理学等相关理论,建立以个体的认知弹性-选择行为模型,并以个体实际行为作为指标来研究外部情境、认知水平对个体选择行为的影响。

通过对个体行为倾向形成机制的分析,可以将个体的行为视为由个体的内部因素与外部情境因素耦合决定,其中,个体的内部因素主要取决于其认知水平。为简单起见,引入 Hu 等[16]建立的个体行为倾向函数 I' 为:

$$I' = A^* \cdot \omega_1 + S^* \cdot \omega_2 + C^* \cdot \omega_3 \tag{11.1}$$

式中的 I' 表示个体的行为倾向,A^* 表示个体的态度,S^* 表示主观规范,C^* 则表示个体感知到的行为执行的困难程度,因为个体对行为的感知与认知水平正相关,所以在这里指个体的认知水平。ω_1、ω_2 与 ω_3 在这里表示三者的权重,依据参考文献[7]分别为 0.2、0.2 和 0.6。

个体的认知会随着心理压力的过强而降低,然而随着个体对问题的了解与知识的学习,个体的认知能力会以一定速度恢复与增长。因此,认知水平在遭受较强的心理压力时随时间的变化如图 11.2 所示。

图 11.2 中,在 t_0 时个体拥有初始认知 C_{t_0},在遭受到过强的心理压力后个体认知水平会降低,降低的幅度与压力的影响认知的大小 S 与所持续的时间 t 相关,t_0 到 t_1 为个体遭受过强心理压力后导致认知水平下降的时间段;在 t_1 到 t_2 之中个体通过探索对信息的学习与探索、技能的提高来不断提升自己的认知,因此在这个时间段个体

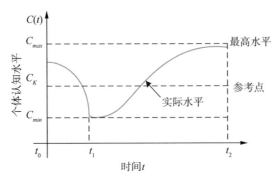

图 11.2　认知水平遭受心理压力前后的变化过程

的认知水平会以学习函数的形式不断增强。设个体遭受过强心理压力的概率为 F，在所有的时间里个体所受到的压力事件最多只有 1个（这样做是合理的，即使受到多个事件的压力，可以通过改变认知影响大小 S 来表示叠加后的压力）。因此，参照 Henry[17] 等人对于弹性与时间的定量计算的通用框架，结合上述分析与图 11.2，将个体的认知弹性的计算公式定义为

$$R = \frac{C_{\max} - C_{\min}}{t_2 - t_1} \tag{11.2}$$

式中，C 表示个体的认知水平。

结合人格特质理论与压力与认知的 Yerkes – Dodson 定律，假设 $C_{\min}$ 是个体在遭受过强心理压力后最低点（如图 11.2 的 t_1），则有：

$$C_{\min} = C_{t_0} - S \cdot t \cdot \eta_i \tag{11.3}$$

式中，C 表示个体的认知水平，S 表示认知受到影响的大小，t 表示压力持续的时间，η_i 是个体所属人格特质影响下的认知降低系数。$i = 1, 2, 3$ 分别表示冲动型、中立型和冷漠型个体。根据 11.1 中对个体人格体质的分析，有 $\eta_1 > \eta_2 > \eta_3$。Cen 和 Koedinger 等[18] 以学习曲线为基础构建了认知模型，并通过实证数据验证了该模型的合理性。本章在该模型的基础上，定义处于认知水平增长阶段 t 时刻的认知为：

$$C_i = C_{\max} - (C_{\max} - C_{t-1}) \cdot (t-1)^{-\eta_i \cdot b} \quad (0 < b < 1) \tag{11.4}$$

式中，b 表示学习系数。由 Cen 等采用统计模型得出学习效率为 80% 时学习系数约为 0.301，且 $\lim\limits_{t \to \infty} C_i = C_{\max}$。所以结合图 11.2 个

体在遭受过强心理压力下的认知水平满足。

$$C_t = \begin{cases} C_{t_0} - S \cdot t \cdot \eta_i, & 0 < t \leqslant t_1 \\ C_{\max} - (C_{\max} - C_{(t-1)}) \cdot (t - t_2)^{-\eta_i \cdot b} & t > t_1 \end{cases} \tag{11.5}$$

前景理论认为,个体的选择行为从感知到执行的过程分为编辑与评估两个阶段。在编辑阶段主要是个体根据自身的态度 A^*、社会规范 S^* 与认知水平 C^* 决定行为自主性,而价值函数是个体的认知水平具有参照点效应与损失回避效应两个特点。在本章,参照点效应表示个体的认知在感知选择行为的困难程度,以相对的一个中立参考点 $C_{阈}$(社会认知难度)的正负离差来计算行为倾向,并非认知水平的绝对值。在 Kahneman 与 Tversky 确定的价值函数的基础上,结合本章分析,有

$$\Delta C = \begin{cases} \Delta C^{\gamma} & \dfrac{dC_t}{dt} \geqslant 0 \\ -\lambda \cdot (-\Delta C) \cdot \gamma & \dfrac{dC_t}{dt} < 0 \end{cases} \tag{11.6}$$

式中,ΔC 表示 t 时刻个体认知水平相对于参考点的差值,λ 是损失回避系数,γ 是风险态度系数,$0 < \gamma < 1$,且 γ 越大表示个体越倾向于冒险。Kahneman 与 Tversky 经过反复试验与非线性回归后,确定:$\gamma = 0.88, \lambda = 2.25$[8]。因此,个体在 t 时刻的相对认知水平为 $C'_t = C_t + \Delta C$,个体行为倾向值 $I = (A^* \cdot \omega_1 + S^* \cdot \omega_2 + C'_i \omega_3)/100$。

评估阶段主要是根据个体的行为倾向与认知水平来判定个体的实际行为,当 $C'_t \geqslant C_{阈}$ 时(即个体的认知足以应对感知到的执行行为的难度时),个体的选择行为会具有自主性;当 $C'_t < C_{阈}$ 时,个体的行为可能会受到外部情境的干扰,从而使得其行为发生改变。由参考文献[28],设 A^*、S^* 与 $C_{\max}$ 分别为 80、80 和 100,权重系数 ω_1、ω_2 与 ω_3 分别为 0.2、0.2 和 0.6。因此在当 $C'_t < C_{阈}$ 时,个体的行为决策倾向概率 P_L 为:

$$P_L = \dfrac{A^* \cdot \omega_1 + S^* \cdot \omega_2 + C'_t \omega_3}{100} \tag{11.7}$$

此时,若 $P_L > Uniform(0,1)$,表示个体的实际行为为自主决策;否则表示为跟从跟随。其中 $Uniform$ 表示均匀分布取值。

11.3 模型的分析与应用

在分析智能环境下个体认知弹性的建模与行为倾向分析的基础上，利用 Matlab 进行数值分析并考察压力、持续时间以及外部环境对个体心理的弹性及选择行为。在此次分析中，相关参数的设定为 $b=0.8$，η_1、η_2 与 η_3 分别为 0.5、1.0 和 1.5。

11.3.1 压力对个体认知弹性的影响

个体感受到的压力由压力大小 S 以及持续时间 t 共同决定。为了比较不同心理压力对不同人格特质个体认知的影响，将压力与持续时间设置如表 11.1 所示。

表 11.1 实验参数设置

参数设置	压力大小 S	持续时间 t	参数设置	压力大小 S	持续时间 t
实验 1	$S=5$	$t=5$	实验 2	$S=\mathrm{UNIF}(3,6)$	$t=5$
实验 3	$S=5$	$t=\mathrm{DISC}(4,5,6)$	实验 4	$S=\mathrm{UNIF}(3,6)$	$t=\mathrm{DISC}(4,5,6)$

表中，$\mathrm{UNIF}(a,b)$ 是 a 与 b 之间随机取值，而 $\mathrm{DISC}(a,b,c)$ 是在 a、b 与 c 三者之中随机取值。设置个体的认知初始水平 C_{t_0} 为 80、实验次数为 100，实验结果如图 11.3。

由图 11.3(a)可知，个体的认知对信息的敏感性有异，其认知也会因受到不同的压力而表现出不同的弹性，即：对信息越敏感的个体，其表现出的认知弹性也较大，这与 Dickman 实证研究得出的结论是一致的。但在以往研究中忽略了压力大小与持续时间的变化对弹性的影响，本章在原有研究基础上对压力大小与持续时间对弹性的影响进行了实验，其结果如图 11.3(b)与 11.3(c)所示，从中可以发现，压力大小 S 的变化对认知弹性的影响远小于持续时间 t 所带来的变化，即 t 的变化对个体的认知水平扰动幅度较大。通过图 11.3(c)与图 11.3(d)可以得知，虽然人格特质是影响认知弹性的决定性因素，但是当压力大小 S 和持续时间 t 变化足够大时可以在一定程度上影响个体的认知弹性，其中，对信息敏感性差的个体表现出较大的认知弹性。由此

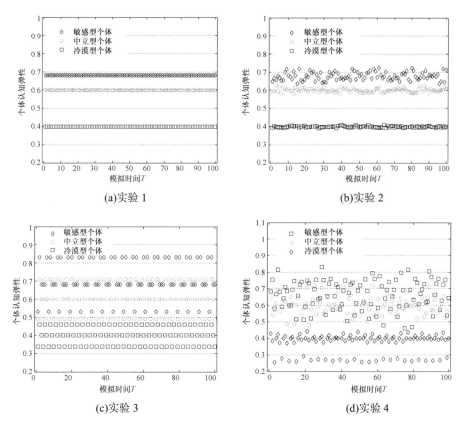

图 11.3　压力大小 S 与持续时间 t 的变化对个体认知弹性影响

可知,当个体的认知因压力导致下降时,应根据压力源的性质(是压力过强的还是压力影响时间过长抑或两者兼备)进行分析、缓解压力,以保持个体具有较大的弹性与较高的认知水平。

11.3.2　认知弹性-选择行为模型应用

(1)认知弹性与个体选择行为的关系分析

个体的认知水平对于个体的行为倾向与行为选择具有重要作用,处在不同阶段的认知水平会影响个体实际选择行为,但个体对所要执行行为困难程度的认知往往具有参照点效应与损失规避效应。依据 11.2.2 分析考察个体的行为倾向 I 与实际行为时,设 $C_{阈}=60$、较强的心理压力发生的概率 F 为 0.10,$S=5$,$t=5$ 且实验模拟时长为 400(如图 11.4 所示)。

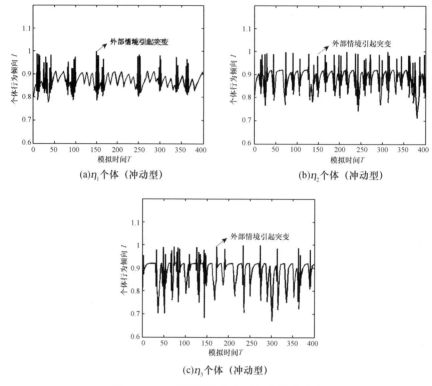

(a)η_1个体（冲动型）

(b)η_2个体（冲动型）

(c)η_3个体（冲动型）

图 11.4　三种类型个体行为倾向值的演化

　　由认知弹性-选择行为模型分析可知,认知水平对不同类型个体的行为选择影响略有不同。图 11.4(a)～(c)是三种不同类型的个体在设定条件下的行为倾向值演化曲线,并根据 11.2.2 可知,当 $C<C_{阈}$ 时,若有 $P_L<Uniform(0,1)$,个体的行为会受外部情境影响而改变。通过图 11.4(a)可以发现冲动型个体受外部情境的影响导致认知波动幅度较大,使得其行为的选择容易受到外部情境的影响,但冲动型个体具有较快的学习速度即拥有较大的认知弹性,使其能够快速摆脱低水平认知状态,以降低外部情境对个体的影响;冷漠型个体虽然对外部情境的敏感度不高,但是如果长期遭受过大的心理压力会导致个体的认知水平大幅降低,以至于低于社会认知难度 $C_{阈}$。若在这个阶段由于冷漠型个体的学习能力较低导致其认知弹性较差,所以一旦长期遭受过大的心理压力后其行为倾向受外部情境的影响程度就会偏大,因此导致较多的跟从行为。从图 11.4(b)可以发现,中立型个体作为介于冲动型与冷漠型个体之间的类型,其

行为倾向综合了两者的特点。

（2）外部情境对个体选择行为的影响

为了考察外部情境对于个体的自主与跟从行为的影响,图 11.5 给出了上述三种类型的个体在上述设定条件的基础上实验模拟时长为 1000 时其行为随着社会认知难度 $C_{阈}$ 的自主性变化情况,并且定义整个时间内个体的自主性=时长内自主行为次数/时长内的行为选择总次数。从图 11.5 可以发现,不仅心理压力会影响个体行为选择的自主性,社会认知难度 $C_{阈}$ 也会对不同类型个体的自主性产生作用,当 $C_{阈}$ 较低时个体的认知水平足够判断事件性质很容易做出自主性选择,但由于心理压力的影响其自主性不会达到 100%。例如在"游戏变性人角色"事件中,起初发布的信息量少,在社会认知难度相对较高的情况下个体很难自主决策,导致大部分员工在舆论环境中产生了跟从行为。

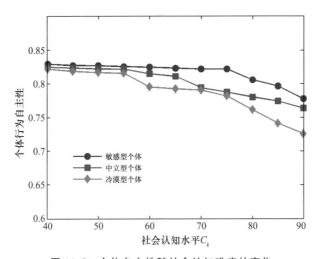

图 11.5　个体自主性随社会认知难度的变化

同时可以发现,随着 $C_{阈}$ 的逐渐增高,不同人格特质的个体自主性所遭受的影响开始不同:冷漠型个体由于认知弹性较差,没有较强的学习能力,其自主性受 $C_{阈}$ 的影响程度最高;冲动型个体因为有着较强的认知弹性,渴求知识与学习,能够更快地提升自己的认知水平,因此 $C_{阈}$ 对其影响程度远小于冷漠型个体;中立型个体受到的影响程度则介于两者之间。由此可见,社会认知难度对于个体的行为选择尤为重要。在大数据时代,人们接受信息的渠道广泛且传播迅速。任何事件的发生之初，总会有不明的小道消息或者虚假消息出现，在此阶段很多员工个体都很难把握事件的真实性，即对于问题判断的自我认知水平相对于社会认知难度较低。但由处在智能环境下必须快速做出选择，所以大多数只能跟从他人，在这种情况下很容易在舆情中产生流言或者造谣现象。在上述的"游戏变性人角色"事件，由于在事件起始阶段公开信息较少导致社会认知难度较大，所以大多数员工对事件的认知水平相对较低，无法进行自主性判断，致使设计师的身心受到伤害。

11.4 突变理论与控制策略分析

11.4.1 个体行为的突变理论视角分析

从上述分析中可知，个体的认知弹性对于其行为自主性的影响是正相关的，但其行为选择变化的机理没有得到揭示。勒芒的场论认为任何行为都是个体的心理差异与外部情境交互的结果，由此可见个体的行为是由内外因素共同作用于个体感知的结果。个体的选择行为符合突变现象的特征（如存在自主与跟从两种稳态、两种稳态可以相互转化等），因此可以从考察内外两个控制变量的尖点突变模型的视角探析其中的机理。若 f 为个体状态变量，在本章中表示个体的行为倾向值，u 和 v 为控制变量，则其尖点突变函数为：

$$f^3 + auf + bv = 0 \qquad (11.8)$$

式中，u、v 分别表示个体的认知因素和外部情境因素[19]，对应的尖点突变模型如图 11.6。

由上述模型可知，在个体的认知水平不断降低、外部环境压力不断增大的情况下，个体的行为倾向很容易发生突变（如 c_1 和 c_2）。当个体的认知处于较高水平时（如 a_1 点），即使外部环境压力加大（如风险事件、较高的社会认知等），个体也能保持自主的行为。同时，不同个体的认知及对外界压力的抗性以及知识学习的渴求不同，因此突变的位置与程度都会不同。如冲动型个体在受到外界压力时，其认知水平沿 b_1 会下降较快，同理其学习能力也会使路径 b_2 较为陡

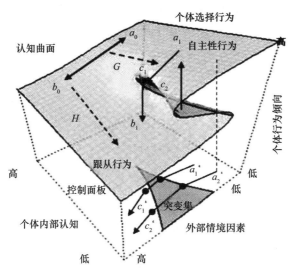

图 11.6　个体行为倾向尖点突变模型示意图

峭，这与其较高的认知弹性是一致的。这类个体在"游戏变性人角色"事件中常常能够快速了解真相，也是前后观点变化较大的个体。

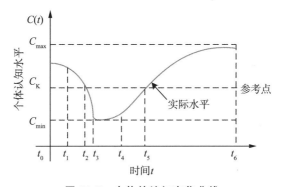

图 11.7　个体的认知变化曲线

结合个体的认知变化曲线（图 11.7），t_0 到 t_1 对应图 11.6 中个体在 $p1$ 之前的行为倾向，在这个区间由于社会认知难度相对较低，个体对事件的认知较高，其行为是自主行为；t_1 到 t_2 与 t_4 到 t_5 则分别对应路径 $p1 \to p2$、$p3 \to p4$，即处于分歧区。在两个阶段个体的认知水平 $C' < C_{阈}$，个体的行为容易受到外部情境的影响导致突变，即 $C'_{p2} < C_{阈}$、$C'_{p4} < C_{阈}$。分歧点集是描述个体的发生突变的区域，而图 11.8 则表示三种不同类型个体的分歧点集。图 11.8(a)～(c)表示个体的分歧点集与个体认知弹性负相关，即：个体的认知弹性越大，

分歧点集越小。所以即使冲动型个体对于外界的压力过于敏感，也会通过其认知的学习能力快速"跳出"突变区；冷漠型个体如图11.8(c)所示，一旦认知水平低于社会认知难度进入突变区，导致其行为频繁突变。

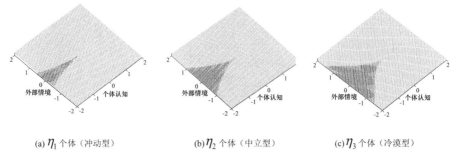

(a) η_1 个体（冲动型）　　(b) η_2 个体（中立型）　　(c) η_3 个体（冷漠型）

图 11.8　不同人格特质个体行为倾向分歧点集

11.4.2　个体自主性行为的控制策略分析

在实际生活中，个体的心理压力与环境的多变不可避免，由此导致其会出现跟从行为。行为变化的路径不同，图11.6中个体若要处于 $p3$ 时回到 b_1 层面时，从分歧点集的视角来看有三条路径（如图 11.9 所示）。

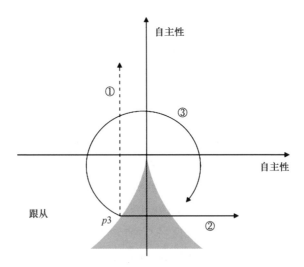

图 11.9　个体行为控制路径分析

由图 11.9 发现，当个体的行为处于跟从区域时可以有以下三个路径到达自主区。路径①是个体通过对事件的了解与学习提高自己的认知水平，从而使自身认知高于社会认知难度，如员工通过了解事件的发展与真相提高自身对事件的认知水平以获得观点与评论的自主性；路径②是通过改变外部情境来使个体获得自主性判断，如外界压力的减少、社会认知难度的降低等。由图 11.5 可知降低社会认知难度对于各个类型的个体均有良好效果，即通过媒体等渠道对事件的公布来降低员工自主判断事件性质的难度；路径③则较为复杂。由上述分析与式（11.5）可知，当个体处于 $p3$ 与 $p2$ 时对应的认知弹性分别为：

$$R_{p3} = \mathrm{d}(C_{\max} - (C_{\max} - C_{t-1}) \cdot (t - t_1)^{-\eta_i \cdot b}) / \mathrm{d}t$$

$$R_{p2} = \mathrm{d}(C_{t_0} - S \cdot t \cdot \eta_i) / \mathrm{d}t$$

由于学习系数 $b = 0.301$，所以 R_{p3} 要远小于 R_{p2}，所以由路径③到达自主区所付出的代价要大于路径①与路径②，即案例中个体通过去自身探寻事件的发展（路径①）或者事件真相的公开（路径②）所花费的社会成本要远远低于依靠网络监督与法规等手段（路径③）对舆论的控制。

综上分析，在互联网高速发展与社会发展转型的时期，影响个体认知的压力源越来越多、压力也越来越强，导致个体因认知水平受挫而很难做出自主的行为选择。因此，应采取以下控制策略：

对于个体而言，由图 11.5 可知个体的认知水平较高时会使个体的行为保持自主性，因此，防范与缓解心理压力、提高认知学习能力即提高个体的认知弹性是关键，同时个体自身的素质与社会规范也具有重要作用。冲动型个体要着重提升自身的社会规范与学习能力，使自身在遭受压力时能保持较强的行为倾向；由于认知学习能力较差，冷漠型个体应重点防范遭受的压力、积极缓解心理压力，避免进入认知的分歧点集；由于综合了两者的特点，中立型个体相对容易受外部情境影响而导致行为选择改变。

对于整个群体而言，社会认知难度对个体自主性行为的影响与个体的认知弹性负相关。由图 11.7 可知，当个体的认知弹性越大时，社会认知难度的变化对个体的行为影响越小。同时结合上述案例可知,事件的真相逐渐公布并被网民所感知后(即社会认知难度相对降低时),个体对于事件的认知足以使自身做出自主性判断,能够合理、理性地发表自己的观点与评论,从而使谣言得到控制并逐渐消除。因此,降低社会认知难度是一种能够从整体上快速有效地控制个体行为的方法。

11.5 本章小结

本章在考虑人的心理压力与认知水平关系的前提下,构建了人的认知弹性-行为选择的定量模型,并将前景理论应用到线上个体的行为选择,研究不同个体的行为特点,并结合突变理论对人的行为选择的机理及控制路径进行了探讨。根据个体对外界信息敏感度的不同导致认知弹性的不同,本章还探讨了外部情境导致的自主性行为。研究发现:

(1)由于人格特质的不同,个体对信息与知识越敏感,其认知弹性就相对越强,即信息敏感性有助于消除个体受压力而导致的对认知水平的影响。

(2)从图 11.4 中可以发现,对于外部情景压力,冲动型个体与冷漠型个体的选择行为随着时间演化均有较强的抗性(即行为自主性较强),很少发生突变现象,前者依赖快速的学习能力不断增强认知从而保持较小的分歧点集,后者不易受影响从而很难进入突变区;

(3)个体的认知弹性对社会认知难度具有良好的适应性,连同一社会认知难度下个体的认知弹性越强,就越能在较高的社会认知难度中保持高度的自主性,而降低社会认知难度是一种能够从整体上快速有效地控制个体自主行为的方法。

参考文献

[1] Richardson G E, Neiger B L, Jensen S, et al. The Resiliency Model[J]. Health Education, 1990, 21(6): 33-39.

[2] Paulus M P, Yu A J. Emotion and Decision-making: Af-

fect-driven Belief Systems in Anxiety and Depression[J]. Trends in Cognitive Sciences, 2012, 16(9): 476-483.

[3] Starcke K, Brand M. Decision Making under Stress: A Selective Review[J]. Neuroscience & Biobehavioral Reviews, 2012, 36(4): 1228-1248.

[4] Liu S D. China's Popular Nationalism on the Internet. Report on the 2005 Anti - Japan Network Struggles 1[J]. Inter-Asia Cultural Studies, 2006, 7(1): 144-155.

[5] McEwen B S, Sapolsky R M. Stress and Cognitive Function[J]. Current Opinion in Neurobiology, 1995, 5(2): 205-216.

[6] Lieberman H R, Tharion W J, Shukitt-Hale B, et al. Effects of Caffeine, Sleep Loss, and Stress on Cognitive Performance and Mood during US Navy SEAL Training[J]. Psychopharmacology, 2002, 164(3): 250-261.

[7] Ajzen I. The Theory of Planned Behavior[J]. Organizational Behavior and Human Decision Processes, 1991, 50(2): 179-211.

[8] Tversky A, Kahneman D. Advances in Prospect Theory: Cumulative Representation of Uncertainty[J]. Journal of Risk and uncertainty, 1992, 5(4): 297-323.

[9] Xiao R B, Zhang Y F. Cooperative Evolution of Spatial Games with Unsymmetrical Neighborhoods in Disordered Environment[J]. Advanced Science Letters, 2012, 16(1): 27-31.

[10] Kumpfer K L. Factors and Processes Contributing to Resilience[M]. Resilience and Development. New York: Springer, 2002.

[11] Roberts B W, Kuncel N R, Shiner R, et al. The Power of Personality: The Comparative Validity of Personality Traits, Socioeconomic Status, and Cognitive Ability for Predicting Important Life Outcomes [J]. Perspectives on Psychological Science, 2007, 2(4): 313-345.

[12] Dickman S J. Functional and Dysfunctional Impulsivity: Personality and Cognitive Correlates[J]. Journal of Personality and Social Psychology, 1990, 58(1): 95.

[13] Taylor S E. Adjustment to Threatening Events: A Theory of Cognitive Adaptation[J]. American Psychologist, 1983, 38 (11): 1161.

[14] Mendl M. Performing under Pressure: Stress and Cognitive Function[J]. Applied Animal Behaviour Science, 1999, 65(3): 221-244.

[15] Wang M, Hu X. Agent-based Modeling and Simulation of Community Collective Efficacy[J]. Computational and Mathematical Organization Theory, 2012, 18(4): 463-487.

[16] Henry D, Emmanuel Ramirez-Marquez J. Generic Metrics and Quantitative Approaches for System Resilience as a Function of Time[J]. Reliability Engineering & System Safety, 2012, 99(2): 114-122.

[17] Cen H, Koedinger K, Junker B. Learning Factors Analysis: A General Method for Cognitive Model Evaluation and Improvement[M]. Intelligent Tutoring Systems. Berlin/Heidelberg: Springer, 2006.

[18] Flay B R. Catastrophe Theory in Social Psychology: Some Applications to Attitudes and Social Behavior[J]. Behavioral Science, 1978, 23(4): 335-350.

员工反生产行为的博弈与控制：基于模拟实验的控制方法

物联网环境下员工在与智能"物"相处过程中可能会出现反生产行为(Counterproductive Work Behavior,CWB)的倾向,并且,企业管理者面对的不是简单的员工个体,而是在动态组织环境下与"物"和人发生频繁交互的员工群体。在这种频繁交互的智能情景下,员工反生产行为发生机制及其控制方法具有与传统环境下不一样的特征。

为了揭示物联网环境下员工反生产行为的发生规律及其控制方法,本章运用计划行为理论和博弈论,建立员工反生产决策的博弈模型,分析反生产行为的控制路径,进而运用模拟实验方法,研究员工反生产行为的控制策略。

12.1 员工反生产行为决策过程

对员工群体的 CWB 进行控制研究的前提是必须先明晰员工 CWB 的决策过程,目前学者们多从博弈论的角度去描述关于这一过程进而通过博弈模型均衡解来进行分析。如毛军权等[1]在不确定视域下构建了员工越轨行为控制的多阶段博弈模型,并和孙绍荣等[2]运用演化博弈理论考察了基于"适时惩罚"和"适度惩罚"的 CWB 管理机制。这些研究虽然实现了对员工群体 CWB 控制的动态演化分析,但却忽略了几个根本问题:第一,虽然考虑了人的有限理性,但将员工视为同质化群体,这显然与员工性格特质多样化的现实相矛盾;第二,博弈方的行为效用都由支付矩阵直接得到,而

Tversky 和 Kahneman[3]提出的前景理论认为人们的许多决策行为是违反期望效用理论的,所以必须区分不同类型员工对经济效用的感知效用;第三,个体间只采用随机配对博弈,没有考虑员之间的联系和交往特有的网络结构。

由上述问题可知,员工 CWB 的决策过程是在一定的网络结构中受人格特质(Personality Trait)和情境因素(Situation Factor)这两个控制变量的影响而发生的。员工的异质性主要体现在人格特质上,是指能引发和主导人的行为,并使个体面对不同情境都能做出相同反应的心理结构。近年来心理学家在人格特质的描述上形成共识,并提出了大五人格理论。如 Bolton 等[4]的研究表明大五人格中的情绪稳定性是影响员工 CWB 的中心特质,该特质中包括焦虑、敌对、冲动等,决定了在特定环境下 CWB 出现的概率。组织情境是指管理制度、组织伦理、工作氛围等外部环境对员工行为的影响集合:Peterson[5]发现组织伦理可以通过舆论和教育调节员工行为;重复呆板的工作氛围会致使员工寻求刺激的心理,从而降低了员工对惩罚的敏感程度[6]。

对于在这两个控制变量作用下的员工 CWB 决策机制,Ajzen[7]认为人的行为是由行为意愿决定,而行为意愿又由行为态度、主观规范和行为控制感所决定(即计划行为理论),如图 12.1 所示。

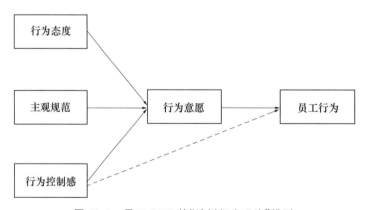

图 12.1　员工 CWB 的"计划行为理论"模型

上述"计划行为理论"模型即计划行为模型表明:员工在实施 CWB 时会进行理性的计算,而不是鲁莽的表达。根据理性行为选择理论,人总是倾向于实施一些对自己有利的行为,在组织监管缺位的情况下,当个体发现实施 CWB 的潜在收益大于将遭受的惩罚时,便对 CWB 持积极、肯定的态度。但在信息不对称的情形下,个体对 CWB 的得失并不十分明了,此时员工会根据自身的主观规范来进行判断。主观规范是指个体对周围群体是否支持其 CWB 的看法,即:当个体感到组织中对 CWB 持积极态度的人群较多时,就会进行快速选择形成强烈的 CWB 意愿,进而实施 CWB 的可能性较高。刘文彬等[8]的研究发现,组织中的 CWB 氛围可以有效引致员工的从众行为,如当同事缺勤等不良行为成为常态时,员工的缺勤次数会明显增加。

12.2　员工 CWB 控制机制分析

12.2.1　基于双系统模型的员工 CWB 决策机制

由计划行为模型可知,员工 CWB 的决策过程可分为两个阶段:一是信息加工阶段,即员工对所处环境的各种信息进行收集整理,包括关联群体行为选择、监管制度等情境因素。二是感知归因阶段,即通过对信息的评估进行决策。在此阶段中,由于人的行为结果往往既合乎常理又存在非理性偏差,所以近年来学者提出了双系统模型:基于个人直觉的启发式系统和基于理性判断的分析系统[9,10]。如 Sloman[11]发现启发式系统与分析系统并行且独立地对行为决策起作用。根据无意识思维理论(Unconscious Thought Theory, UTT),在周围环境处于不确定性且异常行为较多时,人们的直觉意识要优于理性思考后的决策[12]。此时员工倾向于基于从众心理 (Conformist Mentality)做出下意识的快速判断,不同性格的人在组织氛围的调节下以不同的概率模仿他人的行为。在群体中越轨行为较少,情况较为明晰时,员工会依据管理规则对自身效用进行理性权衡。因此,本章在 CWB 决策过程和双系统决策机制模型的基础上,提出了人格特征和情境因素影响下员工 CWB 的双系统决策过程,如图 12.2 所示。

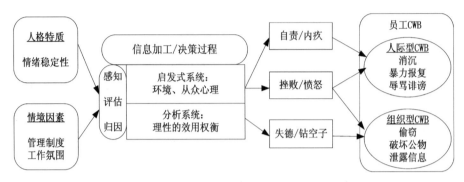

图 12.2 员工 CWB 双系统决策机制

12.2.2 员工理性分析系统

员工理性的权衡是根据企业监管策略来判断的,企业为了控制CWB 的发生,最直接的方式就是对员工越轨行为做出惩罚。所以员工在快速的直觉判断之外,对于 CWB(尤其是财产型 CWB)更多是从效用分析的层面进行考虑[13]。组织与员工之间的博弈是一类特殊的演化博弈,企业一方处于主导地位且理性程度很高,可将其退化为一类理性的个体参与者,并根据其博弈策略的绝对收益来进行制度选择。而员工作为理性程度互不相同的一方,会将自身心理偏好引入决策过程中,可将其视为分散化的群体参与者,依据中立参考点得出的变化值来进行行为决策。所以关于 CWB 监管制度的博弈问题是一类个体参与者(企业)与群体参与者(员工)间的 2×2 非对称博弈,企业组织 OR 的策略集为 $S_1 = \{n_1, n_2\}$,员工 ST 的策略集为 $S_2 = \{n_3, n_4\}$,$n_1 \sim n_4$ 分别表示监管、不监管、选择、不选择,博弈支付矩阵如表 12.1 所示。

表 12.1 企业-员工 CWB 博弈支付矩阵

企业 员工	监管	不监管
选择	$w+m-as, r-(1-a)e-c$	$w+m, r-e$
不选择	$w, r-c$	w, r

在表 12.1 中,r 为员工对企业的贡献,w 为员工的契约收入,m

为员工选择 CWB 获得的额外收益,s 为被观测到后所受的惩罚;c 表示企业对 CWB 监管所付出的成本,e 表示越轨行为带来的损失,a 表示企业的观测能力。假设在一次博弈中企业采用纯策略 n_1 的概率为 q,则采用纯策略 n_2 的概率为 $1-q$,员工采用纯策略 n_3 的概率为 p,则采用纯策略 n_4 的概率为 $1-p$。为了不失一般性,设表中参数均为正值,且 $a,p,q \in [0,1]$。企业采用纯策略的收益为:

$$U_{OR}(n_1) = p[r-(1-a)e-c] + (1-p)(r-c) = r-c-(1-a)pe$$
$$(12.1)$$

$$U_{OR}(n_2) = p(r-e) + (1-p)r = r-pe \tag{12.2}$$

员工采用纯策略的收益为:

$$U_{ST}(n_3) = q(w+m-as) + (1-q)(w+m) = w+m-qas$$
$$(12.3)$$

$$U_{ST}(n_4) = qw + (1-q)w = w \tag{12.4}$$

由于企业的惩罚制度是理性决策的结果,不会随机设置奖惩参数,所以不考虑决策的权重函数。但工作氛围会导致员工得失心态的变化,所以其行为不能直接由上式判断。马健等[14] 基于国内实验样本在前景理论的基础上提出了一个改进后的价值函数,可通过参数设置区分不同风险偏好的决策者收益感知的变化,如式(12.5)所示。

$$V(\Delta U) = \begin{cases} \xi(\Delta U)^\alpha & \Delta U \geqslant 0 \\ -\theta(-\Delta U)^\beta & \Delta U < 0 \end{cases} \tag{12.5}$$

参数 α,β 表示员工的风险态度,此处为了简化模型可认为 $\alpha=\beta=\gamma$[15],γ 值越小说明员工越倾向于冒险。ξ,θ 反映员工对制度惩罚的敏感程度,当工作氛围令人厌倦时,相比于惩罚损失员工对越轨收益更为敏感,则 $\theta=1,\xi>1$;当工作充满挑战令人满意时,员工会珍惜工作机会从而对惩罚措施更为在意,则 $\theta>1,\xi=1$。若选择员工平均收益作为价值函数的参考点,由演化博弈论可得式(12.6)。

$$V(\overline{U_{ST}}) = p(w+m-qas) + (1-p)w = w+p(m-qas)$$
$$(12.6)$$

员工纯策略 n_3,n_4 的感知收益为:

$$\Delta U_{ST}(n_3) = U_{ST}(n_3) - \overline{U_{ST}} = (1-p)(m-qas) \tag{12.7}$$

$$\Delta U_{ST}(n_4)=U_{ST}(n_4)-\overline{U_{ST}}=-p(m-qas) \tag{12.8}$$

因 $p\in[0,1]$，当 $m\geqslant qas$ 时，$\Delta U_{ST}(n_3)\geqslant0$，$\Delta U_{ST}(n_4)<0$。当 $m<qas$ 时，$\Delta U_{ST}(n_3)<0$，$\Delta U_{ST}(n_4)\geqslant0$。将式(5.7)与式(5.8)代入式(5.5)可得 $V_{ST}(n_3)$ 和 $V_{ST}(n_4)$，在此基础上讨论有限理性条件下企业与员工 CWB 的进化稳定均衡。

$$工作氛围枯燥\begin{cases}\dfrac{\mathrm{d}q}{\mathrm{d}t}=q(1-q)(ape-c)\\[2mm]\dfrac{\mathrm{d}p}{\mathrm{d}t}=\theta[p(1-p)(m-qas)]^{\gamma}\end{cases} \tag{12.9}$$

$$工作氛围良好\begin{cases}\dfrac{\mathrm{d}q}{\mathrm{d}t}=q(1-q)(ape-c)\\[2mm]\dfrac{\mathrm{d}p}{\mathrm{d}t}=\xi[p(1-p)(m-qas)]^{\gamma}\end{cases} \tag{12.10}$$

由式(12.9)、式(12.10)可知：员工心理因素对博弈演化过程存在影响，当员工全部为风险中立型且能对惩罚损失理性看待(即 $\theta=\xi=1$，$\gamma=1$)时，上式退化为标准的复制动态方程，结论不失一般性。若不考虑员工相异的人格特质，系统存在五个平衡点：$E_1(0,0)$、$E_2(0,1)$、$E_3(1,0)$、$E_4(1,1)$、$E_5(\dfrac{m}{as},\dfrac{c}{ae})$。根据微分方程的稳定性定理可得命题 12.1。

命题 12.1：在员工人格同质化的情况下，企业监管与员工 CWB 选择会呈现为不断进行策略循环的重复博弈，员工心理因素会对行为演化过程产生非线性影响，但最后会达到动态均衡。即：企业会保持 $\dfrac{m}{as}$ 监管成功的概率，员工群体会有 $\dfrac{c}{ae}$ 概率出现越轨行为。

证明：

(1)当 $q=\dfrac{m}{as}$，$p=\dfrac{c}{ae}$ 时，$\dfrac{\mathrm{d}q}{\mathrm{d}t}\equiv0$，$\dfrac{\mathrm{d}p}{\mathrm{d}t}\equiv0$，任何 p，q 取值都是稳定状态。

(2)当 $q>\dfrac{m}{as}$，$p=0$ 是稳定状态；当 $q<\dfrac{m}{as}$，$p=1$ 是稳定状态。当 $p>\dfrac{c}{ae}$，$q=1$ 是稳定状态；$p<\dfrac{c}{ae}$，$q=0$ 是稳定状态。

由命题 12.1 可知,一旦企业的奖惩制度和员工 CWB 的得失收益确定,就可以计算出组织中持 CWB 观点的员工人数。但是现实中员工的 CWB 情况却与上述计算结果大相径庭,这是由于员工的个人特质不尽相同(如存在情绪稳定性这一影响员工行为的性格特质),而且员工所处的环境也是复杂多变的。所以不能完全由演化博弈分析获得 CWB 进化过程,要借助计算实验方法来描述、揭示员工CWB 在管理场景中的动态演变。

12.2.3　员工 CWB 控制路径分析

由上述分析可知,员工 CWB 动态控制的关键在于对其影响因素和决策过程的掌控。影响因素中的人格特质作为员工的固有特征只能通过人员甄选来加以识别,而情境因素可以由工作氛围控制和环境感知来改变。对于员工 CWB 的决策过程(直觉判断和理性评估),由于个体 CWB 受自身行为效用和关联群体行为的影响,Spector[16] 提出了组织监管博弈和组织伦理控制两种控制路径。组织监管博弈是通过企业与员工的利益博弈及不同人格特质员工的经济收益感知水平,实现最低成本下对员工越轨行为的威慑;组织伦理控制是指组织非正式约束,是对员工选择启发式决策时的从众心理进行调节,使员工不轻易模仿所处环境中的越轨行为。因此,可构建出对员工 CWB 控制路径的概念模型,如图 12.3 所示。

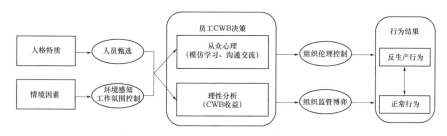

图 12.3　员工 CWB 控制路径的概念模型

12.3　员工群体 CWB 计算实验模型

在对企业员工 CWB 控制进行定性和定量描述的基础上,下面通过多智能体仿真对员工群体 CWB 动态演化机制进行建模,具体分为两个层次:一是员工智能体的心智模型,包括与员工 $Agent$ 的储元(人格特质、偏好、信息)、识元(员工对内部储元的感知、判断)、适元(员工在目标驱动下的自适应机制)、事元(员工在企业环境中的 CWB 选择);二是企业环境系统,包括工作氛围、监管制度、组织文化等。员工 $Agent$ 集合在外部环境的作用下,基于自身心智模型编辑评估环境输入信息,对 CWB 做出决策。

12.3.1　基本模型

用 $Agent$ 描述员工个体及进行监管控制的企业组织,用复杂网络表示工作环境。而企业管理制度,可以用一系列组织正式约束和非正式约束的规则集合来描述,基本模型的参变量定义为:

(1)Θ 为企业中员工 $Agent$ 集合,$\Theta = \{Agent_1, Agent_2, \cdots, Agent_n\}$,$n$ 为群体中的员工人数。

(2)B 为员工 t 时刻的行为状态,$B = \{B_1, B_2\}$,B_1 为员工选择 CWB 的状态,B_2 为选择正常工作的状态,将 $Agent$ 状态的转化设置为离散型变化。

(3)R 表示影响个体 CWB 决策的人格特质。按中心特质"情绪稳定性"程度的高低将员工分为三类,即 $R = \{r_1, r_2, r_3\}$。r_1 为神经质型(Neuroticism),这类员工耐受力低且较冲动,在工作压力下易受周围 CWB 的鼓惑。r_2 为稳定型(Stability),该类员工虽然也会被周围不良情绪所干扰,但其具有一定的自我调节能力进行独立判断。r_3 为平静型(Calmness),此类员工情绪控制能力较强,遇事能冷静分析。

(4)Φ 为员工环境感知阈值,$\Phi \in [0.5, 1]$。当关联群体中 CWB 达到一定比例 Φ 时,员工受直觉情绪影响会以一定概率快速进行模仿学习。设 $p_i(i=1,2,3)$ 分别为 r_1,r_2,r_3 类型员工从众模仿 CWB 的概率,有 $p_1 > p_2 > p_3$。

(5)N 为关联员工 $Agent$ 集合。目前企业中员工协同工作的联系已经不能用简单的规则网络(如 Moore 型和 Euclidean 型)来表示。由 Li[17] 对团队行为的研究可知,员工工作岗位间联系具有小世界网络特征。Watts 等[18]的研究表明 WS 小世界网络既具有随机网络的小世界特征，又具备规则网络的群集系数特征，而这两点正是实际组织网络的共同属性。所以这里用 WS 小世界网络来表示员工间的网络结构，员工 $Agent$ 表示网络中的节点，员工间的联系或交往程度用边来描述，N 由网络上 $Agent$ 入度节点构成。

（6）员工 $Agent$ 在 t 时刻由其人格特质、行为状态、邻域 $Agent$ 集合组成的三元组表示，即 $Agent = \{R, B, N\}$。在特定的网络结构中，$Agent$ 按照一定的转化规则集合 F 运转，呈现出群体演化规律，有：$Agent^t \xrightarrow{F} Agent^{t+1}, t = (0, 1, 2L)$。

（7）T 为企业组织 $Agent$ 的管理制度，由非正式约束 T_1（工作氛围、组织伦理、环境感知）及正式约束（监管机制）T_2 构成。由第 2 节定性分析可知，T_1 决定员工启发式决策，$T_1 = (\Phi, p, \theta, \xi, \gamma)$。$T_2$ 由博弈矩阵的参数构成，$M = (w, m, s, c, e, a)$。组织通过 T_2 来控制员工 $Agent$ 分析式决策，进而控制 CWB 发生。

12.3.2　规则设定

（1）员工工作网络构建规则

企业组织一般分为两种形式，一是具有严格结构层次和固定职责，强调高度正规化和集权决策的机械式组织；二是能迅速根据外部需要做出适应性调整，松散而灵活的机械式组织。设有 100 个员工节点（Node），每个节点的邻域 $Agent$ 数（Connections Per Agent）为 4，每条边的重连概率（Neighbor Link Probability）为 0.05，连接范围（Connection Range）为 50。机械式组织中节点布局可视为规则型（如 ring 型或 arranged 型），机械式组织节点可视为灵活型（如 Random 型或 Spring Mass 型）。依据组织发展的趋势，在此选择上述四个组织类型进行试验分析。

（2）员工 CWB 收益感知规则

由 5.2.2 的分析可知，企业在 t 时刻以概率 q 对员工进行监管时，选择 CWB 的员工比例为 p，正常工作的员工为 $1-p$。则员工个体选择 CWB 的收益感知为：$|\xi(1-p)(m-qas)|^\gamma$，正常工作的员工

的收益感知为 $|\theta p(m-qas)|^{\gamma}$。

员工在不同工作氛围中对惩罚的敏感程度不同，对 CWB 的风险偏好也不同，即存在情境影响的参数组合（γ、ξ、θ）。Tversky 和 Kahneman 根据实验数据估计了价值函数的主要参数[19]。当模型具有一般性时，员工对 CWB 的态度为风险中性，$\gamma=\xi=\theta=1$；当工作氛围枯燥时，员工对 CWB 的态度为风险偏好，$\gamma=0.8,\xi=2.25,\theta=1$；工作氛围良好时，员工对 CWB 态度趋向保守，$\gamma=1.5,\xi=1,\theta=2.25$。

（3）员工 CWB 决策演化规则

与社会网络服务（SNS）的信息扩散不同，企业中岗位设置相对固定，员工工作联系是相对有序的，所以此处考虑工作网络中员工在 t 时刻受个人特质和关联个体的影响进行决策。当处于复杂情境时（t 时刻关联群体中 CWB 比例 $f>\Phi$），根据 UTT 理论，受认知资源的限制，连 $t+1$ 时刻员工会采用启发式决策进行快速反应，依据个人特质以不同概率 p 进行简单模仿，即为

$$P_{CWB}(t \rightarrow t+1)=p_i \quad (i=1,2,3) \tag{12.11}$$

当情境相对简单（即 t 时刻时 $f \leq \Phi$）时，员工处于低加工负荷水平，非理性偏差小，会基于企业的监管下的收益感知进行理性博弈分析；当 $|\xi(1-p)(m-qas)|^{\gamma}>|\theta p(m-qas)|^{\gamma}$ 时，该员工选择 CWB，反之员工延续原状态工作。

12.4　仿真平台及模型验证

12.4.1　实验系统设计

该实验方法就是将员工 CWB 在计算机系统上再现，并通过调整系统参数在仿真平台上进行多次实验来寻找 CWB 控制的规律及措施。在多 Agent 模拟中，Anylogic 是应用最为广泛的工具，而且是支持混合状态机这种能有效描述离散和连续行为语言的唯一仿真软件。本书基于 Anylogic 平台，用 Java 构建组织与员工的 CWB 交互系统，该主要由三个类文件组成，其界面如图 12.4 所示。

（1）员工 Agent(Staff)，用以定义员工的行为决策过程。包括个

性特征(R)、关联员工(N)、行为状态(B)、行为感知(Φ)、行为效用(U)等变量。

（2）企业环境（Business Environment），用连续 2D 的空间类型来描述员工的工作网络。

（3）管理机制（Controls Parameter），定义一系列制度参数 M ＝ (w,m,s,c,e,a)。表 12.2 为系统初始参数设置。

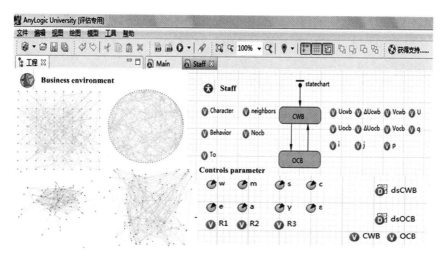

图 12.4　组织与员工的 CWB 交互系统界面

表 12.2　实验系统参数

参数	说明	取值
Node	员工人数（网络节点数）	100
w	员工的契约收入	100
s	员工 CWB 被观测到后所受的惩罚	60
e	员工 CWB 带来的损失	80
S_{net}	工作网络结构及节点布局	Small Word, Random 型
C_{net}	工作网络邻域 Agent 数、重连概率、连接范围	(4,0.05,50)
$N\,(r_1,r_2,r_3)$	组织中神经质型、稳定型、平静型员工比例	（10%，20%，70%）
$p(r_1,r_2,r_3)$	神经质型、稳定型、平静型员工从众模仿概率	(0.7,0.3,0.1)
N_{CWB}	初始状态下采用 CWB 的员工数	35
N_{OCB}	初始状态下正常工作的员工数	65
$T_1(\phi,\gamma,\xi,\theta)$	非正式约束（环境感知、工作氛围、组织伦理）	(0.5,1,1,1)

企业员工 CWB 决策的仿真系统具有两个核心问题：一是对不确定性行为选择的描述。对于员工群体来说，单个员工的行为选择概率 P 可以设置成群体中选择该行为的比例。二是在演化过程中，员工 Agent 与企业环境的变化要在同一时间步长中如何保持一致。这里同步集成思路是将时间步长都分为四个阶段：

Step 1：环境的初始化（Environment Initialization）。

Step 2：员工决策所需信息加工阶段（Information Processing）。

Step 3：员工 Agent 交互后产生的环境变化（Environmental Change）。

Step 4：员工感知归因阶段（Perception Attribution）。

Step 1 与 Step 3 为组织环境处理阶段，Step 2 与 Step 4 为员工 CWB 两阶段决策过程，环境 Agent 与员工 Agent 在时间步长中同步变化，模型逻辑设计如图 12.5 所示。

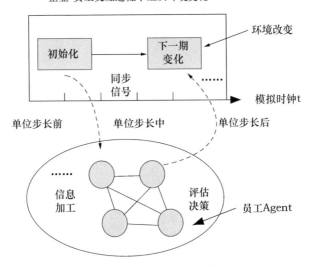

图 12.5　实验系统同步逻辑图

12.4.2　模型的合理性与鲁棒性验证

由于组织行为学领域存在诸多不确定性和分岔性，所以不可能以某一个真实的 CWB 系统为标杆来追求逼真的验证效果。但根据 Gilbert[20]的研究和计算实验理论，只要模型能再现员工行为管理的

"一束"可能状态，并与企业既存的普遍规律相吻合，则可以认为实验模型具有合理性。基于员工行为控制的基本理论，下面拟采用宏观验证方式考察模型的合理性；以表 12.2 为参数初始值，通过调整企业的监管制度，观察员工行为的演化，来分析模型的合理性。

当 $T_2 = (100, 60, 60, 50, 80, 0.1)$ 时，即企业的监督效率低下而员工 CWB 的收益水平较高，此时员工 CWB 演化如图 12.6(a) 所示。员工在该环境下会迅速选择 CWB，但在达到均衡时仍然存在极少量正常工作的员工。这说明员工通过理性选择会采取得益更大的 CWB，但非理性的因素使得员工行为发生异常波动。但由于关联员工的行为较为一致，波动影响会逐渐趋缓，这与管理实践是十分吻合的。

当 $T_2 = (100, 40, 60, 40, 80, 0.8)$ 时，企业监管力度较大，使得正常工作（Organizational Citizenship Behavior，OCB）的员工维持在一个较高水平，但一部分员工仍会因监管疏漏采用 CWB，如图 12.6(b) 所示。在此过程中，当员工在关联群体中的 CWB 较多时，可能会刺激员工（尤其是神经质型员工）做出冲动选择。员工行为表现不一致（即心理波动较大）时，会对员工行为产生剧烈的扰动。当员工冷静后通过理性分析还是会倾向于选择得益更高的 OCB。这与管理实践的发展也是趋同的，说明该实验模型具有合理性。

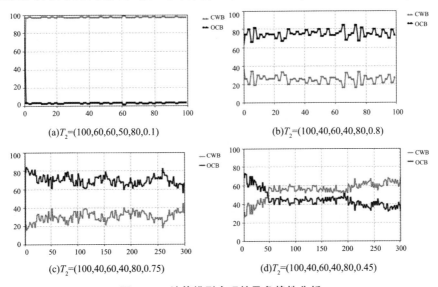

(a)T_2=(100,60,60,50,80,0.1)　　(b)T_2=(100,40,60,40,80,0.8)

(c)T_2=(100,40,60,40,80,0.75)　　(d)T_2=(100,40,60,40,80,0.45)

图 12.6　计算模型合理性及鲁棒性分析

　　由于管理实践的复杂性和影响因素的多样性，计算模型的参数初值可能会导致系统输出稳态值有扰动或飘移。现通过调整系统某些初始状态和多次模拟，来分析计算模型输出的收敛性和稳定性。为了使鲁棒性分析具有延续性和可靠性，选用与上述实验相同的员工群体，选取仿真周期为 300 期。

　　在图 12.6(b) 的基础上微调管理参数 $T_2 = (100, 40, 60, 40, 80, 0.75)$，如图 12.6(c) 所示。企业观测水平略微降低后，选择 CWB 的员工数量虽有波动，但其均值相较于图 12.6(b) 有所上升。说明参数调整后计算模型的结果仍然与管理现实相一致。

　　进一步调整管理参数 $T_2 = (100, 40, 60, 40, 80, 0.45)$，如图 12.6(d) 所示。继续降低企业观测水平至临界值 c/a 后，采用 CWB 的员工数量会逐渐上升。当 CWB 与 OCB 人数的比例约为 $1:1$ 时，两种行为之间会有一段时间的波动。在此之后，CWB 人数会继续增加，其比例达到控制因子水平时会逐渐趋向稳定。这说明，参数在控制阈值附近时，模型虽会有短时间的波动，但最终仍会收敛于实际管控范围附近。

　　对上述试验进行多次模拟，并对每次模拟的数据进行统计分析后的结果如表 12.3 所示。

表 12.3　各试验模拟样本的统计分析

组织正式监管制度	仿真周期 (Periods)	仿真次数 (Times)	CWB 人数的均值	CWB 人数的标准差
$T_2 = (100, 60, 60, 50, 80, 0.1)$	100	30	97	5.2
$T_2 = (100, 40, 60, 40, 80, 0.8)$	100	30	23	17.6
$T_2 = (100, 40, 60, 40, 80, 0.75)$	300	30	32	9.4
$T_2 = (100, 40, 60, 40, 80, 0.45)$	300	30	58	12.2

　　由表 12.3 可知，上述试验经过多次仿真后的样本均值与图 12.6 中的单次试验均值基本一致，且样本标准差不大，说明多次模拟的数据偏离度较小。

　　综上所述，在参数变化时，模型输出的收敛性和稳定性均较好，计算模型具有一定的鲁棒性。

12.5　员工群体 CWB 控制策略实验分析

在智能制造环境中，由于面对的是智能装备及其流水生产线，员工需要适应智能装备的工作节奏，并随着时间推移难免会出现心理波动进而产生反生产行为倾向。现以表 12.2 中的系统初始化参数设定为基础，结合我国智能制造企业面临的员工管理问题，通过仿真实验来观察企业各种 CWB 控制策略的有效性。这里用多次实验来保证实验结论的鲁棒性，并采用典型图示与数据来进行说明。

12.5.1　人员性格甄选对员工群体 CWB 的影响

对于流水线工作而言，企业负责人都认为新员工经过简单培训足以胜任重复的流水线工作，不需要耗费成本进行仔细甄选。以往的实证研究虽然也强调了员工甄选的重要性[21]，但却难以反映其对员工行为稳定性影响的内在机理及量化控制水平。下面将通过仿真实验来探讨不同性格特质的员工组合对 CWB 演化影响的趋势。当 $c=ae$ 时，企业期望对员工 CWB 进行监管。此时假设制度管理参数 $T_2=(100, 40, 60, 40, 80, 0.5)$，仿真时间 $t=100$ 期。在员工同质化的情况下，根据演化博弈中的进化稳定策略（ESS）可得命题 12.1。但由图 12.7 中的系列图示可知，在相同的监管环境下，员工群体中个性比例的差异对企业组织内的 CWB 演化具有显著影响。在图 12.7(a)中，当平静型和稳定型员工比例较大时，选择 OCB 的员工人数明显占优。随着神经质型员工的比例增加，当其与稳定型员工之和达到群体数量的一半时，组织中采用 OCB 与 CWB 的员工比接近 1∶1，呈现出针锋相对的情形，正常工作的员工略占优势，如图 12.7(b)所示。由图 12.7(c)～(d)可知，当神经质型员工的比例占优时，群体中选择 CWB 的人数逐渐占据主导。当神经质型员工超过 50% 时，CWB 有快速扩散的趋势，此时员工行为选择的加剧波动会影响到组织稳定性。当神经质型员工超过 70% 后，$N_{CWB}>90$，意味为整个组织的 CWB 将难以控制。

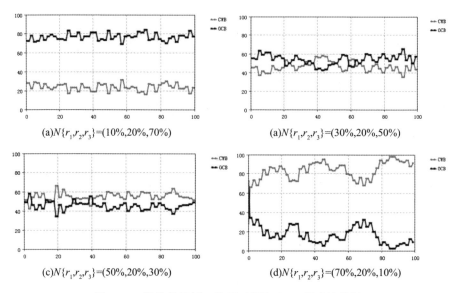

图 12.7 性格特质员工比例对群体 CWB 影响演化图

12.5.2 监管制度对员工群体 CWB 的影响

我国的 OEM(Original Equipment Manufacture)企业大都属于劳动密集型企业，对员工行为的制度监管一直是组织控制的主要手段。对于管理者而言，提高制度的作用效能必须首先辨别各管理参数对员工状态的影响，并找出会导致员工行为突变的临界点或行为稳定均衡点。下面主要分析不同制度管理参数对员工工作行为的影响。

(1)员工契约收入 w 对工作行为的影响

当前在我国的 OEM 企业对员工 CWB 主要是通过加薪来进行危机公关。如富士康自"十三连跳事件"发生后加薪幅度已达一倍以上，但效果并不明显，员工的离职率仍居高不下，各地工厂中依然冲突频发。下面设员工群体为 $N\{r_1,r_2,r_3\}=(50\%,20\%,30\%)$，时间 t 为 100 期时。由图 12.8(a)～(b)可知，在员工收入水平增加 50% 的情况下，在均衡态(b)中员工群体中选择 CWB 的比例下降并不明显。由此可见，提高员工待遇与减少组织中的 CWB 没有直接关系，反而会增加企业经营成本。在其他管理措施不进行优化的情况下，一味"高薪养员"并不能减少员工越轨行为出现的概率。

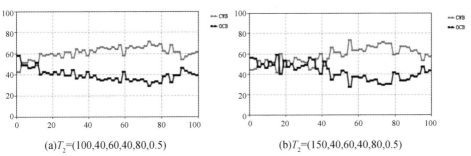

(a)T_2=(100,40,60,40,80,0.5)   (b)T_2=(150,40,60,40,80,0.5)

图 12.8 员工收入对群体 CWB 影响演化图

(2)观测水平 a 及惩罚力度 s 对工作行为的影响

企业制度约束 $T_2 = (w, m, s, c, e, a)$ 中参数较多,但其基本都与 a 与 s 相关。在此为简化分析,通过调节 a 与 s 来探讨不同处罚机制对员工行为的影响。

当 $a < c/e$ 时,由 12.4.2 中图 12.6(a)可知,组织中 CWB 明显占优。$a = 0.1$ 时,采用 CWB 的员工数趋近 100,说明 a 值越小,员工 CWB 情况越严重。OEM 企业中一线员工众多,工作场地较大。在费时费力的监管工具和传统机制下,较高的观测水平需要付出较高监控成本。当监管效果达不到成本投入预期($a < c/e$)时,企业可能因成本压力导致监管松懈使得观测水平 a 降低。所以管理者要不断尝试经济有效的员工行为监管手段,在关键场所设置电子探头、实行敏感岗位轮岗及员工间非正式渠道的相互监督等。这些都能有效地节约监管成本,提高相同投入下的企业监管效率。

表 12.4 不同惩罚力度 s 下的员工感知收益

性格比例	观测水平	惩罚力度	OCB 感知收益		CWB 感知收益		OCB 人数	CWB 人数
$N\{r_1, r_2, r_3\}$	a	s	期望	方差	期望	方差	均值取整	均值取整
0.1,0.2,0.7	0.5	60	94.82	2.43	80.56	1.43	78	22
0.1,0.2,0.7	0.5	65	93.29	6.65	74.92	4.82	84	16
$N\{r_1, r_2, r_3\}$	a	s	期望	方差	期望	方差	均值取整	均值取整
0.1,0.2,0.7	0.5	70	98.54	3.02	69.29	3.68	90	10

续表 12.4

性格比例	观测水平	惩罚力度	OCB 感知收益		CWB 感知收益		OCB 人数	CWB 人数
0.7,0.2,0.1	0.5	60	87.27	35.46	92.36	47.92	29	71
0.7,0.2,0.1	0.5	65	86.15	24.75	91.81	27.68	37	63
0.7,0.2,0.1	0.5	70	83.99	43.37	95.22	34.19	32	68

当 $a \geqslant c/e$ 时，由于不同性格的人员组成对整个工作的宏观格局是有影响的，在此选择两类不同类型的工作团队采集实验数据。由表 12.4 可知，团队中稳定型员工较多时，随着惩罚力度 s 的增加，正常工作员工的感知收益要高于采用 CWB 的员工，且收益波动（方差）较小。而神经质型员工比例占优时，惩罚力度的增加能暂时制约员工的越轨行为，但后续效果并不明显，且收益波动（方差）较大。这说明在 OEM 企业管理中，加大处罚力度可以有效地规范异常行为；但要注重考虑员工个性、心理感知等因素，单一的提高处罚标准不仅达不到预期效果，甚至会导致员工与企业的恶性对抗。

12.5.3　组织非正式约束(情境管理)对员工 CWB 的影响

我国的 OEM 企业员工现今大部分是新生代农民工，已不再将谋生作为第一目标，而更多在意工作情境对其的影响。在保持其他参数不变的情况下，通过对情境参数 $T_1 = (\Phi, p, \theta, \xi, \gamma)$ 的改变来考察组织非正式约束对员工 CWB 演化的影响。设企业正式监管机制为 $T_2 = (100, 40, 60, 40, 80, 0.5)$。由于情境因素影响具有细微渐进的特点，所有在此选取 $t = 300$ 期。

（1）伦理的影响分析

组织伦理作为企业微观道德文化，能通过舆论、教育、习惯等不成文的形式修正员工善恶标准，影响员工对待 CWB 的意识。在此模拟实验中，设员工组合为 $N\{r_1, r_2, r_3\} = (10\%, 20\%, 70\%)$，改变组织感知阈值 Φ 后员工行为的演化如图 12.9 所示。由图中可知，当员工对 CWB 的感知阈值由 0.65 下降到 0.4 时，300 周期中 CWB 员工的平均数由 29 人上升至 37 人，且行为波动（方差）加大。这说明：

若员工抗拒 CWB 蛊惑的意识差，易受周围人群中 CWB 的影响，将导致员工冲动决策从而诱发群体 CWB 事件。

在 OEM 企业管理中，新生代农民工在城市易受排斥和歧视，其对企业有一种天生的疏离感和责任匮乏心态[22]。如富士康在太原、郑州等地的工厂常因保安与员工的小摩擦而引发大规模的冲突。因此，企业要通过引导员工把组织伦理内化为自身的行为准则，提升组织感知阈值 Φ 来有效地避免 CWB 的发生。

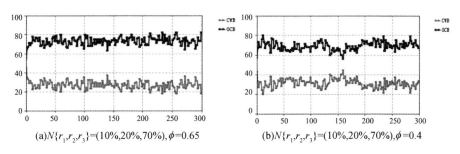

(a)$N\{r_1,r_2,r_3\}$=(10%,20%,70%),ϕ=0.65　　(b)$N\{r_1,r_2,r_3\}$=(10%,20%,70%),ϕ=0.4

图 12.9　环境感知对员工群体 CWB 影响演化图

（2）工作氛围的影响分析

在企业正常工作的新生代农民工普遍年龄较小，以"三高一低"为特征。一低即为工作耐受力低，该群体的风险偏好容易受工作氛围影响。现通过改变决策价值函数中的 θ、ξ、γ 值来观察员工心理偏好对 CWB 的影响。设员工组合为 $N\{r_1,r_2,r_3\}=(50\%,20\%,30\%)$。由图 12.10(a) 中可知，当员工为中立型时，员工中的 OCB 与 CWB 在演化中呈现胶着状态，方差较小，在均衡态时接近 1∶1。但仿真周期内 OCB 人数的均值小于 CWB，说明在工作过程中出现 CWB 概率略微占优。当员工为谨慎型时，图 12.10(b) 的行为演化中 OCB 人数的均值较大，行为波动也较小，说明员工更倾向于正常工作。而当员工为冒险型时，员工行为在波动-均衡中反复、扰动不断增大、CWB 处于主导地位，如图 12.10(c)～(d) 所示。

对于在流水线上工作的员工来说，长期处于紧张枯燥的任务环境中，容易对自身工作产生消极厌倦的情绪，进而对 CWB 的刺激性感到渴望。当对 CWB 的得益感知更为敏感时，员工行为稳定性较差并容易产生 CWB。反之，当工作充满激情和挑战，员工会珍惜并投入自身工作，对 CWB 的惩罚会更加敏感并谨慎对待越轨行为。所以在流程管理中，面对受教育程度较高但工作耐受力较差的新生代农民工，企业不能简单地将其视为零件而一味地强调标准化。而要通过员工关怀计划（EAP）等手段丰富工作内容，营造积极向上的工作氛围，激发员工的工作动机和热情。

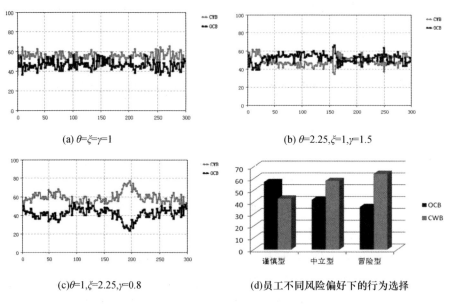

(a) $\theta=\xi=\gamma=1$　　　　　　　　　　(b) $\theta=2.25,\xi=1,\gamma=1.5$

(c) $\theta=1,\xi=2.25,\gamma=0.8$　　　　　　(d)员工不同风险偏好下的行为选择

图 12.10　工作氛围对员工群体 CWB 演化的影响

（3）组织结构影响分析

我国 OEM 企业多属于制造业，其组织结构多沿袭 20 世纪 80 年代引入国内的机械式[23]。为考察不同组织结构对员工 CWB 演化的影响，现生成具有不同参数和拓扑结构的网络。设员工组合为 $N\{r_1,r_2,r_3\}=(50\%,20\%,30\%)$，且都为风险中立型，模拟结果如图 12.11 所示。其中，图 12.11(a)～(d)为节点布局类型为 Random 型、Spring Mass 型、Ring 型、Arranged 型的小世界网络，邻域 Agent 为 4，重连概率 0.05。

结果显示，图 12.11(a)与(b)的 CWB 情况明显好于(c)和(d)，且行为稳定性较好。这说明，相对于层级分明、职责固定的孤立呆板机械式组织，扁平灵活的机械式组织更有利于控制员工 CWB。以往的研究认为，正规化、标准化组织在追求稳定性效率方面存在优势，

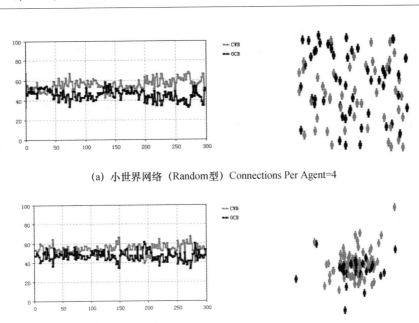

(a) 小世界网络（Random型）Connections Per Agent=4

(b) 小世界网络（Spring Mass型）Connections Per Agent=4

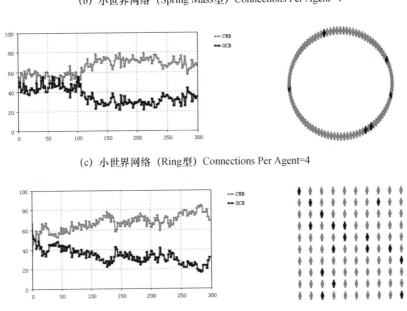

(c) 小世界网络（Ring型）Connections Per Agent=4

(d) 小世界网络（Arranged型）Connections Per Agent=4

图 12.11　组织结构对员工群体 CWB 演化的影响

OEM 企业应采用机械式组织形式。但随着信息时代的到来和新生
代农民工自主性的提升，孤立呆板的机械式组织结构会影响组织内

的沟通,增加员工的心理压力。扁平灵活的机械式组织的低复杂性和非集权化使得员工获得更多的学习和交流机会,而员工情绪的舒缓对CWB的控制扁平灵活的有益的。

图12.12(a)～(b)表明,在机械式组织中的邻域Agent分别为10和15时,邻域Agent数目越大的网络中员工出现CWB的概率越低。这也说明组织结构中沟通的有效性是控制员工CWB的关键。所以管理者不能一味强调部门、工作联系等同质化的强关系,要建立更灵活更具有适应性的互动机制。如不少OEM企业近年来就以开设员工关爱平台、心理咨询热线等方式来优化利用组织中错综复杂的弱关系,有效控制了员工CWB的发生。

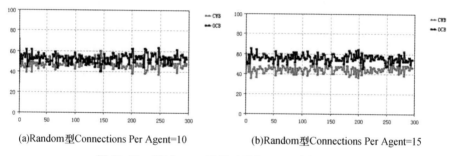

(a)Random型Connections Per Agent=10   (b)Random型Connections Per Agent=15

图 12.12　领域 agent 数量对群体 CWB 演化的影响

12.6　本章小结

本章针对企业员工CWB决策过程及控制路径问题,将心理学、前景理论、博弈论与多Agent仿真相结合,建立了员工的CWB计算实验模型。从组织控制的角度,探讨了在正式与非正式约束下群体CWB产生的规律并提出控制策略和措施。该研究将员工个体CWB的研究推广到群体行为的研究,摆脱了实证研究和突变论等数理模型的单一性和局限性。将定性、定量及实验方法结合起来构建了员工群体CWB的演化机制模型,并通过宏观验证方式,验证了模型的真实性和鲁棒性。研究发现:

(1)员工的性格特质对CWB产生较大影响。在正常监管制度下,神经质型的员工超过半数将会使CWB具有加速扩散的趋势,所

以员工入职甄选机制是至关重要的;

(2)在企业监管中,一味提高员工收入并不能有效地控制 CWB。而要推行经济高效的内部控制机制,注意员工心理感知,过于严苛的处罚标准在耗费成本的同时反而会引发员工的逆反情绪;

(3)加强组织伦理建设可以将道德规范内化于心,通过提升感知阈值减少 CWB 发生,内容丰富、具有挑战的工作环境也能激发员工的工作动机,使员工对 CWB 的损失更为敏感;

(4)在小世界网络为主体的工作网络中,扁平灵活的机械式组织结构比孤立呆板的机械式组织结构更有益于员工行为的稳定;与原有研究强调组织内的强关系不同,实验表明优化利用员工间非正式渠道间的弱关系对控制 CWB 效果十分显著。

参考文献

[1]毛军权,孙绍荣.不确定视域下企业员工越轨行为控制的博弈模型[J].上海理工大学学报,2010,32(2):129-135.

[2]毛军权,孙绍荣.企业员工越轨行为惩罚机制的数学模型——一个理论框架[J].中国软科学,2008,22(8):18-24.

[3] Tversky A,Kahneman D. Advances in Prospect Theory: Cumulative Representation of Uncertainty[J]. Risk Uncertainty, 1992,5(4):297-323.

[4]Bolton L R,Becker L K,Barber L K. Big Five Trait Predictors of Differential Counterproductive Work Behavior Dimensions[J]. Personality and Individual Differences,2010,49(5):537-541.

[5] Peterson D K,Deviant Workplace Behavior and the Organization's Ethical Climate[J]. Journal of Business and Psychology,2002,17(1):47-61.

[6]Sakurai K,Jex S M,Coworker Incivility and Incivility Targets' Work Effort and Counterproductive Work Behaviors: The Moderating Role of Supervisor Social Support[J]. Journal of Occu-

pational Health Psychology，2012，17(2):150-161.

[7] Ajzen I. The Theory of Planned Behavior[J]. Organizational Behavior and Human Decision Processes，1991，50(2):179-211.

[8] 刘文彬，井润田. 组织文化影响员工反生产行为的实证研究：基于组织伦理氛围的视角[J]. 中国软科学，2010，9：118-139.

[9] Evans J S B T. In Two Minds：Dual-process Account of Reasoning[J]. Trends in Cognitive Sciences，2003，7(10)：454-459.

[10] Dijksterhuis A，Olden Z V. On the Benefits of Thinking Unconsciously：Unconscious Thought Can Increase Post-choice Satisfaction[J]. Journal of Experimental Social Psychology，2006，42(5)：627-631.

[11] Sloman S A. The Empirical Case for Two Systems of Reasoning[J]. Psychological Bulletin，1996，119(1)：3-22.

[12] Apperly I A，Butterfill S A. Do Humans Have Two Systems to Track Beliefs and Belief-like States？[J]. Psychological Review，2009，116(4):953-970.

[13] 林玲，唐汉瑛，马红宇. 工作场所中的反生产行为及其心理机制[J]. 心理科学进展，2010，18(1)：151-161.

[14] Hardy L，Parfitt G. A Catastrophe Model of Anxiety and Performance[J]. British Journal of Psychology，1991，82(2):163-178.

[15] Tversky A，Kahneman D. Judgment under Uncertainty：Heuristics and Biases[J]. Science，1974，185(4157):1124-1131.

[16] Spector P E. The Relationship of Personality to Counter Productive work Behavior (CWB)：An Integration of Perspectives [J]. Human Resource Management Review，2011，21(4):342-352.

[17] Li J，Zhou Y J. Experimental Analysis of Self-organizing Team's Behaviors[J]. Expert Systems with Applications，2010，37(1):727-732.

[18] Watts D J. Networks, Dynamics, and the Small-World Phenomenon[J]. American Journal of Sociology, 1999, 105(2): 493-527.

[19] Wei X C, Hu B, Carley K M. Combination of Empirical Study with Qualitative Simulation for Optimization Problem in Mobile Banking Adoption[J]. Journal of Artificial Societies and Social Simulation, 2013, 16(3):192-201.

[20] Gilbert N, Troitzsch K G. Simulation for the Social Scientist[M]. Buckingham: Open University Press, 2005.

[21]宋阳,闫宏微.新生代农民工心理问题与价值观变迁研究述评[J].南京理工大学学报(社会科学版),2011,24(3):67-95.

[22]杨春华.关于新生代农民工问题的思考[J].农业经济问题,2010,31(4):80-84.

[23]朱钟棣,罗海梅,李小平.中国OEM厂商的升级之路[J].南开学报(哲学社会科学版),2006(5):125-133.

员工反生产行为突变的半定性分析
与控制：基于模拟实验的控制方法

　　传统环境（含互联网）下人是企业组织运作中的主体，人管理和操控组织系统的运行。而在物联网环境下，智能"物"也是企业组织运作中的主体，人与智能"物"之间相互操控，"物"实时地向人发送信息并提出要求，人受智能"物"的冲击，其情绪必然会出现较大的波动，其反生产行为发生的可能性更大。

　　为了揭示物联网环境下反生产行为的发生机制及其控制方法，本章结合随机突变模型和定性模拟方法，建立员工反生产行为突变的半定性模拟模型，分析反生产行为突变发生的机制，再通过模拟实验与分析，研究员工反生产行为的控制方法。

13.1　员工反生产行为随机突变模型

　　考虑物联网环境中随机影响因素，对于员工的反生产行为，可假设 t 时刻员工心理感知下的行为状态 F_t 是随时间变化的随机变量，$t \in \{0, T\}$，f_t 是 F_t 的一个观测值。状态变量 f_t、个体情绪 u 和情境压力 v 构成员工 CWB 突变模型的行为曲面函数可写为式（13.1），其中 a, b 为未知的参数：

$$\frac{\mathrm{d}f_t}{\mathrm{d}t} = 4f_t^3 + 2auf_t + bv = 0 \tag{13.1}$$

　　为了使模型更契合员工管理实际，在式（13.1）的基础上引入如下形式的 Itô 随机微分方程，以描述含有不确定扰动的员工行为。

$$\frac{\mathrm{d}f_t}{\mathrm{d}t} = \mu(f_t) + W(t) = -\frac{\mathrm{d}V(f_t)}{\mathrm{d}f_t} + \delta(f_t)\mathrm{d}w(t) \quad \mathrm{d}w(t) \sim N(0, \mathrm{d}t)$$

$$(13.2)$$

这里将 f_t 作为一个随机过程,$\mu(t)$ 作为系统的漂移系数表示员工行为的主要影响路径。$W(t)$ 是一个标准 Brown 运动,表示行为系统所受的随机干扰。式中,$\delta(f_t)$ 为扩散系数,表示干扰的强度;$\mathrm{d}w(t)$ 是一个标准维纳过程,表示干扰的随机性。根据独立同分布随机变量序列的中心极限定理(Lindburg-Levy 定理)可知,大量非关键性因素的影响可被认为服从正态分布,即 $\mathrm{d}w(t) \sim N(0, \mathrm{d}t)$。由式(13.1)、式(13.2)可绘制出员工 CWB 随机尖点突变模型概念示意图,如图 13.1 所示。

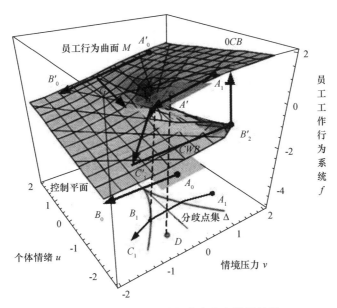

图 13.1　员工 CWB 随机尖点突变模型示意

在图 13.1 中,在个体情绪和情境压力的作用下,若影响路径沿 A_1B_1 移动(经过分歧点集)时,根据经典突变理论可知,在 B_1 状态时员工的满意度感知会发生突然变化,使得员工行为状态会在 B_1' 处出现从上叶到下叶的突然跃迁,导致行为失控产生与 OCB 性质截然不同的 CWB。对于这种由主要控制变量导致的突变,可以将其定义为员工 CWB 的结构性突变。在经典突变理论中,分歧点集合的内部(图 4.1 两条粗线间部分)为不稳定区域,其对应的行为状态(D 在平衡曲面 M 上的投影 D')在理论上是不可达的,而这在管理实践中是难以解释的。当引入式(13.2)的随机突变后,由 Van der Maas 等[1]对心理认知突变的研究可知,当 $\sigma(f_t)$ 为正常数时,式(13.1)中行为平衡曲面的均衡点与式(13.2)中构建的随机过程中的极限概率密度函数 $y_{\lim}(f_t)$ 关于众数的分歧机制等价。原均衡点被众数所代替,不稳定态被反众数代替,如图 13.2 所示。

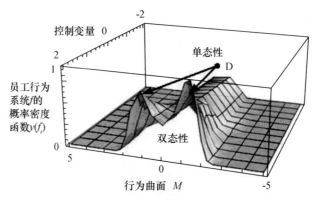

图 13.2 随机因素干扰下的员工行为突变示意

由此可得员工 CWB 突变的命题 13.1:在分歧曲线上及曲线内,员工行为都会发生突变,二者发生的机制一致,但产生的来源不同。一个是由个体情绪和情境压力等控制变量带来的结构性突变;另一个是由于工作场所随机事件导致的扰动性突变,其结果取决于员工行为初态。

由于员工的 CWB 行为是有多样性、易变性和界定模糊等特点,为了确保调研数据的有效性,本书采用目前大多数学者常用的 Bennett 的基于个体维度和组织维度的双因素调查问卷[2],在问卷设计中采用 Liket 5 点测量法。实地发放问卷、匿名采集样本,调查对象为武汉某通信设备制造企业各工厂流水线基层操作人员,都具有三年以上的工作经验。在两个月中共发放问卷三次共 500 份,收回428 份,剔除应答题目有严重缺失的问卷 26 份以及填写明显前后矛盾的问卷 31 份,最终有效样本为 371 份,利用 SPSS 17.0 对量表进行信效度分析,如表 13.1 所示。从事可以看出,量表 Alpha 系数都在 0.7 以上,且子量表的相关度为 0.46,说明量表具有较好的聚合效度和区分效度。

表 13.1　员工 CWB 量表信度分析

控制变量	信度(Alpha 值)	可测变量个数
个体情绪	0.81	3
情境压力	0.78	3

对调研数据进行以下处理:一是验证员工 CWB 随机突变模型的优劣以及选取控制变量的适应度;二是通过遗传算法对未知参数 a,b 进行求解。令 α_1、α_2、β_1、β_2 随机等于 0,可得 2^4 组突变模型,选择拟合优度最高(AIC 的值最小且 BIC 也较为接近最小值)的一组与传统的线性与非线性模型进行比较得表 13.2。

表 13.2　员工 CWB 随机尖点突变模型合理性分析

模型	α_0	α_1	α_2	β_0	β_1	β_2	λ	σ	AIC	BIC
突变(cusp)	2.20	1.31	0	1.45	0	0.47	−0.68	0.42	441.30	4613.32
线性									1146.70	1165.56
Logistic									865.46	880.90

由表 13.2 中可知突变模型的 AIC 及 BIC 值较小且 $\beta_1 = \alpha_2 = 0$,说明其对样本的拟合程度要明显优于线性和经典的非线性模型,选择 u,v 作为控制变量也是合理的。再选取 n 个样本 (f,u,v),通过选取员工行为曲面的最小化方差 $\min \sum_{i=1}^{n} (4f^3 + 2auf + bv)^2$ 的参数 a,b 的组合来进行求解,具体方法如图 13.3 所示。

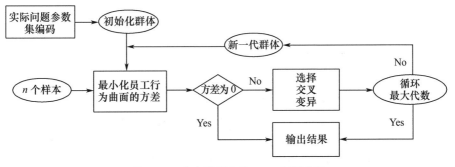

图 13.3　突变模型参数 a,b 求解过程

取跟踪调研的 100 个样本 (f, u, v) 作为输入，即 $n=100$。f，u，v 由变量各维度的数据加权平均得到，采用随机遍历抽样的方式，以最小化行为曲面方差为适应度函数进行全局寻优，运行后得到 a, b 的近似最优解为 $a=2, b=-3.8$，代入式（13.1）即可得员工 CWB 随机突变模型的行为曲面方程。

13.2 员工反生产行为突变的半定性模拟模型

在员工 CWB 随机突变模型的基础上，引入 QSIM 算法的思路，结合 CWB 突变特征设计半定性模拟模型（Semi-qualitative Cusp Model）并进行动态实验研究，设计思路如图 13.4 所示。在 Kuipers 的 QSIM 算法中[3]，行为系统的结构由物理系统的一组符号和描述参数之间关系的一组约束组成。这些约束是参数的二元或三元关系，例如：MULT(X, Y, Z) 表示 $X * Y = Z$。系统的每一个参数在时间 t 上的值，是按照它和一个有序路标值集合的关系确定的。模拟就是从员工行为系统的初始状态出发，根据通用状态转换表产生出当前状态的所有后继状态；然后根据约束方程过滤掉不满足约束方程的状态，剩余的状态组成新的当前状态集合；再从当前状态集合中取出一个状态作为新的当前状态，重复以上过程。

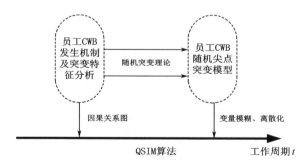

图 13.4 员工 CWB 突变半定性模拟模型技术路线

13.2.1 员工 CWB 演化过程的定性分析

根据员工 CWB 行为曲面方程，利用 Matlab 可绘制出员工行为突变的静态模型及突变区域，如图 13.5、图 13.6 所示。在这里，要将该模型转化为一个动态过程来考察：个体情绪和情境压力共同影响工作中行为状态的转化，而员工行为又决定了其行为绩效的高低，行为绩效的结果又直接影响员工的情绪。所以，组织中 CWB 演化的因果关系如图 13.7 所示，图中的"＋"、"－"表示变量间的正向或反向影响。

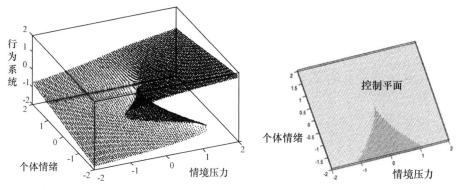

图 13.5　员工 CWB 突变静态模型　　　　图 13.6　控制平面上的突变区域

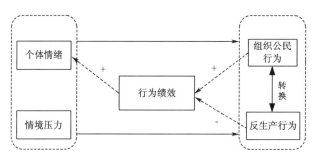

图 13.7　员工 CWB 动态演化因果关系图

13.2.2　变量名及取值

变量名的设置如表 13.3 所示，变量的取值分为两类。

表 13.3　变量名

变量名	员工行为	突变判定	个体情绪	情境压力	行为绩效
符号	f	$\sum$	u	v	M

一类是一元组变量，是指由其他因素改变的定性变量，包括 f，v，σ。其表达式为：$QS(X, t_i) = <qval>$，式中 t_i 是模拟时间，X 是各变量的定性值。定性值是连续的，但在模拟中不需无限细分，而是将

其划分为几个显著的离散值,数值本身代表变量的不同状态[4]。由命题 13.1 可知,员工行为是由控制变量决定的,具有两个行为稳态,每个稳态上的行为变化是连续平稳的。当 $f=0$ 时,在控制平面的分歧区域,可能产生突变现象,员工行为会根据员工初态随机归于 OCB 或 CWB。在员工 CWB 发生机制中,情境压力 v 是由外界环境因素决定的,则 f 与 v 的取值为式(13.3)。

$$f=\begin{cases} +2 & \text{强组织公民行为} \\ +1 & \text{弱组织公民行为} \\ 0 & \text{行为不稳定态} \\ -1 & \text{低危反生产行为} \\ -2 & \text{高危反生产行为} \end{cases} \qquad v=\begin{cases} +2 & \text{情境压力很大} \\ +1 & \text{情境压力较大} \\ 0 & \text{情境压力正常} \\ -1 & \text{情境压力较小} \\ -2 & \text{情境压力很小} \end{cases} \qquad (13.3)$$

突变判定系数 σ 可由下式得出:

$$\sigma=8(2u)^3+27(-3.8v)^2 \qquad (13.4)$$

该式将员工行为控制平面分为 5 个区域 R(1)～R(5),用 Matlab 作图 13.8。

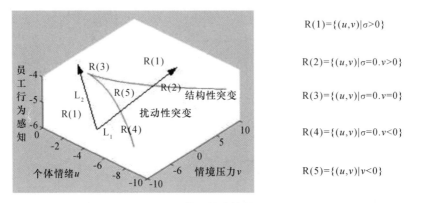

图 13.8 中沿曲线 L_1 方向在 R(2)～R(5)处,由命题 13.1 可知,当 $\sigma=0$ 时员工行为发生了结构性突变,$\sigma<0$ 时发生了扰动性突变。沿曲线 L_2 方向在 R(1)处时,当 $\sigma>0$ 时员工行为远离分歧区域趋于平稳。则定义 σ 的定性值如图 13.9 所示。

另一类是二元组变量,在定性值的基础上增加了自身变化方向,包括 u,m,其表达式为: $QS(X,t_i)=<qval,qdir>$。个体情绪 u 是

$$\sigma = \begin{cases} p_1 & p_2 \in (0,\infty) & \text{远离突变} \\ 0 & & \text{结构性突变} \\ p_2 & p_3 \in (-\infty,0) & \text{扰动性突变} \end{cases}$$

图 13.9　突变判定系数 σ 取值

由个体心理因素度量的,与行为绩效 m 的方向、取值模式相同,则 m 与 u 的取值及方向为

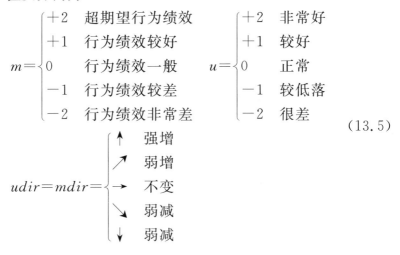

$$m = \begin{cases} +2 & \text{超期望行为绩效} \\ +1 & \text{行为绩效较好} \\ 0 & \text{行为绩效一般} \\ -1 & \text{行为绩效较差} \\ -2 & \text{行为绩效非常差} \end{cases} \qquad u = \begin{cases} +2 & \text{非常好} \\ +1 & \text{较好} \\ 0 & \text{正常} \\ -1 & \text{较低落} \\ -2 & \text{很差} \end{cases}$$

$$(13.5)$$

$$udir = mdir = \begin{cases} \uparrow & \text{强增} \\ \nearrow & \text{弱增} \\ \rightarrow & \text{不变} \\ \searrow & \text{弱减} \\ \downarrow & \text{弱减} \end{cases}$$

13.2.3　模拟模型及模拟规则

在上述变量定性描述的基础上,结合尖点突变的定量模型,可得员工 CWB 半定性突变模型为:

$$\begin{cases} 4QS(f,t)^3 + 2aQS(u,t)QS(f,y) + bQS(v,t) = 0 \\ 8a^3QS(u,t)^3 + 27b^2QS(v,t)^2 = \sigma \end{cases} \tag{13.6}$$

由式(13.6)可知,半定性突变模型是一个双层结构:一层是员工行为曲面,另一层是行为的控制平面。该模型表达的变量间定性关系无法完全用数学模型表达,需要根据变量间的相互作用关系(作用方向、作用程度、作用影响、作用变化)设定模拟规则。规则的设定要符合组织和环境交互作用下人们从事工作的心理和行为的反应规律,具体如下:

规则 1:情境压力变量依据企业领导者自身行为,通过规范、制度营造的氛围来决定,但具体取值是按一定的概率分布的。若组织

文化重视与员工沟通交流,则会适时地采取措施使得情境压力保持在"较小"的水平附近。

规则 2:为了更精确地表示员工行为感知 f 与其定性值之间的隶属关系,采用高斯型隶属函数代替传统的四元数(梯形隶属函数)表示模糊定量空间[5]。则 f 的计算值与定性值之间的关系为 $g(f,\xi,c)$,其中 ξ,c 为参数,如图 13.10 所示。

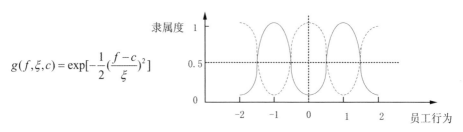

$$g(f,\xi,c) = \exp[-\frac{1}{2}(\frac{f-c}{\xi})^2]$$

图 13.10 员工行为模糊空间

规则 3:由于 f 具有突变结果的多态性特征,在一个仿真时间点上会有多个取值。此时要通过突变判定系数 σ 来决定下一步员工行为的终态。若 $\sigma \leqslant 0$,则员工行为取值发生突跳,位于上一时刻相反的曲面上;若 $\sigma > 0$,则行为取值连续变化,与上一时刻在同一曲面上。具体规则如表 13.4 所示。

表 13.4 员工 CWB 状态转换规则

当前行为稳态(t 时刻)	$\sigma(t+1$ 时刻)	下阶段取值范围($t+1$ 时刻)
组织公民行为	p_1	组织公民行为
	0	反生产行为
	p_2	组织公民行为/行为不稳定态
反生产行为	p_1	反生产行为
	0	组织公民行为
	p_2	反生产行为/行为不稳定态

规则 4:二元组变量的定性值只能连续变化,如工作绩效的当前值是"＋1",下一步的可能取值是"＋2"或者"0",不能取"－1"或者"－2"。但其变化方向可以发生跃变,例如从"↗"变成"↓"。

规则 5:只受单一因素作用的二元变量,该作用因素当前的变化方向就是受到影响的方向,将所受作用和变量的当前状态代入通用规则转换表(表13.5、表13.6、表13.7)进行推理,确定下一阶段的状态。

表 13.5 f 对 m 方向作用规则

f	m
+2	↑
+1	↗
0	→
−1	↘
−2	↓

表 13.6 m 对 u 方向作用规则

m	u
+2	↑
+1	↗
0	→
−1	↘
−2	↓

表 13.7 二元变量转换取值规则

当前取值(t 时刻)	所受作用	下阶段可能取值 ($t+1$ 时刻)	概率	备注
$qval(t)$	↑	$qval(t)+1$	100%	$qval(t)=2$ 则不变
$qval(t)$	↗	$qval(t)+1$	50%	
		$qval(t)$	50%	
$qval(t)$	→	$qval(t)$	100%	
$qval(t)$	↘	$qval(t)$	50%	
		$qval(t)-1$	50%	
$qval(t)$	↓	$qval(t)-1$	100%	$qval(t)=-2$ 则不变

13.2.4 模拟步骤

步骤1:变量初始化。设定各变量的初始值,再设定模拟阶段数和模拟次数。

步骤 2:如果本次模拟阶段数已经完成,转入步骤 9;否则转入下一步进行阶段模拟。

步骤 3:调用随机数发生器或采用固定取值的方式,根据规则 1 产生"情境压力"的值。

步骤 4:根据"个体情绪"的初始值和"情境压力"通过式(4.6)和规则 2 计算出员工行为的多种状态。

步骤 5:根据 ξ 值和规则 3 确定当前的员工行为状态。

步骤 6:根据员工行为状态及规则 5 中的通用规则转换表,确定行为绩效的取值和作用方向。

步骤 7:根据行为绩效的取值及规则 5 中的通用规则转换表,确定下一步"个体情绪"的取值和作用方向。

步骤 8:返回步骤 2 重复运行到步骤 7,直到系统运行到最大模拟阶段数,才停止模拟转向步骤 9;否则,模拟次数加 1,并置当前模拟阶段数为 2,转向步骤 3。

步骤 9:对结果数据库的模拟结果进行统计分析,绘制图示,最后退出模拟程序。

13.3 模拟实验及案例应用

此处仍以智能制造企业的流水线生产员工为例。该环境是一个具有智能生产装备和生产线的智能环境。在设定的流程下运行,需要员工的工作行为完全符合智能生产的节奏。那么企业的生产管理以泰勒模式最为合理。员工在这样的环境下长期工作,其工作行为难免会出现反生产性。我们在 Matlab 平台上开发了员工 CWB 半定性突变模拟模型,对案例进行虚拟实验分析,为控制和避免 CWB 提供决策支持。

13.3.1 泰勒主义的误区

假设企业一直奉行"泰勒主义",将工人的动作和时间进行最大限度的标准化视为实现科学管理的核心。他们假设员工的行为绩效和压力成正比并趋近于一个极限(边际效用递减),认为只要据此提供有竞争力的薪资就可以提高员工工作绩效,如图 13.11 所示。但实际上富士康加薪的两年来,员工的离职率依然高达 50%,远远高于 20% 的行业平均水平。现通过实验来分析理想与现实的差距,假设一名员工初始状态为 $u=1,v=-2,m=-2$,公司每个模拟周期对员工进行一次考核并进行奖惩,对此过程的模拟结果如图 13.12 所示。

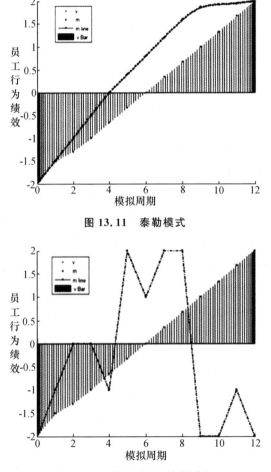

图 13.11　泰勒模式

图 13.12　员工 CWB 演化过程

由图 13.12 可见,在 $t=9$ 处,m 由 $+2$ 变为 -2。这说明,情境压力增大到分歧点集合时,员工行为绩效并不是连续的单增变化,而是会发生突然跃迁产生异常的越轨行为。图 13.11 与图 13.12 中两者的差异表明,富士康将员工视为流水线上的零件,忽视人性的唯效率化管理理念是错误的。员工 CWB 的产生是个体情绪与情境压力作用下的突变过程,尤其是目前新生代农民工普遍具有"三高一低"的特征,即受教育程度高,职业期望值高,物质和精神享受要求高,工作耐受力低[6]。所以机械的科学化管理固然能带来高效和有序,但"工业化冷漠"导致的"情绪异化"却伤害了员工的自尊心和组织归属感。因此在控制预防 CWB 时,中国制造型企业要首先摈弃简单的全盘复制引入的"泰勒制"管理模式,除了必要的工资保证,基层管理还要通过员工关怀计划(EAP)等方式,更多地考虑并满足员工作为人的基本发展需求。

13.3.2　入职的状态对员工 CWB 的影响分析

根据对员工行为的突变论分析,员工个体情绪 u 只决定了员工在某一时刻是否发生突变产生 CWB,而由于 u 的动态变化性,其初始状态对后续工作的影响尚未可知。因此可设计实验如下:

情况 1:假设两类员工入职时初始行为绩效、情境压力等方面相同,但个体情绪不同。此时有 $u=2,v=-1,m=2$;$u=-2,v=-1$,$m=2,t=18$ 时模拟结果如图 13.13(a)～(b)所示。由图可知,$u=2$ 时员工共发生 4 次行为突变,有 3 次 CWB 情况出现;而 $u=-2$ 时则发生了 6 次行为突变,有 5 次 CWB 出现,增长的幅度较大。这说明,在短期内个体情绪初态确实对 CWB 的选择有影响,这与命题 13.1 中扰动性突变发散性的结论是一致的。所以企业必须投入相应的成本加强甄选机制,增加心理测验项目,并加大岗前培训的力度来提升员工的责任心、情绪稳定性等个体情绪素质。

情况 2:对上述实验进行长周期模拟($t=50$)和多次模拟(500 次),可视为对群体行为的长时间统计,结果如图 13.13(c)～(d)所示。统计结果表明,初始情绪较好的员工在一定的工作周期后 CWB 出现的频率略少于情绪稳定性较差的员工(206：217),但并不明显。所以企业管理层不能将 CWB 简单地归咎于新入职员工的个人状态,而要多花精力了解新员工的情绪认知模式和行为特点,以激发他们的能量来提高其行为绩效。

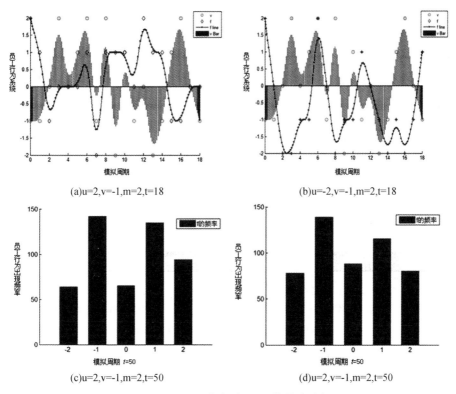

(a)u=2,v=-1,m=2,t=18　　　　　　　　　(b)u=-2,v=-1,m=2,t=18

(c)u=2,v=-1,m=2,t=50　　　　　　　　　(d)u=2,v=-1,m=2,t=50

图 13.13　员工状态对 CWB 的影响分析

13.3.3　员工 CWB 危害控制分析

　　无论何种预防措施都无法完全避免员工 CWB 的出现，所以其发生后的危害控制和补救策略就显得至关重要。下面通过实验探讨何种工作机制可以降低 CWB 的危害程度。

　　泰勒管理模式可以被认为是采用半军事化管理，对员工每天的工作内容、操作工艺、作息时间进行严格固化，用工业工程管理学来平衡各环节时间，保持劳动强度以提高效率，即情境压力 v 相对固定并保持在一个较高水平取值。另一种方式是基于自我管理的"半弹性工作制度"，员工可以在固定目标内根据自身情况微调任务计划，即情境压力 v 根据上一期员工情绪成反比取值。设工作周期 $t=50$，模拟次数为 500，统计各周期中行为 f 的均值，结果如图 13.14(a)～(b)所示。分析图 13.14(a)可知,在高压环境下的员工虽然短期内可以达到高绩效,但过大的情境压力在员工行为突变时会导致危害程度极高的 CWB,使得行为绩效快速下降。所以应采用图 13.14(b)中的半弹性机制,以人为本的组织情境会使员工的 OCB 大量增加,以促进行为绩效的提高。英特尔成都工厂在控制员工的过长加班后,芯片组的单片成本比 3 年前反而降低了 50%,节省了 1400 万美元。

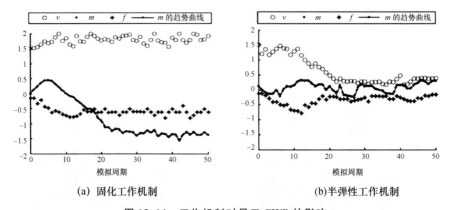

(a) 固化工作机制   (b)半弹性工作机制

图 13.14　工作机制对员工 CWB 的影响

13.3.4　员工 CWB 补救措施分析

在 CWB 发生后企业一般会及时采取补救措施,但是事后的补救措施效果如何? 这里可以通过式(13.6)的数值实验论证对于单一员工而言这些改善组织情境措施的合理性。假设此时 u,v 连续取值为 $v=40,45,50$ 和 $v=-45,-50,-60$。为了控制扰动强度,使得系统不发生扰动性突跳,可通过 2000 次迭代计算员工行为系统 f 的稳态,如图 13.15(a)~(f)所示。

由图 13.15(a)~(c)可以看出,在员工行为状态良好时,当情境压力逐渐 v 增大时,其行为状态平缓下降,在 $v=50$ 处发生突变产生 CWB。当 CWB 出现后,通过补救措施是可以将员工行为恢复如初(OCB)的,但情境压力至少要减小到 $v<-50$ 才有可能,如图 13.15(d)~(f)所示。该实验定量预测了员工 CWB 变化的滞后性,说明了企业采取补救措施是合理有效的,但是必须进一步加大力度、付出更大的努力才能见效。补救措施的滞后性表明企业若因一

时之利导致员工 CWB 的发生，不但影响企业声誉，后期还要付出更高的代价才能弥补，从社会和经济成本两方面来看都是得不偿失的。

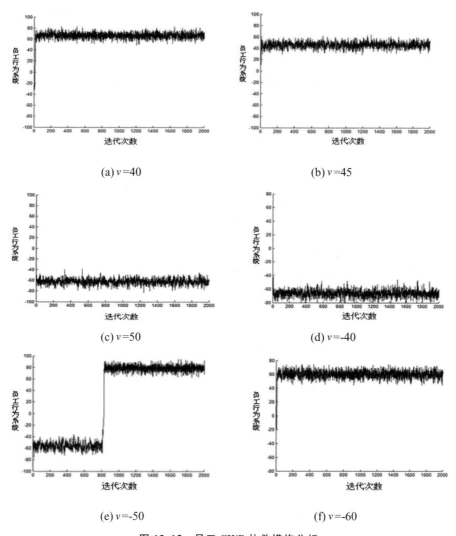

图 13.15　员工 CWB 补救措施分析

13.4　本章小结

本章讨论物联网环境中随机扰动因素对于员工的反生产行为的影响，运用随机突变理论构建了员工讨论反生产行为的突变模型，引入扰动性突变概念,解释了主要控制因素之外的随机扰动对突变机制的影响。这样就可以观察员工 CWB 在影响因素变化的情形下,随时间变化的复杂过程。最后结合中国 OEM 企业的实际案例,从员工 CWB 演化的角度,从新员工甄选、CWB 危害程度控制和补救措施等方面,动态预测并揭示了 CWB 发生及控制的规律。研究发现:

(1)泰勒管理模式存在误区,即企业对员工情境压力增大到分歧点集合时,员工行为绩效并不是连续的单增变化,而是会发生突然跃迁产生异常的越轨行为;

(2)企业不能将员工反生产行为的发生简单地归咎于新入职员工的个人状态,而要多花精力了解新生代员工的情绪认知模式和行为特点,以激发他们的能量来提高其行为绩效;

(3)员工反生产行为的发生具有滞后性,发生后企业采取的补救措施(如开通心理热线、增加底薪、减少加班等)是合理有效的,但是必须进一步加大力度、付出更高的代价才能见效。

参考文献

[1]Van der Maas H L, Molenaar P C. Stagewise Cognitive Development: An Application of Catastrophe Theory[J]. Psychological Review, 1992, 99(3):395-417.

[2] Bennett R J, Stamper C L. Corporate Citizenship and Deviance: A Study of Discretionary Work Behavior. Strategies and Organizations in Transition[M]. London: Amsterdam, 2001.

[3] Kuipers B. Qualitative Simulation[J]. Artificial Intelligence, 1986, 29(3):289-338

[4] 胡斌,董升平. 人群工作行为定性模拟方法[J]. 管理科学学报, 2005, 8(2): 77-85.

[5] 刘丙杰,胡昌华. 基于高斯隶属函数的模糊定性仿真[J]. 系统工程与电子技术, 2006, 28(7): 1098-1102.

[6] 刘传江. 新生代农民工的特点、挑战与市民化[J]. 人口研究, 2010, 34(2): 34-39.